Chemie, Physik und Technologie der Kunststoffe
in Einzeldarstellungen

Herausgegeben von R. Nitsche †

4

Preßwerkzeuge in der Kunststofftechnik

Von

W. Bucksch
Obering.
Berlin-Siemensstadt

H. Briefs
Obering. Dr.-Ing.
Krefeld

Zweite verbesserte Auflage

Mit 230 Abbildungen

Springer-Verlag

Berlin / Göttingen / Heidelberg

1962

ISBN-13: 978-3-642-45970-2   e-ISBN-13: 978-3-642-45969-6
DOI: 10.1007/978-3-642-45969-6

Vorwort zur zweiten Auflage

In den Jahren nach Erscheinen der ersten Auflage sind der Anwendung von Teilen aus härtbaren Kunststoffen weitere Gebiete erschlossen worden, die nicht ohne Einfluß auf die Werkzeugtechnik geblieben sind. Es ist versucht worden, durch Erweiterung der Konstruktionsbeispiele aus dem Formenbau diesem Umstand zu entsprechen.

Auch der Abschnitt über die *Werkzeugstähle für den Formenbau und ihre Behandlung* ist dem heutigen Stand angepaßt worden.

Für die Überlassung entsprechender Konstruktions-Unterlagen sei auch dieses Mal allen Firmen dieses Sondergebietes bestens gedankt.

Berlin, September 1961

Die Verfasser

Vorwort zur ersten Auflage

Die fortschreitende Anwendung von Konstruktionsteilen aus härtbarem Kunststoff in allen Zweigen der Technik und auch bei der Verbrauchsgüter-Industrie macht es notwendig, daß die Fertigungsmöglichkeiten weit mehr als bisher bekannt werden. Außer der Kenntnis der Werkstoffe gehört dazu naturgemäß auch diejenige der Werkzeuge, welche für die Verarbeitung notwendig sind. Bisher war das Sondergebiet der Preßformen nur wenigen Fachleuten vorbehalten, die von Fall zu Fall beratend bei der Neukonstruktion von Kunststoffteilen Hilfestellung leisteten. Aus der Entwicklungszeit ist die Verarbeitung härtbarer Kunststoffe aber schon viele Jahre heraus, und es ist an der Zeit, die Verbraucher und den jungen Nachwuchs der Ingenieure mit Anwendung und Fertigungsmöglichkeiten der Preßstoffe mehr als bisher vertraut zu machen. Diese Aufgabe soll das vorliegende Buch in gewissem Umfang mit übernehmen. Die Werkzeuge für die nicht härtbaren Kunststoffe sind darin allerdings nicht enthalten, weil sie anderen, stark abweichenden Fertigungsbedingungen unterliegen und die Entwicklungen dieser Werkstoffe und damit auch ihre Verarbeitungsmöglichkeiten noch stark im Fluß sind.

Die Eignung und Leistung der Preßwerkzeuge ist aber nicht allein von einer einwandfreien Formgebung abhängig, sondern auch von der Auswahl zweckentsprechender Werkzeugstähle und deren richtiger Wärmebehandlung. Daher ist den Werkzeugstählen für den Formenbau ein besonderer Hauptabschnitt gewidmet worden.

Eine umfassende Darstellung des hier behandelten Werkzeug-Sondergebietes wäre aber nicht möglich gewesen ohne die Überlassung entsprechender Konstruktionsunterlagen durch verschiedene namhafte Firmen, denen hiermit für ihre Unterstützung bestens gedankt sei.

Berlin, Juni 1953

Die Verfasser

Inhaltsverzeichnis

I. Preßwerkzeuge und Spritzpreßwerkzeuge für die Verarbeitung härtbarer Kunststoffe

Von Obering. W. Bucksch, Berlin

Mit 228 Abbildungen

II. Werkzeugstähle für den Formenbau

Von Obering. Dr.-Ing. H. BRIEFS, Krefeld

Mit 2 Abbildungen

I. Preßwerkzeuge und Spritzpreßwerkzeuge für die Verarbeitung härtbarer Kunststoffe

Von Obering. W. Bucksch, Berlin

Mit 228 Abbildungen

A. Allgemeine Betrachtungen

Die spanlose Herstellung von Körpern aus härtbaren Kunststoffen erfolgt in Formen, die je nach dem zur Anwendung gelangenden Verarbeitungsverfahren Preß- oder Spritzpreßformen sein können. Eine Form, gleichgültig zu welcher Gattung gehörend, stellt das räumliche Negativ des zu erzeugenden Körpers dar. Dabei soll der Begriff Form in diesem Sinne nur den Hohlraum des jeweiligen Werkzeuges bezeichnen, welcher in der Fertigung von dem Kunststoff ausgefüllt wird. In der Pressereisprache hat sich der Begriff Form allerdings auf das gesamte Werkzeug ausgedehnt, umschließt also Hohlraum und alle nicht Konturen tragende Bauelemente, wie Aufspannrahmen, Führungen, Ausstoßer usw. In der Fabrikation von Kunststoffpreßteilen bilden diese kompletten Formen die Grundlage der Fertigung, denn von ihrer sachgemäßen Konstruktion und Herstellung hängen in hohem Maße Güte der Preßteile und Wirtschaftlichkeit des Betriebes ab. Bei der Planung eines Formteiles wird das geeignete Werkzeug im wesentlichen nach folgenden Gesichtspunkten festgelegt:

1. Art der zur Verarbeitung gelangenden Preßmasse.
2. Gestalt des Preßstückes.
3. Geforderte Toleranzgüte.
4. Geforderte Stückzahlen in der Zeiteinheit.
5. Vorhandener Pressenpark nebst allen Werkseinrichtungen einschließlich des Werkzeugbaues.

1. Art der zur Verarbeitung gelangenden Preßmasse

Härtbare Preßmassen bedingen geheizte Formen mit Ausnahme der sogenannten Kaltpreßmassen, die allerdings immer weniger Anwendung finden. Nicht härtbare Kunststoffe werden vorzugsweise verspritzt in kühlbaren Formen auf Spritzgußmaschinen. Von großem Einfluß auf die Formengestaltung ist die Struktur der zu verpressenden Preßmasse. Preßmassen, welche Gewebeschnitzel, Asbestfasern, Asbestschnüre oder Zellstoffschnitzel als Füllstoff besitzen, benötigen große Füllräume. Meistens müssen diese Massen tablettiert werden, um zu annehmbaren Formenabmessungen zu kommen. Aber auch bei den pulverförmigen Preßmassen muß vor Festlegung der Form bekannt sein, ob das Material tablettiert oder lose dem Werkzeug zugeführt wird.

2. Gestalt des Preßstückes

Allgemeingültige Richtlinien lassen sich hier nicht festlegen. Die immer wechselnden Konturen verschiedenartiger Preßteile verlangen eine Festlegung von Fall zu Fall. Jahrelange Erfahrungen von Presserei und Werkzeugbau sind notwendig, um z. B. die geeignete Formteilung und Gratlage zu finden, den auftretenden großen Preßdrücken zu begegnen und einzupressende Metallteile sicher zu halten.

3. Geforderte Toleranzgüte

Besondere Anforderungen an die Maßgenauigkeit der Preßteile beeinflussen in erheblichem Umfange die Formenkonstruktion, soweit man es nicht vorzieht, das eine oder andere Maß durch Bearbeitung des Preßteiles nachträglich zu erzeugen. Preßlingkonturen, welche sehr kleine Toleranzen aufweisen, zwingen z. B., auf die Teilung der Form besondere Rücksicht zu nehmen. So dürfen in solchen Fällen die Formenmaße nicht durch zwei oder mehrere lose Werkzeugteile gebildet werden, die bei jeder Pressung Verschiebungen zueinander ausgesetzt sind. Außer der Formenteilung wird aber auch die Formenart durch enge Preßteiltoleranzen mitbestimmt. Man wird daher oft genötigt sein, eine geeignete Konstruktion zu wählen, die alle Unsicherheitsmomente auf ein gewisses Kleinstmaß reduziert, z. B. Einfach-Form, Form ohne Totpreß- oder Abquetschflächen, kühlbare Form oder Spritzpreßform.

4. Geforderte Stückzahlen in der Zeiteinheit

Für kleine Auflagen genügen Einfach-Formen, soweit nicht kleinste vorhandene Presse und Formenkosten eine weitere Ausnutzung gestatten. Bei größeren Stückzahlen werden Mehrfach-Formen mit viel Erfolg angewendet, sofern Preßteil-Gestaltung, Toleranzgüte und Pressenpark eine entsprechende Formenkonstruktion gestatten. Für kleine Teile, Verschraubungen usw. wurden schon vielhundertfache Formen gebaut. Außer hohen Stückzahlen erfordert oft der Preis der Teile die Anwendung größerer Mehrfach-Formen.

5. Vorhandener Pressenpark

Der vorhandene Pressenpark nebst allen Werkseinrichtungen einschließlich des Werkzeugbaues ist nicht zuletzt von großem Einfluß auf die Gestaltung der Form, da z. B. die Abmessungen der Pressentische, mögliche Einbauhöhen, Anordnung der Ausstoßer, vorhandene Heizmittel und Spannelemente bei der Konstruktion berücksichtigt werden müssen. Dadurch sind die Formen der verschiedenen Pressereien sehr unterschiedlich zueinander, und der Formenaustausch von Presserei zu Presserei stößt auf große Hindernisse. Außerdem bereitet dieser Umstand der Normung der Formen erhebliche Schwierigkeiten.

Die vorstehenden Ausführungen lassen erkennen, daß eine ganze Reihe von Bedingungen zu erfüllen sind, wenn das Preßwerkzeug im Betrieb einwandfrei arbeiten soll.

Das gesamte Gebiet der Werkzeuge für die spanlose Erzeugung von Teilen aus Kunststoffen zergliedert sich in die beiden Hauptgruppen:

Formen für härtbare Kunststoffe,
Formen für nichthärtbare Kunststoffe.
Beide Gruppen zerfallen wiederum in je eine Untergruppe:
Preßformen und
Spritzformen bzw. Spritzpreßformen.

Die gewählte Reihenfolge stellt keinen Wertmesser dar, sondern entspricht nur der Eigenschaft der zur Verarbeitung gelangenden Rohstoffe und ihrer beiden Verarbeitungsverfahren.

Die folgenden Ausführungen beschränken sich im wesentlichen auf die Behandlung der Preß- und Spritzpreßformen.

B. Die Hauptbauarten der Preßformen

Im Laufe der Jahre haben sich in der Pressereipraxis einige besondere Formenarten entwickelt, die teils nach ihrer Handhabung, ihrer Füllraumausbildung, ihrer Stückzahlausbringung oder auch nach ihrem Arbeitsverfahren benannt werden.

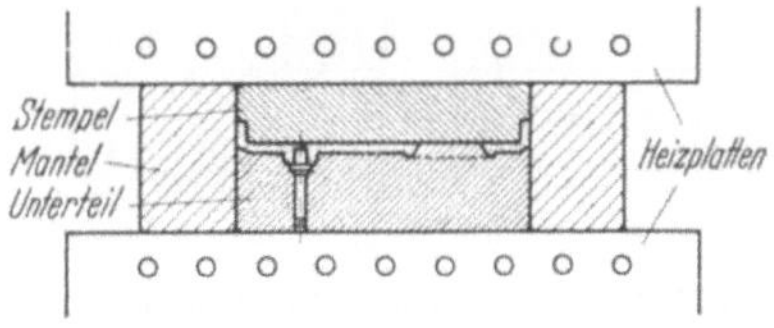

Abb. 1. Handform

1. Handform

Die Handform (Abb. 1), auch freie oder lose Form genannt, ist die älteste Formenart und ist in Anlehnung an die Gummi-Formgebung entstanden. Die Form besteht aus Mantel, Unterteil und Stempel, hat keine eigene Heizung und wird zum Pressen unter die mit Heizplatten versehene Presse geschoben. Der Presser arbeitet meist mit zwei oder mehreren Formen. Während eine Form unter Pressendruck steht, wird die andere entleert, gereinigt und neu zum Pressen hergerichtet. Das Einlegen von Kernen und Metallteilen ist leicht zu handhaben. Für genaue und konturenreiche Preßteile ist diese Formenart nicht zu empfehlen, da Führungen weggelassen werden, um die Hantierungen nicht zu erschweren. Der Anwendung der Handformen ist außerdem durch die Größe der Preßstücke und damit auch der Formengewichte eine Grenze gesetzt.

2. Maschinenform

Die Maschinenform ist die fast in allen Pressereien ausschließlich benutzte Formenart. Hier sind Mantel und Stempel fest mit den Pressentischen verbunden. Bei größeren Abmessungen hat die Form eigene Heizung. Zwecks Entfernung der Preßlinge sind Abdrück- und Ausstoßelemente eingebaut. Letztere sind meist mit einem Ausstoßer der Presse gekuppelt (Abb. 2 und 3). Die Maschinenformen werden wiederum in mehrere Arten unterteilt:

Abquetsch- oder Überlaufformen,
Schablonenformen,
Füllraumformen.
Spritzpreßwerkzeuge mit gewissen Einschränkungen bei Formen, welche mit losen Werkzeugeinsätzen arbeiten.

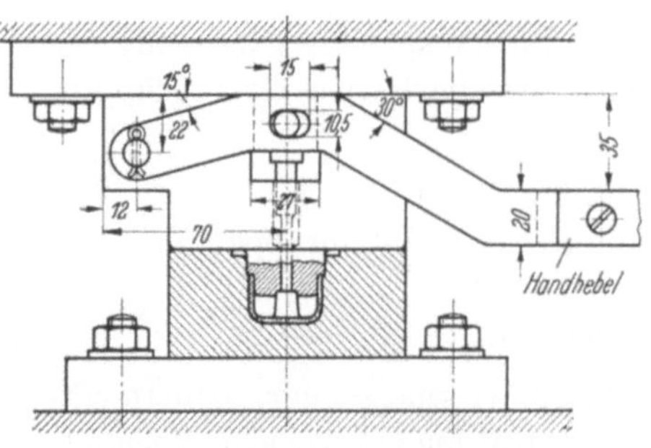

Abb. 2. Maschinenform mit Handabdrücker

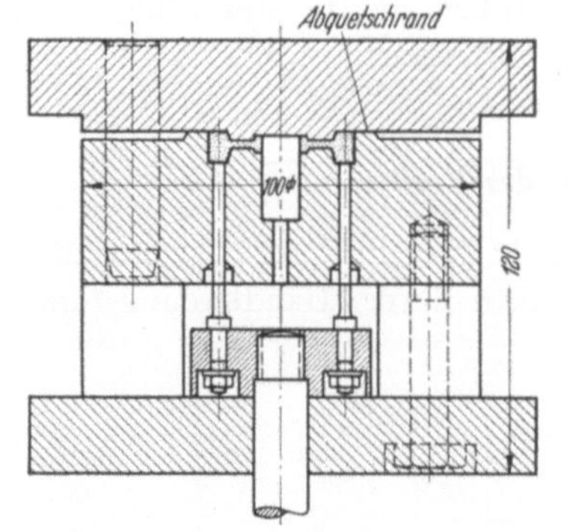

Abb. 3. Abquetsch- oder Überlaufform

3. Abquetsch- oder Überlaufform

Das Oberteil der Form (Abb. 3) setzt beim Schließen auf das Unterteil bzw. dessen Rand auf und quetscht die überflüssige Masse seitlich aus der Form heraus. Dadurch ergeben sich Preßteile, deren Höhe von der Dicke des Preßgrates abhängig ist. Weil die Masse bis zum Schließen der Form ungehindert überlaufen kann, erhält die Preßmasse jedoch nicht den vollen Enddruck, was sich nachteilig auf die Festigkeitswerte der verpreßten Masse auswirkt und außerdem bedingt, daß bei dieser Formenart mit reichlichem Masseüberschuß gearbeitet werden muß.

Poröse Teile sind sonst nicht zu vermeiden. Die Überlaufformen besitzen keinen eigentlichen Füllraum und können deshalb nicht für Preßmassen mit flockigem und sperrigem Füllstoff, wie z. B. Typ 54, 74 und 16, verwendet werden. Von großem Nachteil ist der liegende Grat, dessen Entfernung bei unregelmäßigen Preß-
lingskonturen größeren Arbeits-
aufwand erfordert.

Die *Schablonenform* (Abb. 4) stellt eine Abart der Abquetschform dar, da auch sie keinen Füllraum besitzt. Im wesentlichen besteht sie aus zwei Platten, zwischen denen ein Blech in Stärke des Preßteiles liegt. Entsprechend der äußeren Gestalt des Formlings ist das Blech mit einem Durchbruch versehen. Zwei Fixierstifte sorgen für gleichbleibende Lage des Bleches, falls im Preßling Durchbrüche herzu-

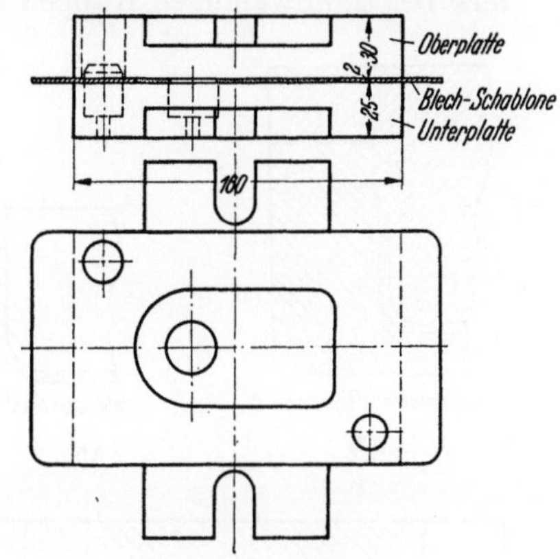

Abb. 4. Schablonenform

stellen sind. Das Entformen geschieht durch Abheben des Bleches von der Unterplatte. Das Teil wird danach aus der Durcharbeitung herausgestoßen. Der auf beiden Seiten liegende Grat platzt dabei weg. Besondere Ansprüche an das Aussehen des Teiles können bei dieser Arbeitsweise natürlich nicht gestellt werden. Für Einbauteile ist diese billige und schnell herstellbare Form oftmals ausreichend. Die Heizung des Werkzeuges geschieht durch Aufspannen auf normale Pressen-
heizplatten.

4. Füllraumform

Die *Füllraumform* ist die in der Preßtechnik am meisten angewandte Formenart (Abb. 5). Der Stempel der Form taucht in das Unterteil der Form einige mm, bei

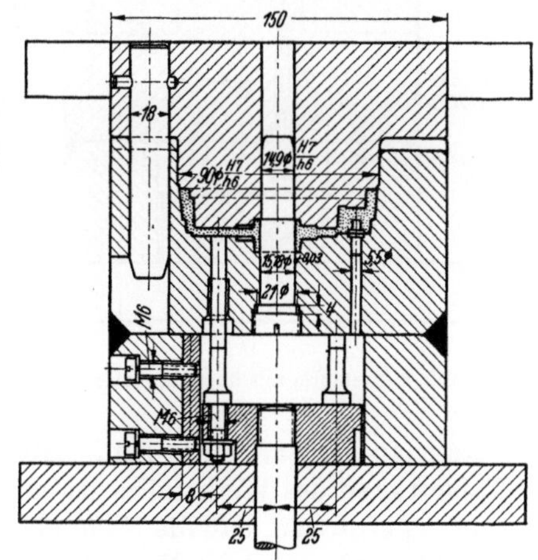

Abb. 5. Füllraum-Preßform mit Ausstoßer

größeren sogar einige cm ein, schließt den Formenraum ab und verhindert dadurch den Überlauf der Preßmasse. Der Werkstoff erhält seinen vollen Enddruck. Der als Tauchtiefe bezeichnete Eindringweg des Stempels in den Mantel ist natürlich durch Aufeinandergleiten zweier Stahlflächen stark der Abnutzung ausgesetzt und wird, um das Preßteil beim Ausstoßen nicht zu beschädigen, vorteilhaft um 0,3 bis 0,5 mm abgesetzt (Abb. 6). Im Gegensatz zur Abquetschform haben Stempel und Mantel durch das Eintauchen eine gewisse Führung zueinander. Dies ist besonders bei dünnwandigen Kappen sehr vorteilhaft. Das genaue Abwiegen des Preßmaterials ist erforderlich, jedoch werden kleine Masseüberschüsse durch leicht angeschliffene Austriebsnuten zum Ausgleich gebracht. Die Preßlinge haben bei dieser Formenart stehenden Grat, der sich einfach durch Abziehen auf dem Schmirgelband entfernen läßt (Abb. 7). Im allgemeinen, besonders aber bei Werkstoffen, die einen großen Füllraum erfordern, wird diese Formenart so auf die Presse gespannt, daß der Stempel in den Mantel eintaucht (Abb. 5 und 9). Man spannt aber auch den Stempel auf den Untertisch der Presse und läßt den Mantel überfahren. In diesem Falle spricht man vom „verkehrt" Pressen. Eine Form dieser Art zeigt Abb. 8. Benutzt wird dieses Verfahren, wenn Metallteile im Stempel aufgenommen werden müssen, die sonst evtl. durch Abfallen vom Oberstempel die Form in Gefahr bringen könnten. Der

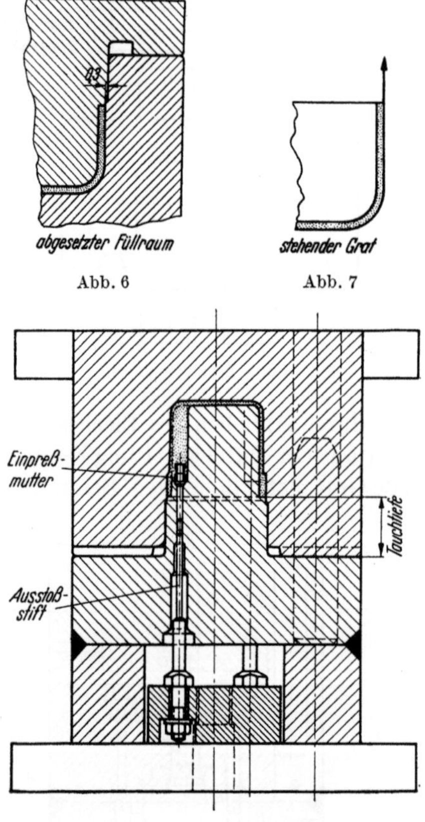

Abb. 6   Abb. 7

Abb. 8. Preßform mit überfahrendem Mantel

Pressenausstoßer wird zum Abdrücken der Preßlinge gebraucht. Tablettieren des Werkstoffes ist erforderlich. Die Tauchtiefe der Form muß so groß sein, daß die Form abgeriegelt ist, bevor die Tabletten zerdrückt werden und der Massefluß beginnt.

In der weiteren Klassifizierung der Formen unterscheidet man:

Einfach-Formen   Backenformen
Mehrfach-Formen   Formen
Gruppenformen   für Winkeldruckpressen.

5. Einfach-Form

Die *Einfach-Form* wird angewendet bei sehr schwierigen und großen Preßteilen, kleinen Stückzahlen und langen Lieferzeiten.

6. Mehrfach-Form

Diese Formenklasse beginnt mit der Doppelform für mittlere und große Preßteile (wie z. B. Rundfunkgehäuseformen) und steigt an bis zur über 100-fach-Form für kleine Massenteile. Für die Ausbringung pro Hub der Presse sind bestimmend: die geforderte Liefermenge, die Preßteilgröße und Gestaltung, der zu verpressende Werkstoff sowie die zur Verfügung stehende Pressenart. Bekannt sind zwei Konstruktionsarten, die sich durch ihre Füllraumausbildung voneinander unterscheiden.

a) Form mit Einzelfüllraum. Mehrere Preßlingkonturen sind in einen vollen Block (Mantel) einzeln eingearbeitet und erhalten je einen abschließenden Stempel (Abb. 9). Um einem Härteverzug des Mantels gegebenenfalls begegnen zu können, werden die Stempel in ihrem Aufnahmekörper eingesetzt. Die 4-fach-Form nach Abb. 10 läßt die auf die Oberplatte aufgesetzten Stempel gut erkennen. Der Formenmantel trägt 4 Formeinarbeitungen, deren trapezförmiger Grundriß versetzt eingearbeitet zu einer verhältnismäßig kleinen Manteldimension führt. Die schwachen Stege zwischen den jeweiligen Formnestern sind nicht gefahrvoll, da sich die Preßdrücke gegenseitig aufheben. Die Preßflächen sind hartverchromt, da Harnstoffmassen verarbeitet werden.

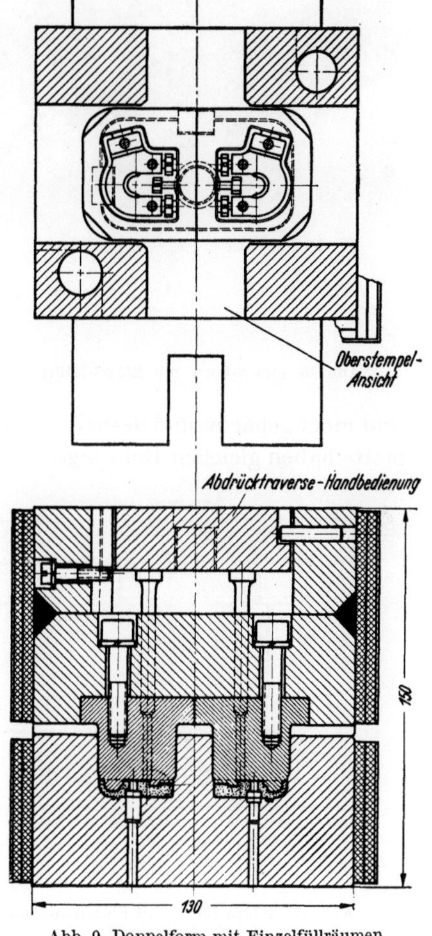

Abb. 9. Doppelform mit Einzelfüllräumen

Bei einer größeren Anzahl von Einsätzen geht man dazu über, diese einzeln in Aufnahmerahmen einzulassen (Abb. 11 und 12). Die Rahmen

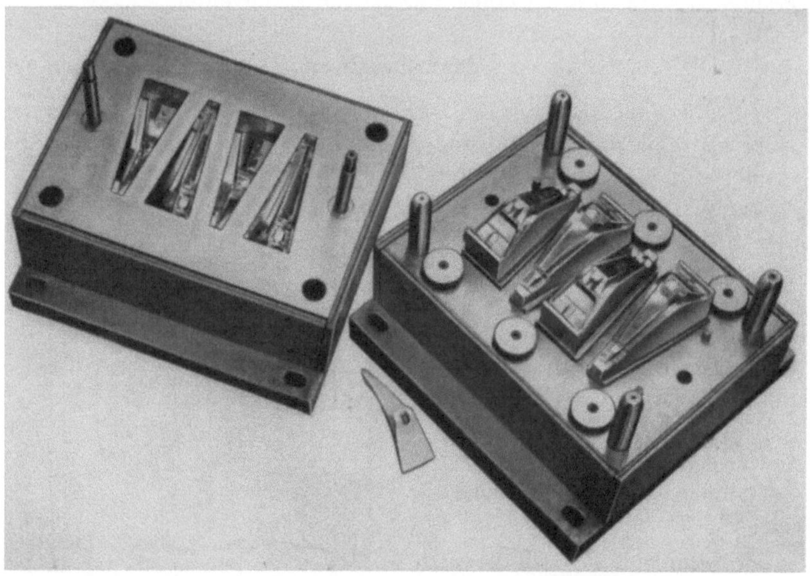

Abb. 10. 4-fach-Form mit Einzel-Füllräumen (Werkbild Siemens Schuckert Werke AG)

sind nicht gehärtet und deshalb verzugsfrei. Obere und untere Aufnahmeplatte haben gleichen Bohrungsdurchmesser für die entsprechend gestalteten Einsatzteile, so daß beide Platten gemeinsam in einer Spannung gebohrt werden können. Bei unregelmäßiger Kontur des Preßlings sind die Einsatzteile im Rahmen auf genaue Lage zu fixieren. Formenschäden sind gut durch einfaches Auswechseln eines kompletten Formeneinsatzes zu beheben. Auch können die Aufnahmerahmen durch Austausch der Einsätze immer wieder erneut Verwendung finden. Die einzelnen Einsätze sind als Füllraumformen anzusprechen, welche den Preßraum vollkommen abschließen. Es werden jedoch an den einzelnen Stempeln leichte Überläufe angeschliffen, welche

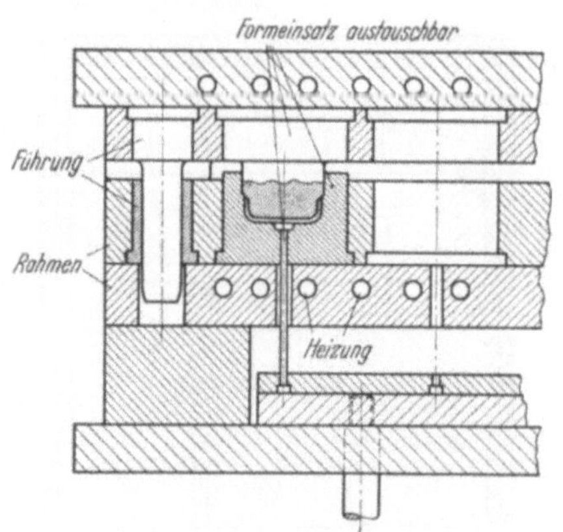

Abb. 11. Mehrfachform mit Einzeleinsätzen in Aufnahmerahmen

einen geringen Masseausgleich herbeiführen. Bei der Massedosierung ist es nicht möglich, jedem Einsatz das absolut genaue Gewicht zuzuführen.

Abb. 12. 24-fach-Preßform mit einzelnen Werkzeugeinsätzen (Werkbild: Deutsche Star Kugelhalter Ges. m. b. H., Schweinfurt)

Die Beschickung vielfacher Formen mit Pulver oder besser Tabletten erfolgt durch Füllrahmen (Füllvorrichtungen), die auf das geöffnete leere Werkzeug aufgesetzt werden (s. Abb. 95).

24-fach-Form mit Einzel-Füllräumen (Abb. 13). In diesem Werkzeug sind im Unterteil und im Oberteil in 3 Reihen je 8 Einzeleinsätze oder

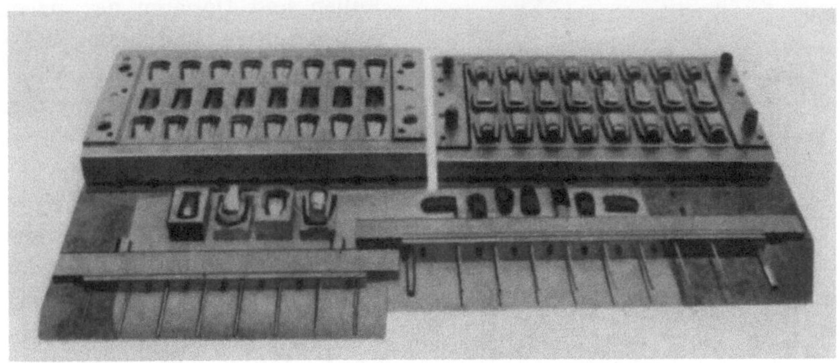

Abb. 13. 24-fach-Preßform mit Einzel-Füllräumen (Werkbild Werkzeugbau GmbH, Wissenbach)

Stempel aneinandergereiht und auf der jeweiligen Formplatte verschraubt. Die Aufwerfer sitzen auf je 3 Traversen im Ober- und Unterteil. Die Einsätze des Unterteiles sind kalt gesenkt. Heizung durch Dampf, Beschickung mit Preßstoff durch Füllvorrichtung.

b) Form mit gemeinsamen Füllraum. Die Preßteilkonturen werden am Grunde eines gemeinsamen Füllraumes so eng wie möglich anein-

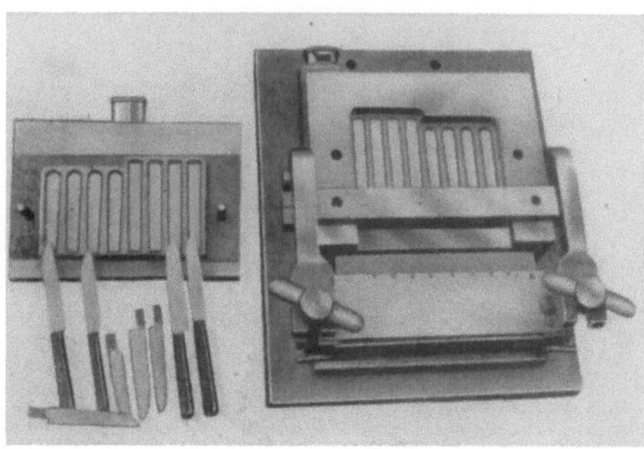

Abb. 14. Preßform mit gemeinsamem Füllraum und Spannbügel für zu umpressende Klingen

andergerückt eingearbeitet (Abb. 14) oder einzelne Einsätze in gleicher Weise aneinandergeschachtelt (Abb. 15). Obgleich zwischen den Preß-

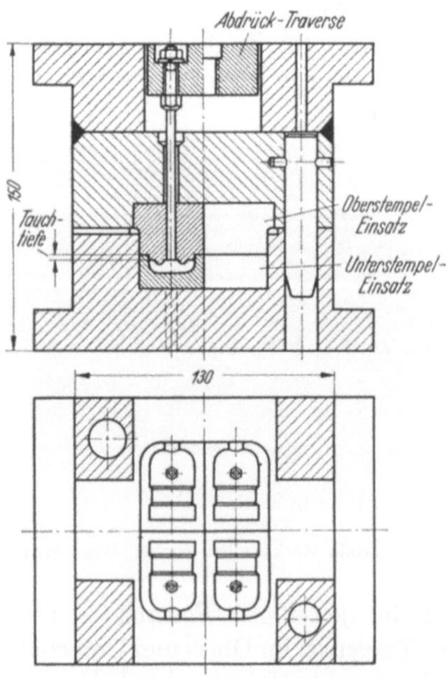

Abb. 15. 4-fach-Form mit gemeinsamem Füllraum und geschachtelten Unterstempeleinsätzen

teilen aus Festigkeitsgründen ein gewisser Abstand erhalten bleiben muß, zeichnen sich diese Formen durch kleine Preßfläche aus. Das Füllen und Dosieren der Masse ist einfach zu handhaben. Diese Bauart wird deshalb viel bei kleinsten Preßteilen angewendet, bei denen Einzelfüllräume wegen des geringen Massequantums gar nicht möglich sind. Nachteilig ist der liegende Grat, der alle Preßlinge miteinander verbindet und der auch, um möglichst dünn auszufallen, hohen Preßdruck erfordert. Die Verarbeitung von Masse mit fasrigem Füllstoff wie z. B. Typ 16, 74 und 54 ist nicht ratsam, da die Gratplakette nicht schwach genug auspreßt. Um stehenden Grat am Preßling zu erhalten, kann der Stempel etwa 1 bis 2 mm in die Mantelkontur eintauchen (Abb. 15). Dadurch wird die Einsatzfixierung schwieriger, die Quetschfläche bleibt bestehen.

7. Gruppenform

Mit Gruppenform bezeichnet man eine Mehrfach-Form, welche verschiedene, jedoch zusammengehörige Preßteile erzeugt, so z. B. Dose und Deckel (Abb. 16). Mit einem Pressenhub wird also der komplette

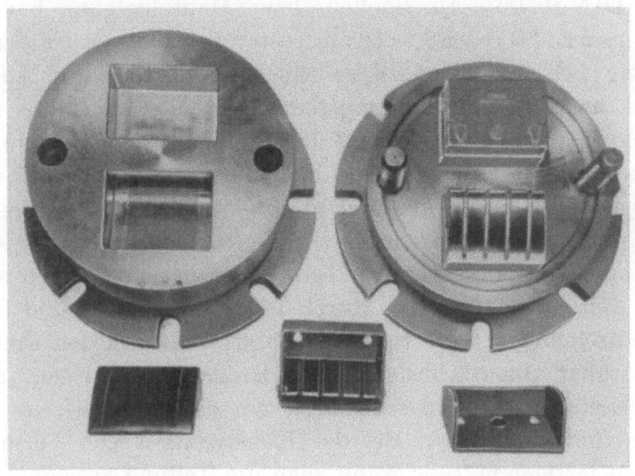

Abb. 16. Gruppenform in Gesenkblock-Bauart nach DIN 16701 (Werkbild: Turnwald G. m. b. H., Lockweiler/Saar)

Satz Preßteile eines Gerätes geformt. Für ein gutes Arbeiten solcher Werkzeuge ist es jedoch nötig, daß die Teile nicht große Unterschiede in den Wanddicken aufweisen, da die Härtungszeit sich nach der größten Masseanhäufung richten muß. Für farbempfindliche Massen ist diese Formenbauweise sehr vorteilhaft, es werden alle Teile mit der gleichen Verarbeitungstemperatur gepreßt. Farbunterschiede können dadurch weniger auftreten. Derartige Formen können natürlich mit Einzel- oder Sammelfüllraum gebaut werden, vorausgesetzt, daß die zu verarbeitende Masse Totpreßflächen zuläßt und die Art der Teile eine entsprechende Formteilung gestattet.

8. Die Backenform

Backenformen werden in der Preßtechnik hauptsächlich angewendet bei Teilen mit hinterschnittenen Konturen oder auch seitlichen Durchbrüchen, die sich dadurch nicht durch einfaches Ausstoßen aus der Form entfernen lassen, ferner bei Preßlingen, die Metalleinlagen erhalten, oder

2*

das Einlegen von Kernen, Gewinderingen und Bolzen in und quer zur Preßrichtung erforderlich machen. — Diese Formen bestehen aus den drei Hauptteilen: Formenmantel, Backenpaket und Stempel. Die aus St. 50 oder 60.11 oder bei höheren Ansprüchen aus 16 MnCr 5 bzw. 20 MnCr 5 bestehenden Formenmäntel dienen zur Aufnahme des außen keglig oder pyramidisch gehaltenen Backenpaketes und erhalten ebensolchen Durchbruch. Die Mäntel, welche auch Heizung und Führungen in sich aufnehmen, sind so stark zu halten, daß die Backen unter dem Preßdruck nicht nachgeben, um nennenswerte Gratbildung zu verhindern (s. DIN 16706). Als Backen- bzw. Mantelneigung hat sich eine Neigung von 1 : 10 (Kegel 1 : 5) am besten bewährt, da bei der Formenherstellung sich meßtechnisch verschiedene Vorteile ergeben. Die aus Edelstahl angefertigten Backenpakete bestehen meist aus zwei oder vier Backen; je nach Gestaltung des Preßlings sind aber auch andere Backenzahlen anwendbar. Kleine Backenpakete werden aus dem Rahmen ausgedrückt und von Hand auseinandergenommen. Bei größeren Formen werden die schweren Backen mit Scharnieren an den Unterstempel angelenkt und klappen beim Ausfahren desselben selbsttätig auf bzw. werden im Unterteil durch T-Nuten gehalten und fahren nur parallel auseinander. Derartige Formen erfordern an den Pressen kräftige Ausstoßer, um die festsitzenden Backenpakete lösen zu können, aber auch starke Ausstoßerrückzüge, um ein einwandfreies Schließen der Form herbeizuführen. Bei der Konstruktion von Formen für in Backen zu fertigende Teile wählt man die Teilung zweckmäßigerweise so, daß sie mit Kanten des Preßlings zusammenfällt, oder man sieht am Preßteil selbst durch einen kleinen Wulst betonte Nähte vor. In beiden Fällen ist das Entgraten der Teile ohne Verletzung der Preßhaut möglich. Bei allen Arten von Backenformen ist die Sicherung der Lage der Backen zueinander konstruktiv und ausführungsmäßig besonders sorgfältig zu behandeln. Versatz der Backen zueinander gibt immer Ausschuß, da in diesem Falle Putzarbeit keine Abhilfe schaffen kann. Die sicherste Methode, Versatz auszuschließen, ist die Verfalzung der Formenteile zueinander, und zwar einmal längs und einmal quer zur Preßrichtung. Die langen, durchgehenden Flächen der Falze lassen sich bei entsprechender Konstruktion nach dem Härten schleifen und gehen beim Öffnen oder Zerlegen der Backen sofort frei. Deshalb klemmen sie nicht und sind auch nicht stark der Abnutzung unterworfen. Im Gegensatz dazu steht die Sicherung zweier Backen zueinander durch Stifte, die besonders durch Abnutzung und Verlust Gefahr bringen können.

Nachstehend folgen einige Konstruktionen von Backenformen, welche die wesentlichsten Merkmale dieser Formenart tragen. Formen mit festen Beilagen fallen nicht unter diese Beispiele; derartige Formen werden bei den zusammengesetzten Formen behandelt (s. Abb. 60 bis 63).

a) Backenformen mit losen Backen. *Zweibackenform für Spulenkörper* (Abb. 17). Infolge der beiden großen Flansche ist die Herstellung der Spule nur in zwei Backen möglich. Dieselben umschließen den Unterstempel und außerdem eine geteilte Einlage, welche eine umlaufende Rille im unteren Flansch formt. Man könnte diese geteilte Einlage fallenlassen, wenn man die Rille nachträglich zerspanend erzeugen würde. Der Oberstempel wird durch einen Bolzen geführt, der im eingelegten Bodenstück befestigt ist. Der geheizte Mantel hat einen Fixierkeil, um beim Einsetzen die Backen in die richtige Lage zu bringen. Das Backenpaket

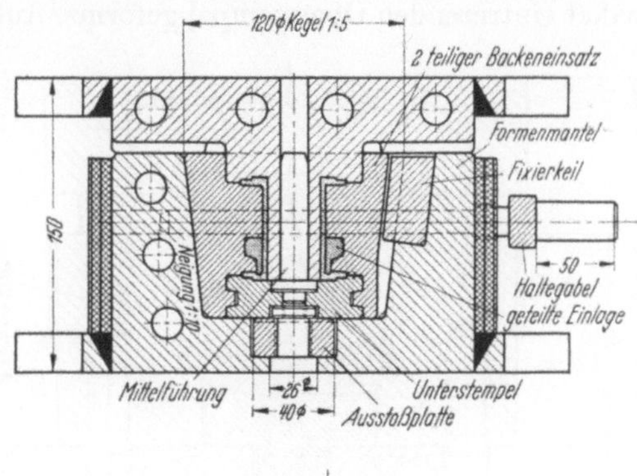

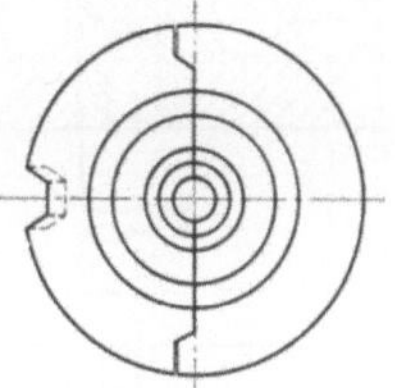

Abb. 17. Zweibackenform für Spule

einschließlich Bodenstück wird doppelt angefertigt, um die notwendigen Handzeiten in die Brennzeit des zweiten Einsatzes zu legen.

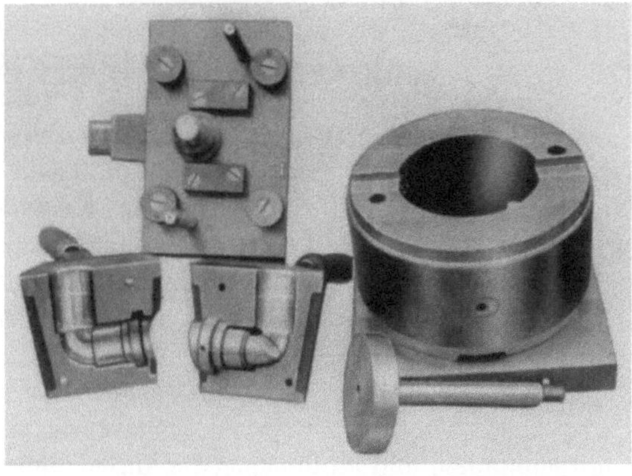

Abb. 18. Zweibackenform mit losen oder Handbacken

Backenpreßform mit Einlegekern (Abb. 18). Erzeugt wird bei diesem Beispiel ein Rohrbogen von 90°. Das Äußere des Preßlings liegt in einer rechten und einer linken Backe. Das Innere des einen Stutzens wird durch einen Kern erzeugt, der zwischen beide Backen gelegt und von ihnen gehalten wird. Der andere Stutzen wird durch den in das Backenpaket eintretenden Oberstempel geformt. Außer zwei Stiften übernimmt der Kern durch seine Verfalzung die Sicherung der Backenlage. Zur leichteren Bedienung hat jede Backe einen wärmeisolierten Handgriff.

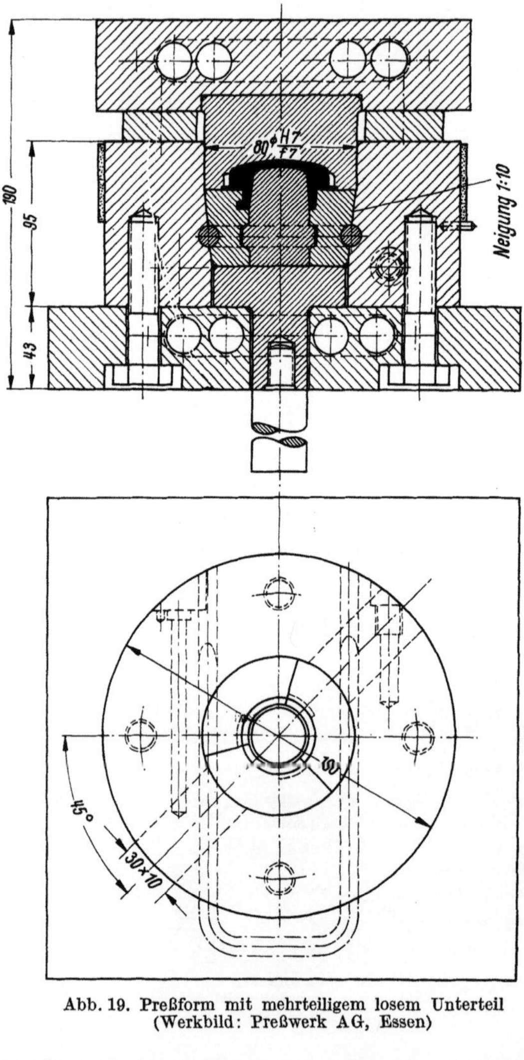

Preßform mit mehrteiligem losem Unterteil (Abb. 19). Hinterschneidungen bajonettartiger Gestalt werden durch einen dreiteiligen Einsatz gebildet, der einen Kern umschließt. Nach dem Ausstoßen des Einsatzes sind die 3 Backen auseinanderzubrechen. Naht-Markierungen am Preßteil sind nicht zu vermeiden. Da es sich außerdem um eine Abquetschform handelt, kann nun Formstoff mit pulvrigem Füllstoff verpreßt werden.

Backenform mit offenem Mantel (Abb. 20). Die Konstruktion für kleine Preßteile mit Hinterschneidung zeichnet sich durch eine sehr einfache Bedienung aus. Beim Hochfahren des Stempels wird das

Abb. 19. Preßform mit mehrteiligem losem Unterteil
(Werkbild: Preßwerk AG, Essen)

Backenpaket mitgenommen und stößt gegen die Anschlagleiste. Dadurch streift sich der Mitteldorn aus dem Preßteil heraus und das Backenpaket kann an den Handgriffen nach vorn gezogen werden. Das Aufklappen geschieht wie an einem Waffeleisen. Die Mantelneigung muß allerdings etwas weniger steil gehalten werden (ohne Selbsthemmung), damit sich der Keileinsatz leicht löst. Die Gratbildung hält sich in erträglichen

Grenzen. Beim Einführen der leeren Backen muß darauf geachtet werden, daß sie an der Anschlagleiste anliegen.

Zweibackenform für Metallteilaufnahme (Abb. 21). Hier ist eine geteilte Form notwendig, um die einzupressenden Metallwinkel aufnehmen zu können. Infolge der Gestalt des Preßlings gelangen Längsbacken zur Anwendung. Gegen

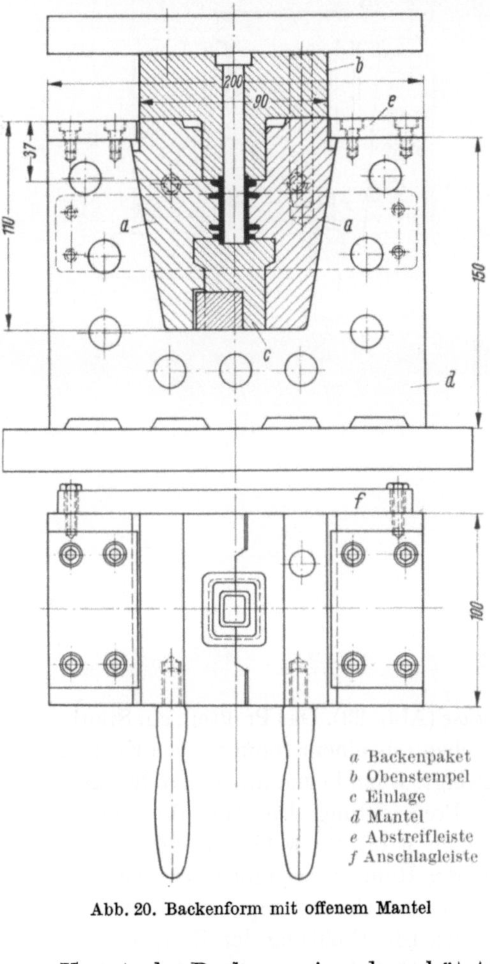

a Backenpaket
b Obenstempel
c Einlage
d Mantel
e Abstreifleiste
f Anschlagleiste

Abb. 20. Backenform mit offenem Mantel

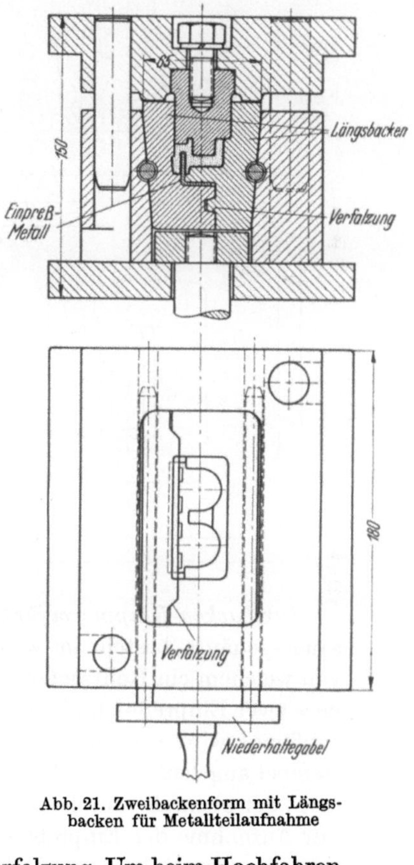

Abb. 21. Zweibackenform mit Längsbacken für Metallteilaufnahme

Versatz der Backen zueinander schützt Verfalzung. Um beim Hochfahren des Oberstempels das Backenpaket im Mantel zu halten, ist eine Niederhalte- oder Abstreifgabel vorgesehen.

b) Backenformen mit angelenkten Backen. *Klappform mit zwei Backen* (Abb. 22). Die Schauseite des Preßteiles (Instrumentengehäuse) formt den Unterstempel des Werkzeuges ohne jede Gratbildung durch Teilnähte. Die Einbauseite wird von Backen erzeugt, welche infolge ihres hohen Gewichtes an den Unterstempel durch Scharniere angelenkt sind. Beim Ausstoßen des Einsatzes klappen die Beilagen ab und der Preßling wird von Hand entfernt. Gegen Versatz sichert Verfalzung, wobei quer zur Preßrichtung der Unterstempel diese Aufgabe übernimmt.

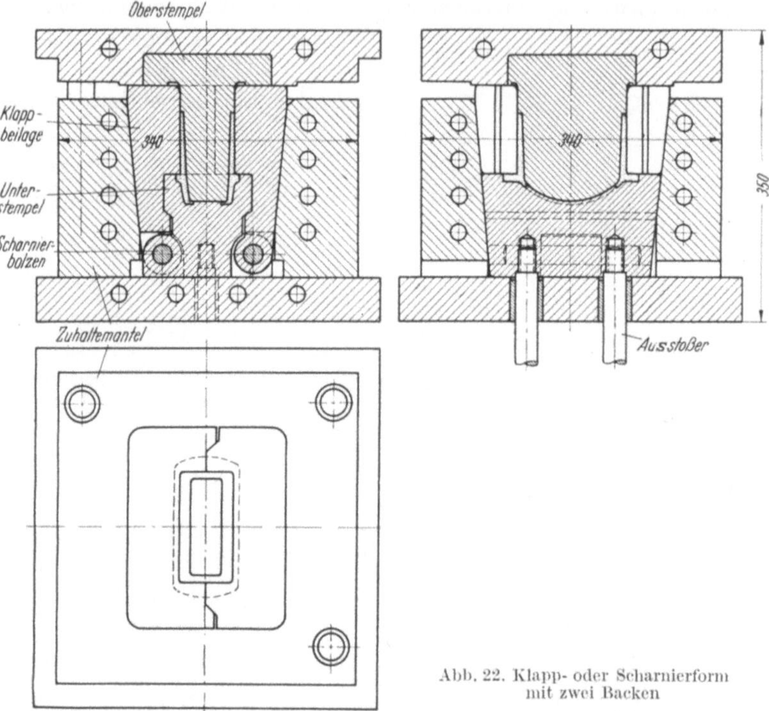

Abb. 22. Klapp- oder Scharnierform mit zwei Backen

Zweibacken-Klappform für Gehäuse (Abb. 23). Das Preßteil, ein Staubsaugergehäuse, besteht im wesentlichen aus einem topfförmigen Körper, von welchem ein Rohrstutzen abzweigt. Dazu liegen im Boden des Körpers zwei Einpreßmetalle quer zur Preßrichtung. Die Außenkontur des Preßlings wird von zwei Klappbacken gebildet, welche an den Unterstempel angelenkt sind. Das Innere des Rohrstutzens formt ein Einlagekern, der ebenfalls durch ein Scharnier am Unterstempel gehalten wird. Zur Aufnahme der Einpreßmetalle wird in Richtung der Hauptkörperachse in den Unterstempel ein Bodenstück lose eingelegt. Die Metalle werden darin durch eine diagonal liegende Stahlachse gehalten. Gegen Versatz sichern auch hier Verfalzung und Unterstempel. Die geschlossene Form hat reichlichen Füllraum, der selbst für flockiges Material (Typ 54 und 74) ausreicht. Nach dem Öffnen des Werkzeuges kann der Preßling leicht entnommen und die Form gut gereinigt werden. Bei derartigen Maschinenformen muß auf die Möglichkeit guter Säuberung besonders geachtet werden, da davon das dichte Schließen der Werkzeuge in hohem

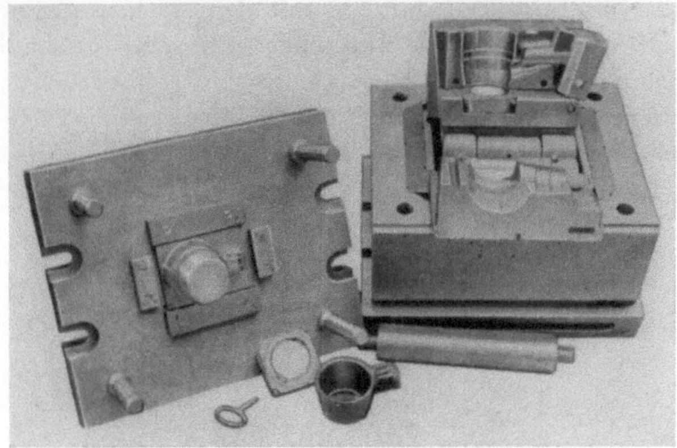

Abb. 23. Zweibacken-Klappform für Gehäuse

Maße abhängt. Falls es nicht möglich ist, die Backen solcher Formen
selbst zu heizen, ist für eine kräftige und gleichmäßige Heizung von
Rahmen und Bodenplatte zu sorgen.

Zweibacken-Klappform für Knebelgriffe (Abb. 24). Das Aufbrechen
der Backen erfolgt durch Keilleisten, die in der unteren Formplatte an-

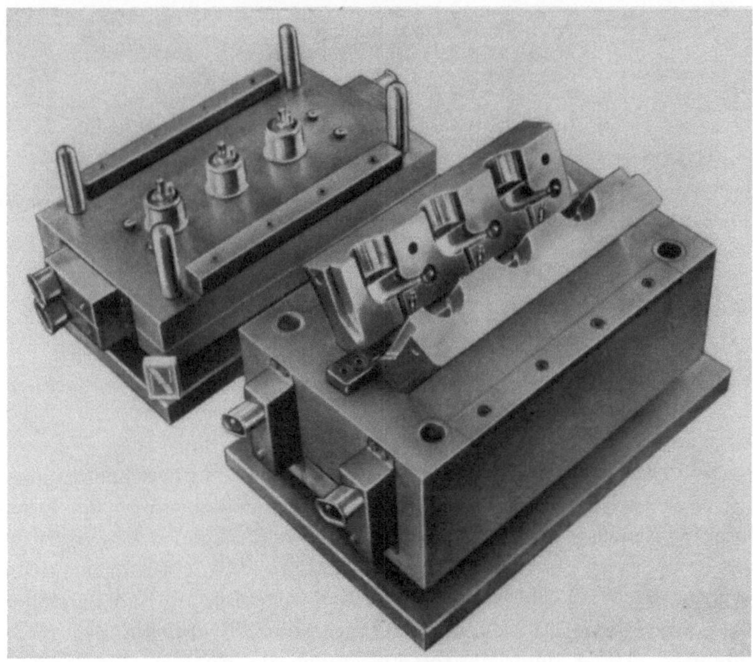

Abb. 24. Zweibacken-Klappform für Knebelgriffe (Werkbild: Werkzeugbau GmbH, Wissenbach)

geschraubt sind. Die Teile werden mit den Backen ausgestoßen und
durch eine Gabel von den als Ausstoßer wirkenden Kernen abgestreift.
Heizung elektrisch.

Klappform mit Abzugsbacken (Abb. 25). Der Preßling in Gestalt eines
ungleichen Doppel-T-Profils wird mit seinem großen Flansch nach unten
liegend geformt, da auf dessen Außenseite vier Dorne zur Erzeugung von

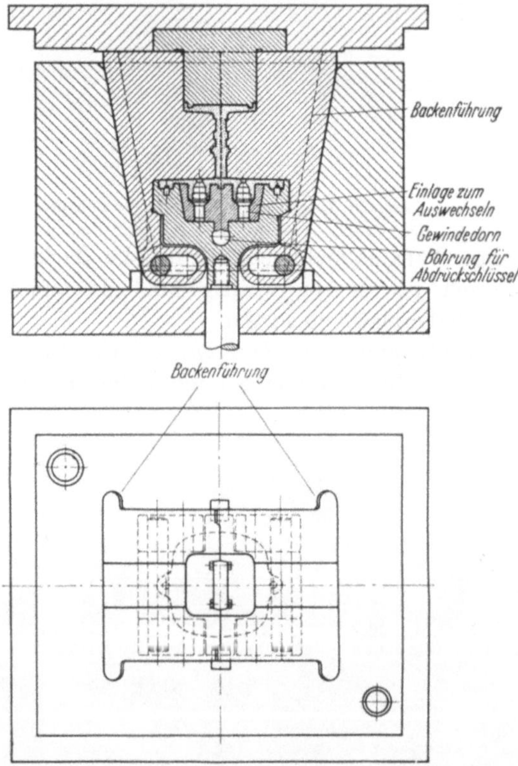

Abb. 25. Klappform mit parallelgeführten Abzugsbacken (Werkzeichnung: Siemens-Schuckert-
Werke AG, Berlin)

Gewinde vorzusehen und einige Metallteile zum Einpressen einzulegen
sind. Um diese Handgriffe und die Entformarbeit nicht unter der Presse
ausführen zu müssen, ist eine auswechselbare Einlage im Unterstempel
vorgesehen. Diese wird nach dem Ausfahren der Unterform mittels
eines Exzenter-Steckschlüssels gelöst. Die zwei schweren Backen ziehen,
durch Seitenführungen gesteuert, erst parallel ab und klappen später
auseinander. Außer dem Mantel sind auch die Backen mit Heizung
(Warmwasser) versehen.

Klappbackenform mit hydraulisch verschiebbarem Seitenschieber (Abb. 26). Beide Backen, durch Gelenk miteinander verbunden, werden bei ihrem Ausstoßen aus dem Formmantel zwangsweise durch Keile auseinandergedrückt. Zuvor wurde am Boden des Mantels aber in seiner Längsachse hydraulisch ein Seitenkern nach außen gezogen. Der Kern liegt zur Verdeutlichung in der Abbildung auf dem Mantel in Preß-Endstellung. Zwischen beiden Backen wird außerdem ein loser Kern eingelegt, der im Preßteil verbleibend, später von Hand entfernt werden

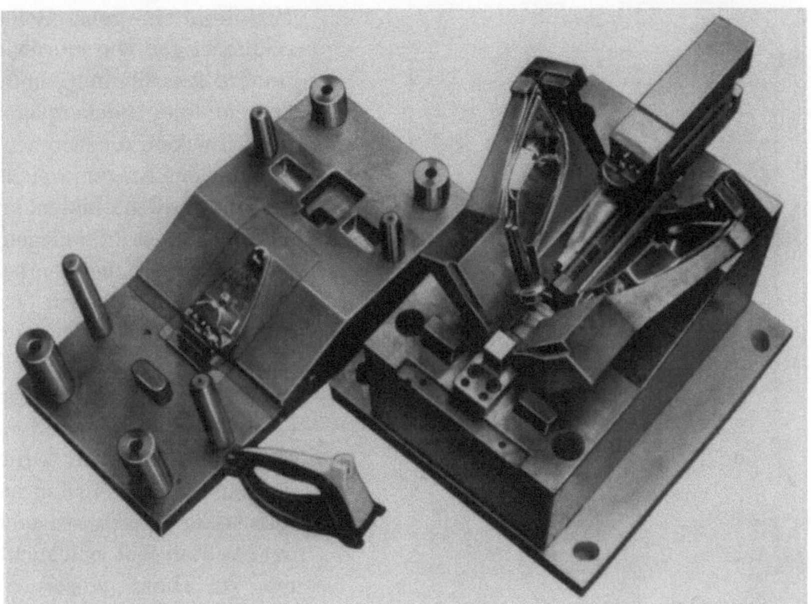

Abb. 26. Klappbackenform mit hydraulisch gezogenem Seitenschieber (Werkbild: Siemens-Schuckert-Werke AG)

muß. Am hydraulisch gezogenen Kern ist eine T-Nut erkennbar, welche zur Verbindung mit dem Seitenkolben dient.

Zweibacken-Klappform für vier Waagengehäuse (Abb. 27). Eine Backenform ist notwendig, da ein Skalenfenster und tief gravierte Schrift auf der Preßteil-Schauseite einfaches Ausstoßen nicht gestatten. Infolge hoher Stückzahlen des billigen Massenartikels ist die Form als 4fache Klappform ausgebildet. Ein großes Mittelstück, an welchem der Ausstoßer angreift, trägt die Kontur von vier Preßlingen. Links und rechts ist je eine Backe angelegt, die jeweils von zwei Preßlingen die Kontur der Schauseite tragen. Gute durchlaufende Verfalzungen sichern gegen Versatz nach allen Seiten. Die Oberstempel sind einzeln in die Kopfplatte eingelassen. Die Führung von Kopfplatte zum Mantel ist gut.

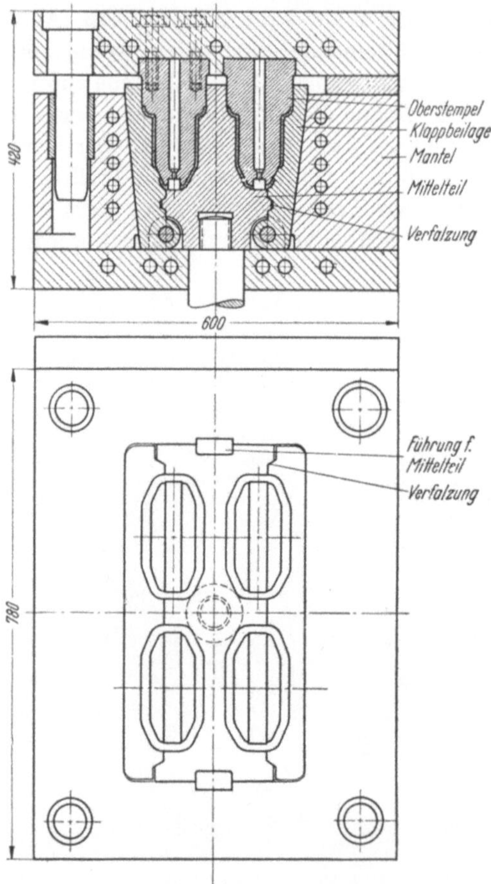

Abb. 27. Zweibacken-Klappform für 4-Waagengehäuse
(Werkzeichn.: Preßwerk AG, Essen)

Das Backenpaket wird beim Ausfahren durch im Mantel eingelassene Führungsleisten für das Mittelteil geführt.

Preßwerkzeug mit 7 zentrischen Klappbacken (Abb. 29). In dieser Form wird eine Spule gepreßt, deren Mittelrohr eine ganze Reihe schlitzartiger Durchbrüche besitzt. Aus diesem Grunde besteht das Backenpaket aus 7 Backen, die sich zentral mit den Stegen, welche die Durchbrüche bilden, an ein Mittelstück (*d*) anlegen. Auch der Oberstempel gleitet beim Pressen an diesen Stegen entlang. Jede Backe hat an der Mantelseite Nuten, in welche Stege eines Lösekeiles eingreifen. Dadurch klappen die Backen beim Ausfahren selbsttätig allseitig auf, und das Preßteil läßt sich leicht mit der Hand entfernen. Für Formen dieser Bauart sind natürlich Pressen mit

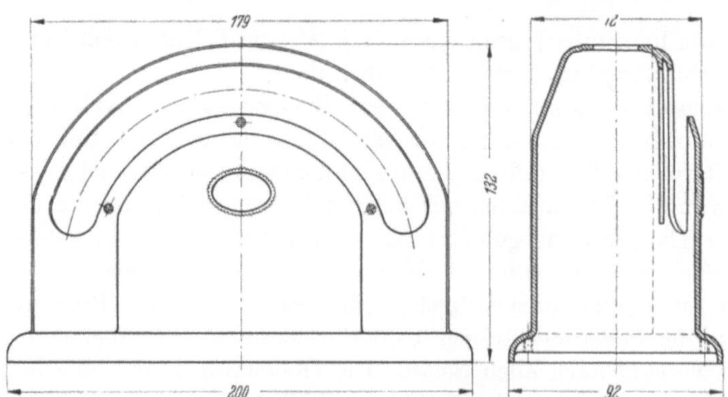

Abb. 28. Waagengehäuse aus Form nach Abb. 27

großen Hüben und Einbauhöhen nötig. Eine solche Form mit losen Einsätzen (ohne Gelenkbacken) zu bauen dürfte sich nicht empfehlen, weil das Gewicht des Backeneinsatzes zu hoch ist.

Vierbacken-Klappform für Instrumentengehäuse (Abb. 30). Das Werkzeug hat gewisse Ähnlichkeit mit demjenigen nach Abb. 22. Infolge der Gestalt des Preßlings gelangen jedoch vier Backen zur Anwendung. Beim Formenschluß

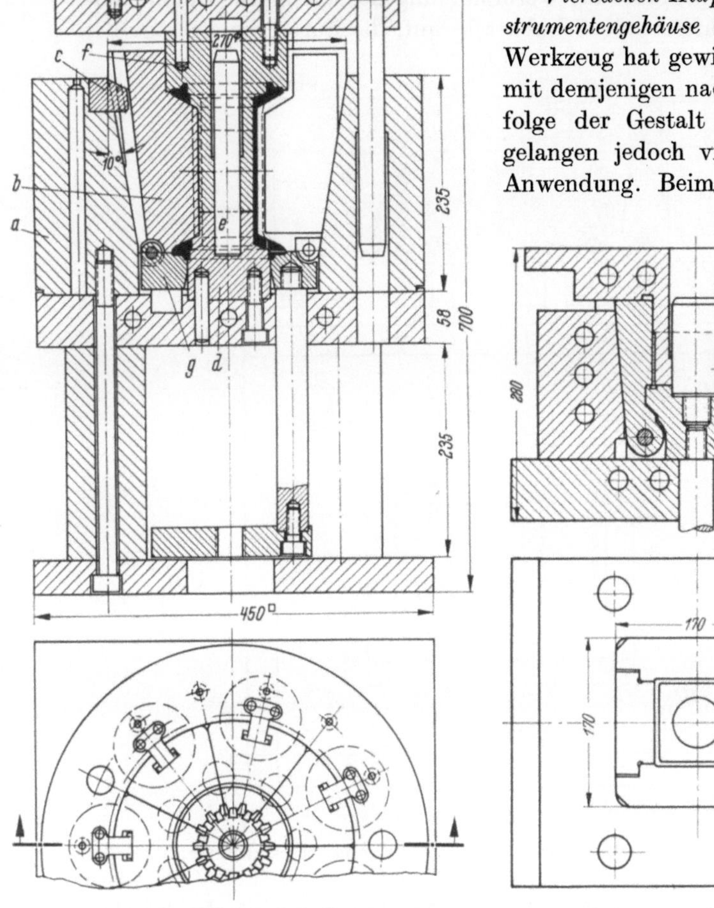

Abb. 29. Preßwerkzeug mit zentrischen Klappbacken (Werkbild: E. Eberspächer, Deizisau)

a Schließmantel, *b* Backen, *c* Lösekeil,
d Bodeneinsatz, *e* Mitteldorn, *f* Oberstempel,
g Scharnierplatte

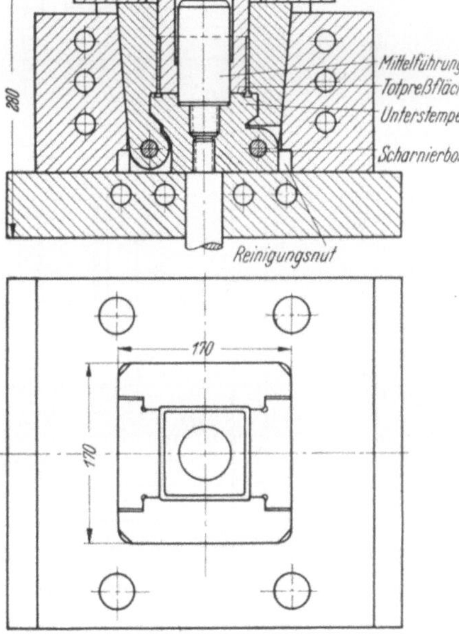

Abb. 30. Vierbacken-Klappform
für Instrumentengehäuse

legen sich alle Beilagen gegen den ebenfalls die Schauseitenkontur des Preßlings tragenden Unterstempel und stützen sich dann noch gegenseitig ab. Der Oberstempel besitzt eine Mittelführung durch einen in den Unterstempel gesetzten Führungsbolzen. Außer der Sicherung gegen ungleiche Wandicken vermindert der Mittelbolzen die Gesamtpreßfläche und damit auch den notwendigen Preßdruck.

Vierbacken-Klappform für Plakette (Abb. 31). Der rahmenartig gestaltete Preßling hat in seinem Grundriß zwei große Durchbrechungen, die normalerweise in der Form Abquetschflächen ergeben. Die größte Fläche ist im Werkzeug durch einen im Unterstempel eingesetzten Dom beseitigt worden. Außer der Verminderung der Preßfläche nimmt derselbe seitlich auftretende Schubkräfte auf, die durch die Schräge des

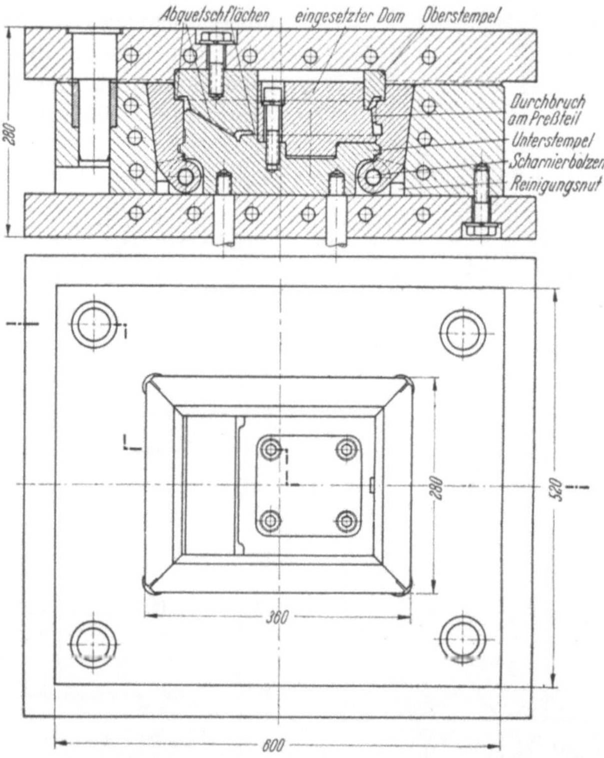

Abb. 31. Vierbacken-Klappform für Plakette (Werkzeichn.: Siemens-Schuckert-Werke AG, Berlin)

Skalenfensters hervorgerufen werden. An drei Seitenwänden werden Durchbrüche gefordert, so daß die Anwendung von Backen notwendig wird. Das Werkzeug ist über die Ecken geteilt. Die Teilnähte laufen am Preßteil nur über die Einbauseite. Die Schauseite wird allein vom Oberstempel gebildet. Da bei flachen Teilen der zufahrende Stempel den Rohstoff an alle Bedarfspunkte nicht allein drückt, ist es notwendig, beim Einfüllen in die Form die Masse gut zu verteilen.

Backenform mit im Boden versenkbaren Kernstiften (Abb. 32). Zwei Mäntel mit je einem Doppel-Backeneinsatz wurden zu einer gemeinsamen Form vereint. Die parallel abgezogenen und geführten Backen hängen nicht an Scharnieren, sondern an einem Bodeneinsatz mit T-Nuten und öffnen sich daher nur parallel. Das Preßteil mit mehreren Rippen und Stegen enthält eine große Zahl von Bohrungen, welche durch entsprechende Stifte in den Stempeln und Backen geformt werden. Diese Stifte liegen alle in Abzugsrichtung der jeweiligen Formteile. Im Boden des Preßteils befinden sich zusätzlich Bohrungen, welche

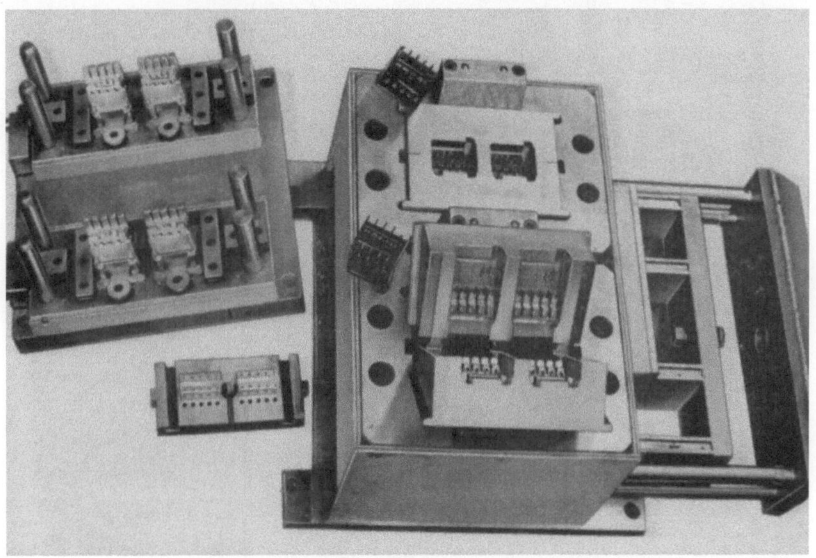

Abb. 32. Backenform mit im Boden versenkbaren Kernstiften (Werkbild: Siemens-Schuckert-Werke AG)

durch Stifte in den Backen nicht geformt werden können, da sie quer zu deren Abzugsrichtung liegen würden. Aus diesem Grunde wurden diese vertikalen Stifte in einer Traverse verankert, welche durch einen hydraulisch verschiebbaren Kulissenschieber abgesenkt wird (Abb. 33).

Vor dem Öffnen des Werkzeuges werden nur die Stifte aus den Seitenbacken herausgezogen und erst dann können die Backen ausgefahren werden. Um Formschaden durch Versagen des Pressers zu vermeiden, sind alle hydraulischen Steuerungen zueinander durch Kontakt-Sicherungen verriegelt.

Vierbacken-Klappform für Rundfunkgehäuse (Abb. 34). Dieses Preßwerkzeug soll ein Beispiel dafür sein, daß auch große Teile in Klappformen herstellbar sind und daß es durchaus möglich ist, dabei hinterschnittene Konturen zu formen. Die Teilung des Werkzeuges, Verfalzung der Beilagen, Scharnierausbildung, ist ähnlich wie bei den kleinen Formen. Besonderes Augenmerk muß jedoch auf die Konstruktion des

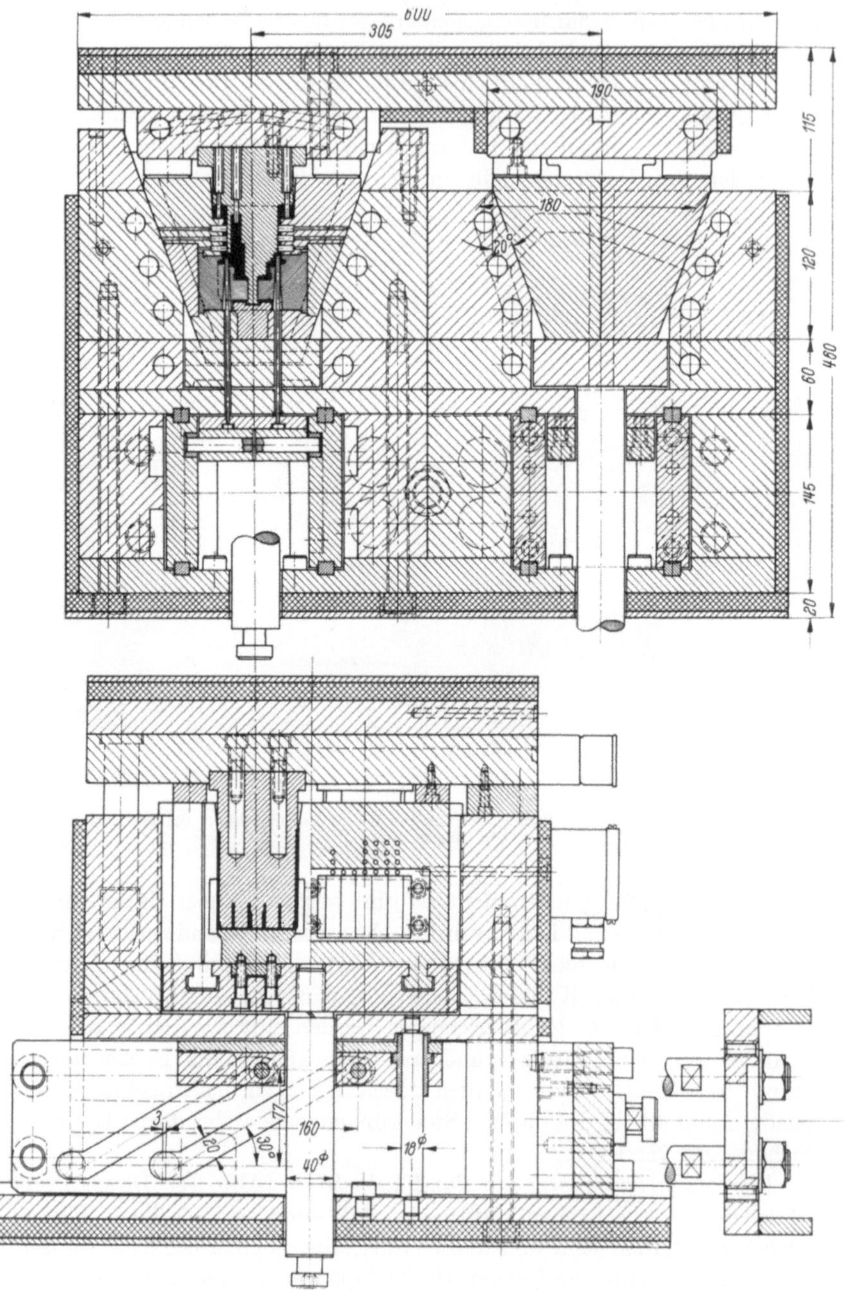

Abb. 33. 2 Querschnitte durch die Form nach Abb. 32

Mantels gelegt werden. Seine Stärke muß so bemessen sein, daß die Auffederung nicht zu einer übergroßen Gratbildung an den Teilfugen führt. Ferner ist zu beachten, daß der Unterstempel sehr kräftig gehalten ist und eine möglichst große Auflagefläche mit der Mantelgrundplatte und diese wiederum mit dem Pressentisch erhält. Bei 1200 t Preßdruck, die diese Form benötigt, würde bei schwacher Konstruktion der Unterstempel sich durchbiegen und die Form in ihren Teilungen nicht mehr sicher schließen. Der Oberstempel muß gut schließend in die Oberplatte eingelassen sein. Lange und kräftige Führungsbolzen müssen unbedingt Schwankungen in der Wandstärke in tragbaren Grenzen halten. Die Heizung so großer Werkzeuge wird am besten elektrisch ausgeführt, da das Bohren

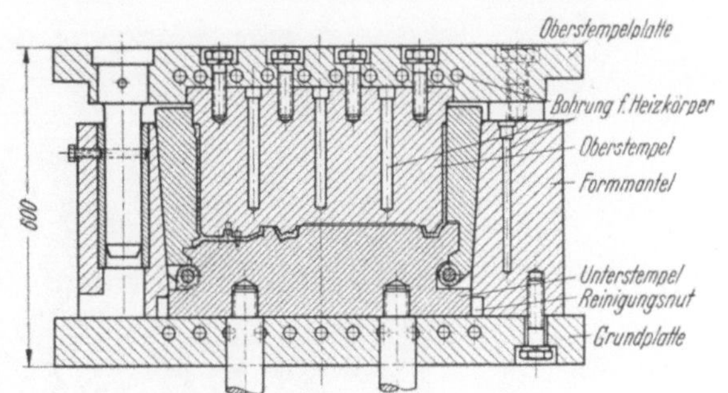

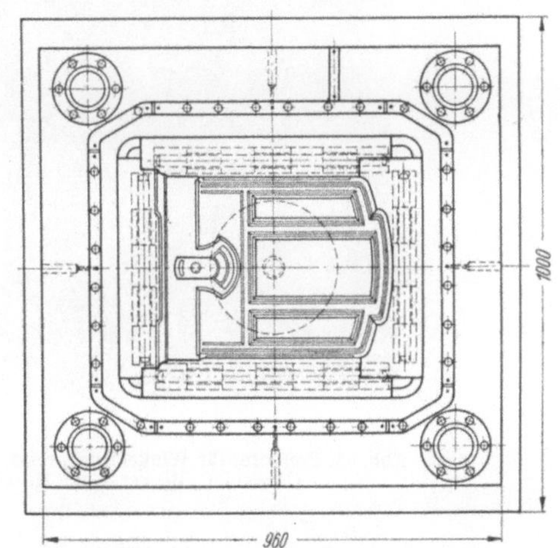

Abb. 34. Vierbacken-Klappform für Rundfunkgehäuse
(Werkzeichn.: Becker & van Hüllen, Krefeld)

langer Kanalsysteme für Dampf oder Warmwasser schwierig ist und bei Dampf z. B. durch Kondenswasserbildung leicht ungleichmäßig arbeitet.

9. Preßform für Winkeldruckpresse

Diese, auch für hinterschnittene Teile angewandte Bauform ist ebenfalls in die Klasse der Backenformen einzureihen. Das Zuhalten der Backen erfolgt jedoch statt durch einen Mantel durch einen hydraulischen Seitenkolben der Winkeldruckpresse. Die Backen sind deshalb ohne Neigung einfach parallel gearbeitet. Der Zuhaltedruck der Presse muß stark genug sein, um alle Seitenkräfte vollkommen aufzunehmen; ein Ausweichen führt sofort zum Masseeinfluß zwischen die Backen und zur entsprechenden Gratbildung. Mehr als sonst sind die Baumaße der Form an die Maße der Presse gebunden. Abb. 35 u. 36 stellen eine

Abb. 35. Preßform für Winkeldruckpresse (Zeichnung s. Abb. 36)
(Werkbild: Becker & van Hüllen, Krefeld)

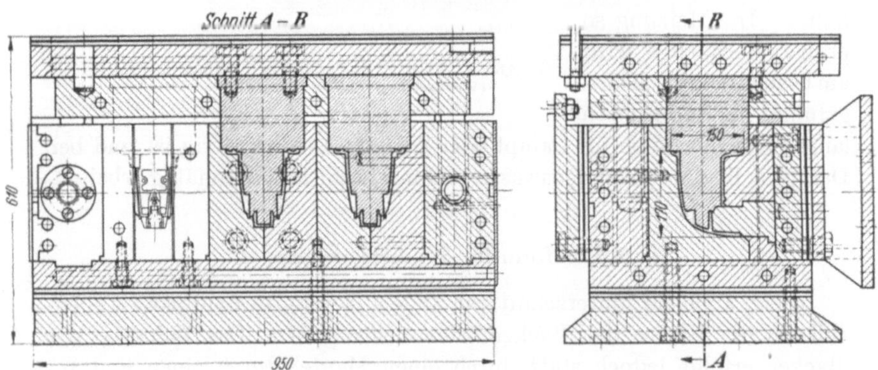

Abb. 36. Längs- und Querschnitt der Form nach Abb. 35 (Werkzeichn.: Becker & van Hüllen, Krefeld)

3-fach-Form dar für ein Motorgehäuse (Abb. 37) sehr komplizierter Gestaltung mit vielen vor- und zurückspringenden Konturen, die vor allem ein paralleles Öffnen der Form notwendig machen. Wegen dieser schwierigen Gestaltung sind auch nicht die Preßflächen aus dem vollen Block herausgearbeitet, sondern Stempel und die mehrfach geteilten Einsätze sind geschachtelt in die mit Heizung versehenen Formenplatten eingelassen. Führungsbolzen sichern beim Schließen die Form gegen Beschädigungen. Zusätzlich sind Zylinderstifte gegen Versatz der einzelnen Formteile zueinander vorgesehen. Der Backenschluß erfolgt mit einem Seitenkolbendruck von 100 t, der vertikal wirkende Preßdruck beträgt gleichfalls 100 t.

Abb. 37. Motorgehäuse. — Preßteil aus Form nach Abb. 35 u. 36
(Werkbild: Becker & van Hüllen, Krefeld)

C. Sonderformen

1. Preßwerkzeuge mit Innenbacken

Die bisher beschriebenen Formen stellen gewissermaßen die Standardtypen der Preßwerkzeuge dar. Nachstehend folgen einige Beispiele, die besondere Bauweisen darstellen; dabei können sie infolge ihrer allgemeinen Merkmale oft in einen oder den anderen bisher beschriebenen Formtyp eingegliedert werden.

Die zuletzt beschriebenen Backenformen finden unter anderem Anwendung bei Preßteilen mit hinterschnittenen Außenkonturen. Es lassen sich aber auch im Innern eines Teiles Hinterschneidungen in Gestalt von Kammern oder Vorsprüngen formen, wie es die folgenden Konstruktionen zeigen:

Form mit Innenbacke im Formenmantel (Abb. 38). Das kastenförmige Preßteil hat an der Stirnseite rechts einige Durchbrüche, welche von einer Außenbeilage mit eingesetzten Stiften gebildet werden. An der gleichen Stelle wird im Innern des Teiles eine Kammer verlangt. Zur Bildung derselben ist im Unterstempel ein Einsatz vorgesehen, der eine Schrägführung erhält. Beim Ausstoßen des Teiles wird daher der

3*

Einsatz aus dem Preßling herausgelöst und kann mühelos entfernt werden. Außer auf das Preßteil müssen bei derartiger Form Ausstoßer vor allem auf die eingesetzten Teile zur Wirkung kommen, da das einschießende Harz dieselben äußerst fest verklebt.

Füllraumform mit Innenbacke am Oberstempel (Abb. 39). Der becherförmige Formling hat im Innern einen Hohlraum quer zur Preßrichtung liegend, der durch einen Einsatz erzeugt wird, welcher im Oberstempel aufgenommen wird. Eine Haltefeder sichert den Einsatz gegen Herabfallen. Das Eindringen von Preßmasse in die Teilnaht wird durch eine Umkehrung herabgemindert. Beim Hochgehen des Oberstempels wird das Einsatzstück und damit auch der Preßling automatisch abgestreift, indem die Abdrücktraverse durch den anschlagenden Zugbolzen nach unten bewegt wird.

Vor einem erneuten Einbringen des Einsatzes für die nächste Pressung muß jedoch die Presse ein Stück zugefahren werden, um die Wirkung der Zugbolzen aufzuheben. Bei geeigneten Pressen ist dafür die Anbringung einer Ausklinkvorrichtung möglich.

Form mit parallel geführten Innenbacken (Abb. 40). Außer Hohlräumen im Innern des Preßlings können auch vorstehende Konturen

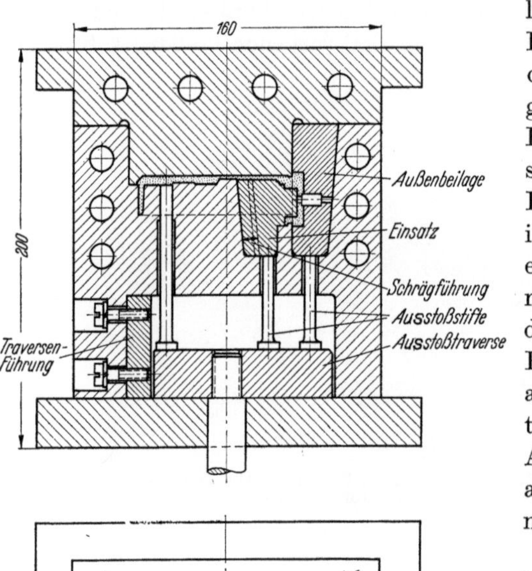

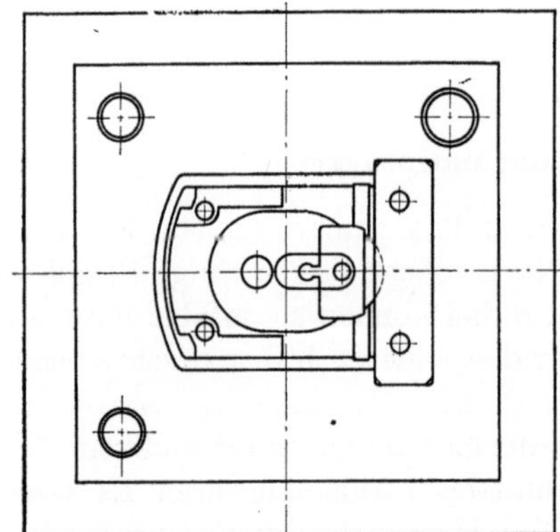

Abb. 38. Form mit Innenbacke und Beilage im Formenmantel (Werkzeichn.: Siemens-Schuckert-Werke AG, Berlin)

geformt werden, die nicht in Preßrichtung liegen. Im dargestellten Falle wird ein Gehäuse erzeugt mit innen liegenden Querrippen, indem man den Stempel mit zwei verschiebbaren Backen ausrüstet, die durch Schwalbenschwänze schräg geführt, aber auch beim Pressen gehalten werden. Der Ausstoßer der Presse schiebt beim Entformen die Backen nach oben, die sich dabei gleichzeitig nach innen bewegen und vom Preßstück lösen. Infolge Eindringens von Preßmasse in die Teilnähte sitzen die Backen sehr fest, und es sind deshalb kräftige Ausstoßer nötig.

Öfteres Reinigen von Masseresten ist notwendig. Es empfiehlt sich jedoch, die Konstruktion eines derartigen Preßteiles möglichst zu verändern und zu einer einfachen Gestaltung zu gelangen, da die Ausbringung des Werkzeuges infolge der erwähnten Schwierigkeiten nicht an die einer einfacheren Form herankommen kann.

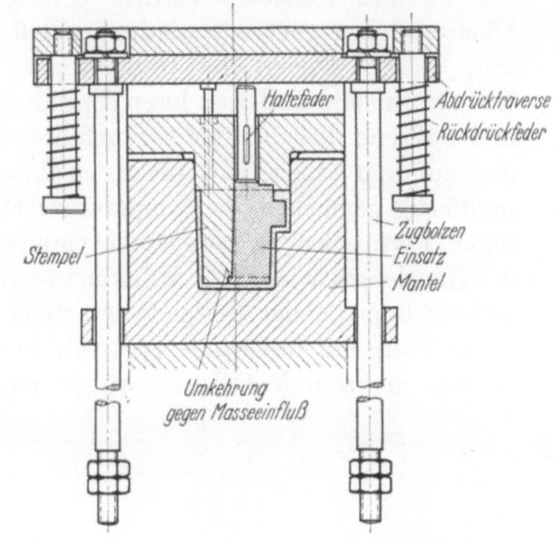

Abb. 39. Preßform mit Innenbacke am Oberstempel

2. Preßwerkzeuge mit Wechselteilen

Die Produktion einer Preßform richtet sich nach der Anzahl der Hübe, welche eine Presse leisten kann. Die Zeit von Hub zu Hub der Presse zerfällt dabei in die für die Presse benötigte Bewegungszeit, dann in die für das Stück benötigte „Brennzeit" (Stehzeit, Härtungszeit) und in die für die Formenbedienung benötigte Handzeit. Die Brennzeit ist bekanntlich nur in geringen Grenzen veränderlich und ist festgelegt durch die zu verpressenden Massen und die Wanddicke des Formteiles. Anwendung von

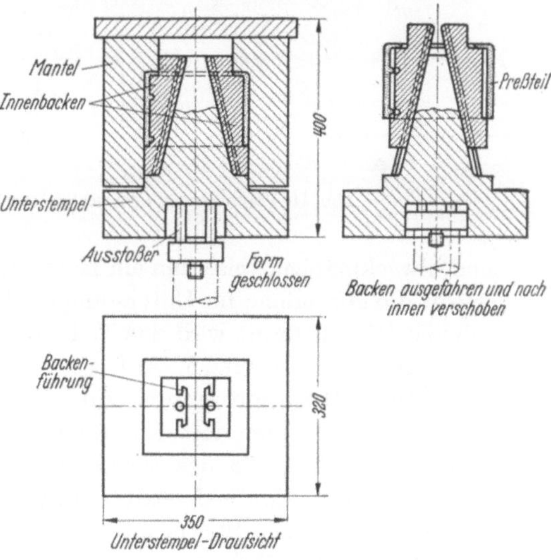

Abb. 40. Preßform mit im Stempel parallelgeführten Innenbacken (Werkzeichn.: Siemens-Schuckert-Werke AG)

Massevorwärmung gestattet oft eine erhebliche Verkürzung der Brennzeit. Bei vielen Preßwerkzeugen ist jedoch eine wesentliche Steigerung der Ausbringung durch Herabsetzung der Handzeiten zu erzielen,

und zwar dann, wenn viele Metalle, Gewindekerne usw. in die Form
einzulegen sind oder mehrere Preßlinge von Gewindestempeln abzuschrauben sind. Nimmt man diese Handgriffe unter der geöffneten Presse
vor, so muß dieselbe natürlich so lange offen stehenbleiben. Diesem
Übelstand begegnet man dadurch, daß man das entsprechende Formteil, welches Ober- oder Unterstempel sein kann, als Schieber oder
Einsatz ausbildet. Diese losen Formteile werden doppelt angefertigt,
und während das eine in der zugefahrenen Presse arbeitet, wird das andere auf dem Arbeitstisch durch den Presser gereinigt, neu beschickt und
preßfertig gemacht. Um Temperaturverluste an den losen, auswechselbaren Formteilen zu vermeiden, empfiehlt es sich, dieselben während
des Hantierens in geheizte Aufnahmevorrichtungen einzusetzen. — Nachstehend folgen einige Beispiele derartiger Werkzeuge.

a) Form mit Unterschieber. (Abb. 41). In diesem Einfach-Werkzeug
müssen mehrere Metallstifte aufgenommen werden, die einzupressen

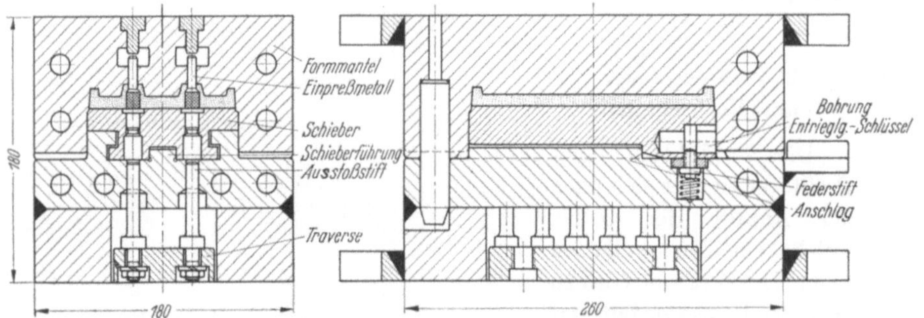

Abb. 41. Preßform mit Unterschieber und überfahrendem Mantel

sind. Zweckmäßigerweise (um ein Herabfallen der Metalle zu vermeiden)
erfolgt die Aufnahme im Unterstempel, der deswegen als Schieber ausgebildet ist. Entformt wird das Teil jedoch unter der Presse, um deren
Ausstoßkraft zu benutzen. Auf die einzelnen Metallteile wirken Aus-
stoßerstifte. Diese müssen erst zurückgezogen werden, dann kann der
Schieber gegen einen mit Einpreßmetallen beschickten ausgetauscht
werden. Das Einsetzen des Schiebers muß sorgfältig bis zu einem Anschlag erfolgen. Ein Federstift sichert gegen Verlagerung. Zum Ent-
riegeln ist ein loser Steckschlüssel notwendig, da der Formenmantel
den Schieber überfährt.

Preßwerkzeug mit verschiebbaren Formmänteln (Abb. 42). Formen,
mit als Schieber ausgebildeten Unterteilen können so gestaltet werden,
daß diese Schieber nicht gehoben oder getragen werden, sondern nur in
Bahnen gleiten. Das abgebildete Werkzeug ist mit einer sich gabelnden
Gleitbahn versehen. Nach dem Pressen wird jeweils ein Schieber heraus-

gezogen und der andere mit Einpreßmetallen und Preßmasse versehen unter die Pressenmitte geschoben und in dieser Stellung verriegelt. Die Schieberaußenstellung ist mit einem Handausdrücker versehen. Das Formoberteil, nur einmal vorhanden, ist herausnehmbar für die gelegentliche Reinigung. Handabdrücker zur Niederhaltung der Preßteile.

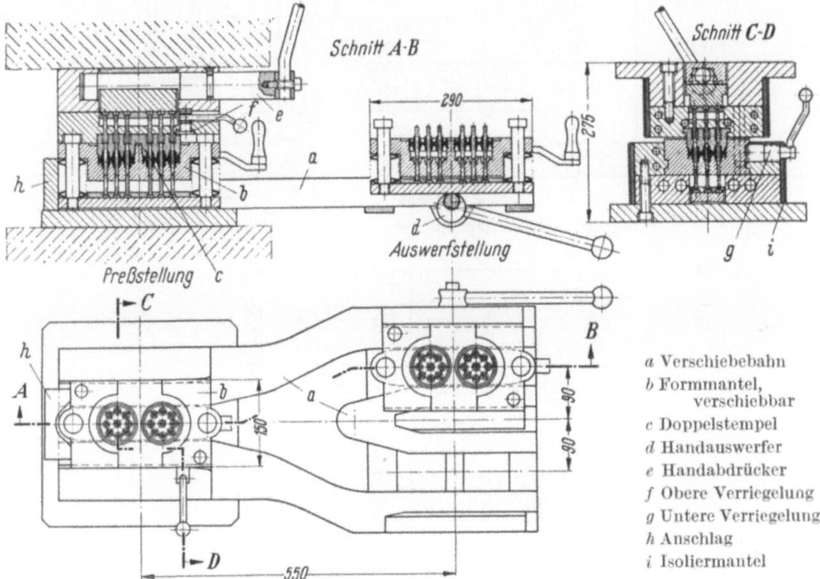

Abb. 42. Preßwerkzeug mit verschiebbaren Formmänteln (Werkbild: Siemens-Schuckert-Werke AG)

b) Form mit Oberschieber. Eine solche Form ist in Abb. 87 dargestellt. Die Schieberbedienung und Verriegelung ist dabei handlicher und übersichtlicher.

c) Preßform mit Beschickleisten. Eine den Schieberformen ähnliche Konstruktion stellen die Leistenformen dar. Hier handelt es sich jedoch um Mehrfachwerkzeuge für kleinere Teile, in die mehrere Metalle oder auch Gewinde einzupressen sind. In Abb. 43 ist eine solche Form dargestellt, welche 12 Kontaktplatten mit je fünf Einpreßstiften erzeugt. Für jede Kontaktplatte ist wegen der Außenneigung des Preßteiles ein dreiteiliger Formeneinsatz vorgesehen, der aus Oberstempel, Füllraumbüchse und Unterstempel besteht. Die Unterstempel sind in drei Leisten zu je vier Stück eingelassen, die in einen Aufnahmerahmen eingesetzt und von Pressung zu Pressung ebenso wie Schieber ausgetauscht werden. Die Füllraumbuchsen sind in einer Zwischenplatte eingesetzt, welche vom Pressenausstoßer nach dem Einbringen der mit frischen Metallen beschickten Leisten über die Unterstempel herabgezogen wird. Nach

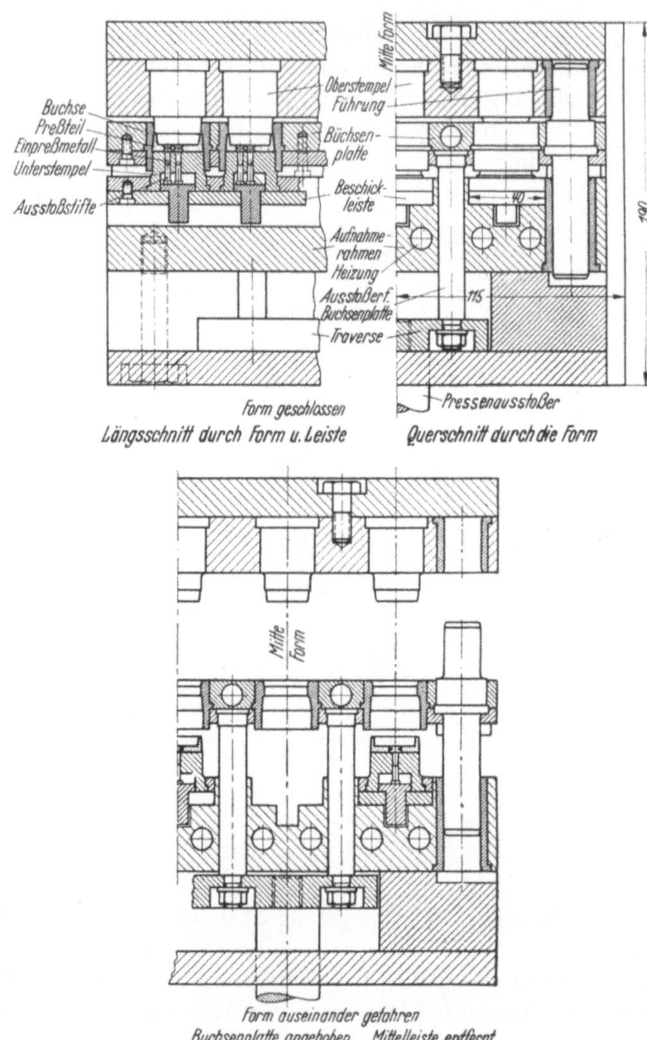

Abb. 43. Preßform mit 3 Beschickleisten (Werkzeichn.: AEG)

dem Auspressen der Teile muß erst die Zwischenplatte angehoben werden, ehe die Leisten mit den Preßlingen entfernt werden können. Beim
Einsetzen in die Form werden die Leisten gegen einen Anschlag gefahren und dann verriegelt. Die außerhalb der Presse befindlichen Leisten werden in einer geheizten Vorrichtung zum Entleeren und zur
Metallbeschickung aufgenommen. Es empfiehlt sich in solchen Fällen,
dem Presser eine Hilfskraft beizugeben. — Eine weitere Leistenform,
jedoch für Gewindeteile, stellt Abb. 91 dar.

d) Preßform mit Einsatzplatte. Dem gleichen Zweck wie Schieber und Leisten dienen auch in die Form eingesetzte Platten. Abb. 88 zeigt ein solches Werkzeug einfacher Ausführung für Buchsen mit Gewinde.

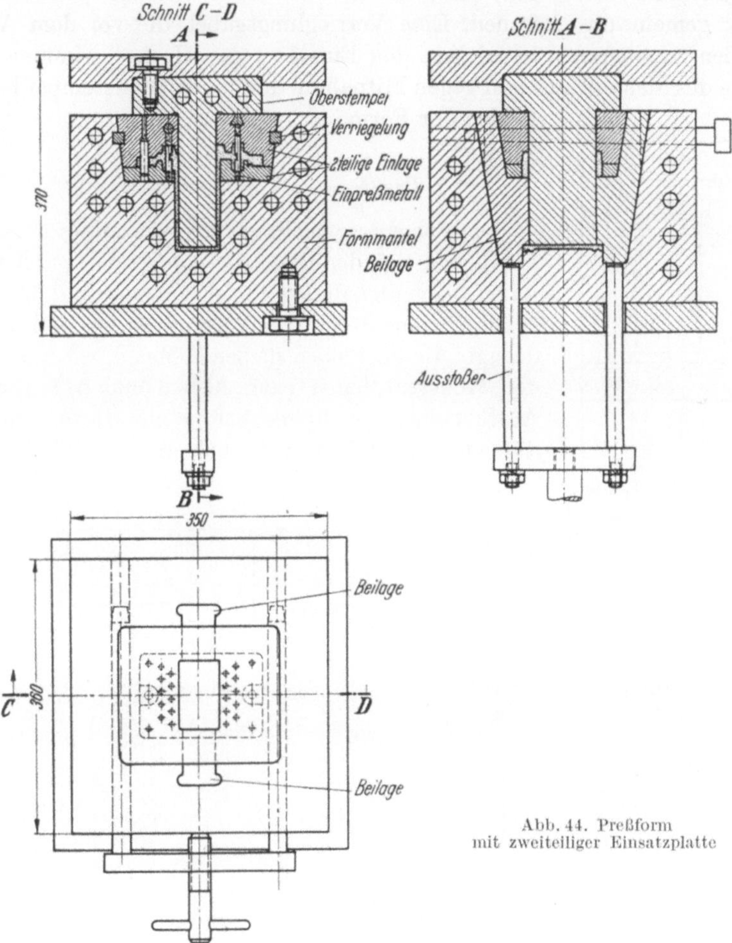

Abb. 44. Preßform mit zweiteiliger Einsatzplatte

Ein komplizierteres Werkzeug mit *geteilter Einsatzplatte zur Metall-teilhaltung* stellt die Ausführung nach Abb. 44 dar. Ein U-förmiges Preß-teil trägt an seinen beiden Schenkelenden links und rechts Flansche, in welche Metallstifte einzubetten sind. Zu diesem Zwecke ist die Form in ihrem Tauchraum mit einer geteilten Einlageplatte versehen. Zwischen beiden Hälften finden die Stifte eine sichere Aufnahme. Der Oberstempel tritt beim Zufahren durch die Platte und verdrängt die Masse von unten nach oben, welche ähnlich wie bei einer Spritzpreßform zwischen den

Metallteilen hindurchfließt und die Flansche ausfüllt. Um das offene U
des Preßlings zu versteifen, sind am Preßteil beide Schenkel durch einen
Steg verbunden. Dies macht zusätzlich zwei Beilagen nötig, auf welche
die Formausstoßer wirken und dadurch alle losen Teile aus dem Werkzeug gemeinsam entfernen. Eine Verrieglungsgabel, die vor dem Ausstoßen zu entfernen ist, sichert den Einsatz gegen Hochschwimmen infolge des Masseflusses und gegen Mitnahme durch den Oberstempel beim
Öffnen der Form.

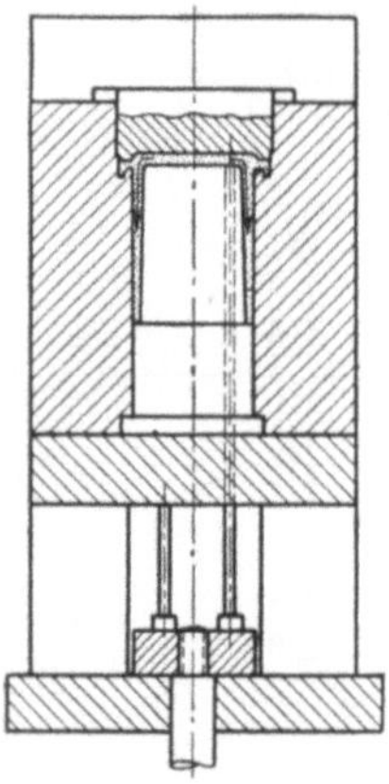

3. Preßform mit gleitendem Mantel

Die bisher dargestellten Preßwerkzeuge für Teile
mit hohen Wänden waren so konstruiert, daß bei
ihnen steigender Massefluß vorhanden war, d. h. der
Stempel tauchte in die Preßmasse ein und ver-
drängte die nach oben fließende Masse, wie z. B. in
den Konstruktionen nach Abb. 5 und 57. Diese
Ausführung ist nicht möglich, wenn Hinterschneidungen auftreten oder auch Metalle in der Form

Abb. 45. Preßform mit
drückendem Massefluß

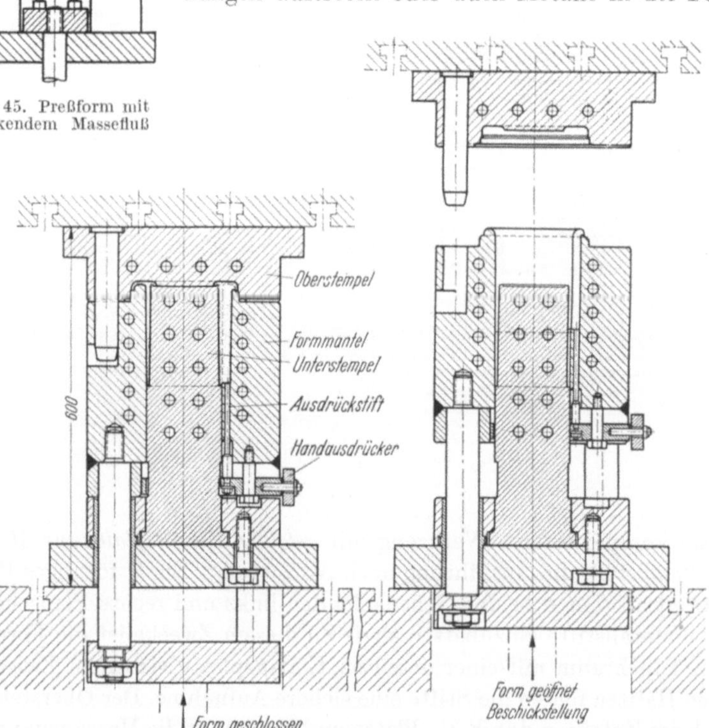

Abb. 46. Preßform mit gleitendem oder schwimmendem Mantel (Werkzeichn.: Siemens-Schuckert-
Werke AG, Berlin)

aufzunehmen sind. Dann muß das Preßstück anders herum liegen und der zufahrende Oberstempel formt durch drückenden Massefluß das Teil aus (Abb. 45). Dabei zeigt sich folgendes: In dem engen Raum zwischen beiden Formteilen gelangt die Masse schnell zum Härten, und das Stück fließt nicht aus. Dazu kommt, daß die unten eingeschlossene Luft keinen Ausweg findet und poröse Teile unvermeidlich sind. Eine brauchbare

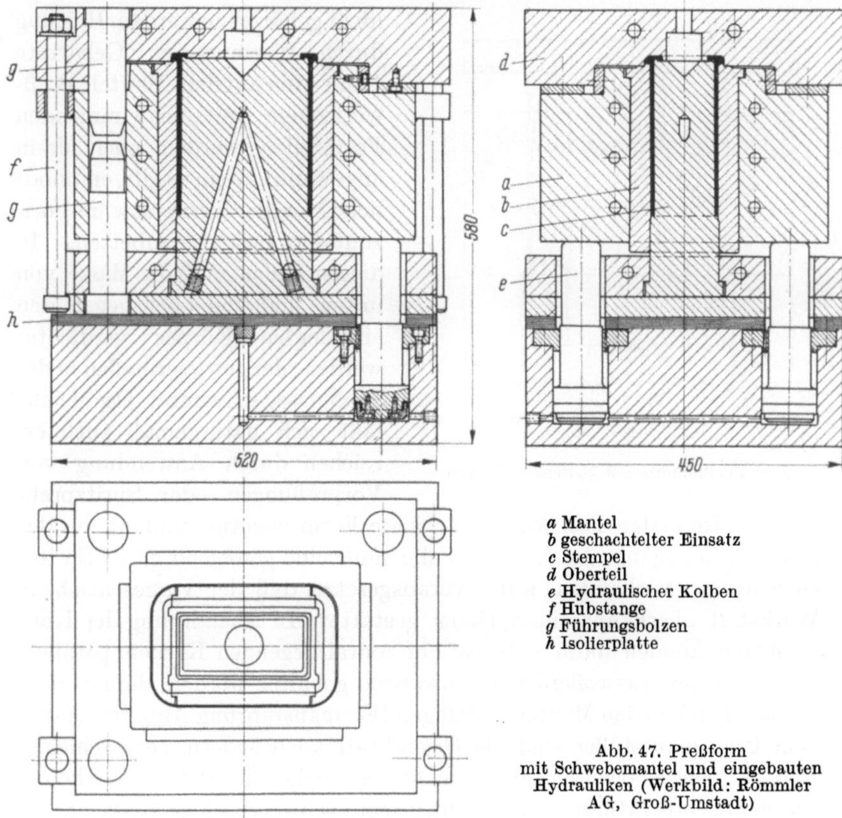

a Mantel
b geschachtelter Einsatz
c Stempel
d Oberteil
e Hydraulischer Kolben
f Hubstange
g Führungsbolzen
h Isolierplatte

Abb. 47. Preßform
mit Schwebemantel und eingebauten
Hydrauliken (Werkbild: Römmler
AG, Groß-Umstadt)

Lösung bieten die Konstruktionen mit gleitendem Mantel nach Abb. 46 und 47. Der Stempel, welcher den Hohlraum der Kappe erzeugt, steht auf dem Pressentisch fest. In der Anfangsstellung ist der Mantel durch den Ausstoßer der Presse angehoben. In dieser Stellung werden evtl. Metallteile eingelegt und die Masse eingeschüttet. Der jetzt zufahrende Oberstempel setzt auf den Mantel auf, schließt dabei das Werkzeug und, weiter zufahrend, dringt gewissermaßen der Unterstempel in den Massenraum ein und formt das Preßstück aus. Beim Öffnen der Form hebt der Pressenausstoßer den Mantel wieder an, dadurch wird das Preßteil

vom Unterstempel gelöst und kann dann meist von Hand entfernt
werden, da es beim Eintreten kalter Luft abschwindet. Eine ähnliche
Konstruktion wie mit Abb. 46 gezeigt, stellt die Bauart nach Abb. 47
dar. Hier wird der Mantel durch 4 kleine Hydraulik-Kolben in der
Schwebe gehalten, nachdem ihn Hubstangen beim Öffnen der Presse mit
nach oben genommen haben. Der Mantel enthält einen geschachtelten
Einsatz. Dies ist für die Härtung vorteilhaft; der Mantel selbst braucht

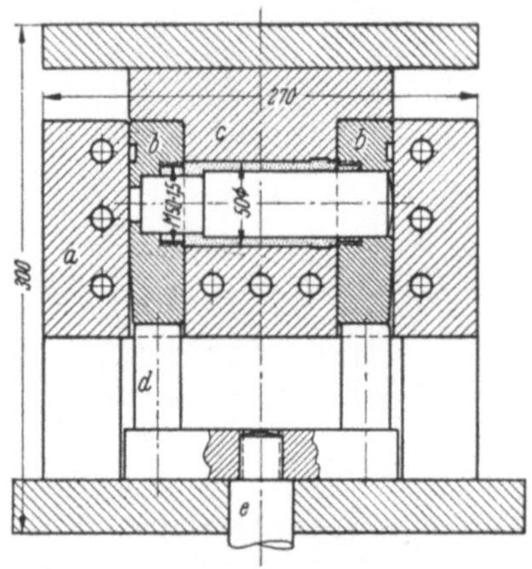

Abb. 48. Preßform mit gleitenden Backen

nicht gehärtet zu werden. Heizung durch Warmwasser. Gehärtete Paßleisten auf dem Mantel. Preßwerkzeuge mit schwimmenden Formteilen werden auch dann angewandt, wenn es gilt, empfindliche Metalle, Kerne usw. in horizontaler Lage einzubetten. In diesen Fällen muß die Masse von unten und von oben gegen den eingelegten Körper verdichtet werden, der gewissermaßen in der Preßmasse schwimmt. Das gleiche läßt sich naturgemäß auch erreichen durch Anwendung von Vorpreßlingen oder Spritzpreß-

formen. Im ersten Fall wird eine zweite Form benötigt und ein zusätzlicher Arbeitsgang. Im zweiten Falle muß eine genügend große Spritzeinrichtung vorhanden sein, vorausgesetzt daß der vorgeschriebene
Werkstoff überhaupt ein Spritzen gestattet. In Abänderung der Konstruktion können dann z. B. bei horizontal liegenden Kernen parallele
Backen unter Ausstoßerdruck schwebend gehalten werden, die mit dem
Pressendruck in den Mantel eindringen (Formausführung Abb. 48). Außer
dem Pressenausstoßer sind als Gegenkraft auch Federn vorgeschlagen
worden. Diese arbeiten meist nicht befriedigend infolge der hohen
Formen-Temperaturen, und außerdem schweißt das eindringende
Kunstharz die sich bewegenden Teile so fest zusammen, daß Federkräfte
meistens nicht zum Lösen ausreichen[1].

4. Preßform mit verschiebbarem Oberstempel

Bei sehr hohen Preßteilen tritt leicht der Fall ein, daß die Höhe der
geöffneten Form und Höhe des Preßteiles größer sind als die maximale
Einbauhöhe der Presse, d. h. der Preßling kann nicht aus dem Werk-

---

[1] S. auch WEPREK: Distanzierte Teile bei Preßwerkzeugen. Kunststoff-Techn.
12 (1942) H. 2. u. 3.

zeug entfernt werden. In diesem Falle bildet man den Oberstempel, wie in Abb. 49 dargestellt, verschiebbar aus. Nach dem Öffnen des Werkzeuges wird der Stempel nach hinten geschoben, worauf das Preßteil ausgestoßen werden kann. Zum Sichern der beiden Stellungen des Stempels ist eine Verriegelung angebracht. – Außer dem genannten Fall werden verschiebbare Oberstempel auch dann gebaut, wenn mit einem Vorpreßstempel gearbeitet werden muß, z. B. wenn ein Teil aus zwei verschiedenen Werkstoffen herzustellen ist oder auch empfindliche Metalle einzubetten sind.

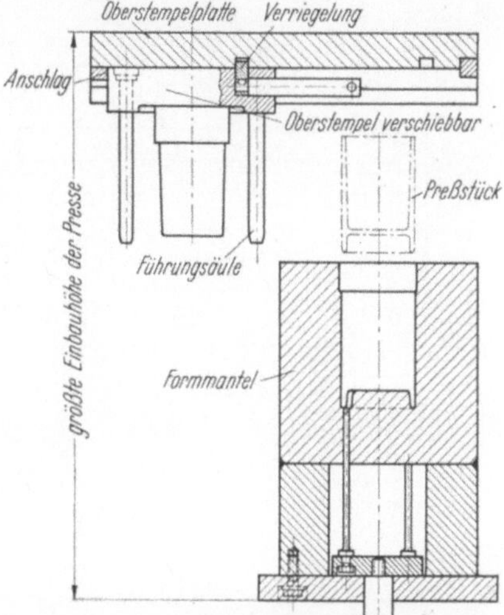

Abb. 49. Preßform mit verschiebbarem Oberstempel

5. Preßwerkzeuge für automatische Pressen

Automatische Pressen, deren Einsatz größere Mengen gleicher Preßteile voraussetzt, zwingen zur Einhaltung gleicher Abmessungen, der in ihnen einzubauenden Formen. Dies gilt für Pressen mit einer Form ebenso wie für Pressen, bei denen mehrere Werkzeuge gleichzeitig arbei-

Abb. 50. Einfach-Werkzeug für Rundläufer-Preßautomat (Werkbild: Tavannes, Schweiz)

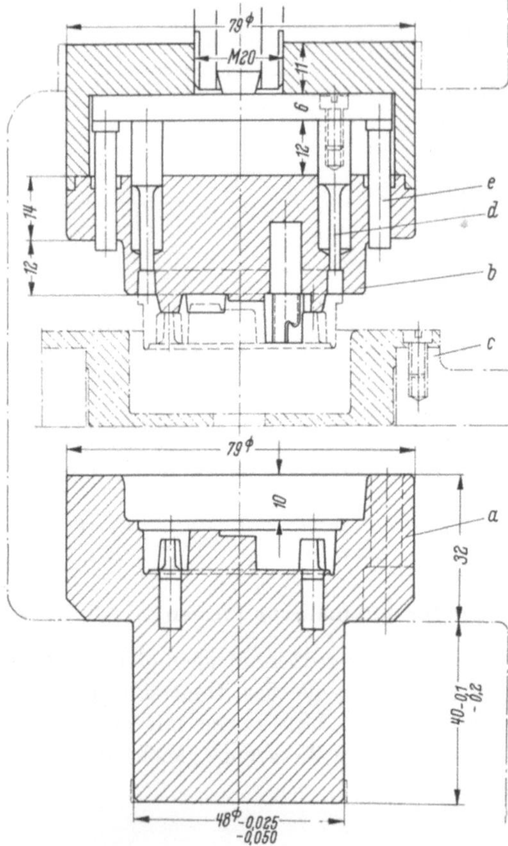

ten. Bei diesen Formen müssen einheitlich ausgeführt werden: Gesamthöhe, Spannorgane bzw. Aufnahme-Elemente am Ober- und Unterteil und die Lage der Einsätze bei Mehrfachformen. Es ist deshalb besonders ratsam für alle diese wichtigen Aufnahme- und Folgemaße Lehren zur Anwendung zu bringen. Sonst sind an diesen Werkzeugen keine anderen Bedingungen zu erfüllen wie an jeder anderen Preßform auch. Abb. 50 zeigt ein Einfach-Preßwerkzeug für einen Rundläuferauto-

Abb. 51. Zeichnung des Werkzeuges nach Abb. 50 (Werkbild: Tavannes, Schweiz, Pause)

a Matrize, *b* Oberstempel,
c Auffangarm, *d* Abdrückstift,
e Traversen-Rückdrückstift

Abb. 52. 3faches Werkzeug für Gewindekappen (Werkbild: Tavannes, Schweiz)

maten; die Zeichnung (Abb. 51) verdeutlicht den inneren Aufbau. Der Preßling wird in diesem Falle vom Oberstempel abgedrückt.

Gewinde-Kappen für Schraubverschlüsse werden vorteilhaft auf Preßautomaten geformt. Eine 3fache Form zeigt Abb. 52.

Abb. 53. 5fache Werkzeuge im Rundläufer-Preßautomat mit Abschraubvorrichtung
(Werkbild: Tavannes, Schweiz)

Für kleinere Kappen läßt sich die Anzahl der Formennester noch steigern wie Abb. 53 erkennen läßt.

Durch eine einschwenkbare Abschraubvorrichtung werden die Teile vom Oberstempel abgedreht. Die in Abb. 50 bis 53 dargestellten Formen sind für Rundläufer-Automaten gebaut. Es sind aber auch voll- und halbautomatisierte Einzylinder- bzw. mechanische Pressen bekannt, in denen Backenformen für Spulen und andere Preßteile mit Hinterschneidungen arbeiten. Das Arbeitsschema zeigt Abb. 54.

Das Entformen geschieht durch Abstreifen von dem Mittelkernstift. Die einzelnen Arbeitsbewegungen der Presse werden durch elektrische Zeituhren gesteuert. Besondere Aufgaben werden an die Sicherheitselemente einer solchen Presse gestellt, welche erneutes Schließen der Form verhindert, falls eine nicht vollkommene Entformung eingetreten ist (s. Automatic molding of coil form. — Modern Plastics März 1956).

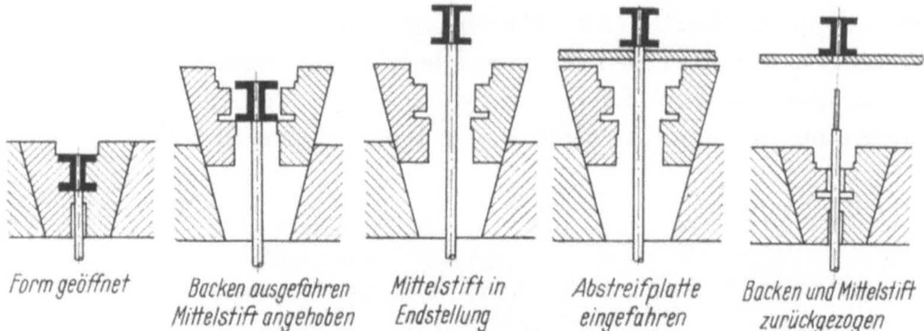

Abb. 54. Folgestellungen einer Backenpreßform für Spulen auf einem Preßautomaten

D. Großformen

Eine besondere Stellung im Formenbau nehmen die Großformen ein, wobei in der Hauptsache bei ihnen an die Werkzeuge für die Gehäuse der Rundfunkgeräte gedacht ist. Allerdings gibt es auch Preßteile großer Abmessungen für andere Verwendungszwecke; dieselben stellen aber in ihrer Gestalt und ihrer Aufgabenstellung den Preßtechniker vor die gleichen Probleme. Eine Abweichung stellen nur flache, plattenförmige Teile dar, die aber in der Konstruktion der Werkzeuge nicht so große Schwierigkeiten machen wie die Teile kastenförmiger Gestalt.

Mit der Weiterentwicklung der härtbaren Kunststoffe stieg seinerzeit die Größe der Preßteile und damit auch diejenige der Formen. Die Werkzeugabteilungen der verschiedenen Herstellerfirmen versuchten die großen Formen wie die mittleren herzustellen, teils ging man aber auch neue Wege, um terminlichen Bedingungen besser gerecht werden zu können, oder man mußte sich den vorhandenen Werkseinrichtungen anpassen. So entstanden nebeneinander zwei Hauptgruppen von Formen, und zwar die Massivform und die zusammengesetzte Form. Beide Bezeichnungen beziehen sich auf die Ausbildung des Werkzeugmantels, also des Teiles, welches die Ansichtsseite des Gehäuses darstellt. Dabei traten Formengestaltung und Aussehen des Preßteiles in engste Beziehung zueinander, da die Formenteilung bestimmend auf die Außengestaltung des Teiles einwirkte. Die nachfolgende Beschreibung der einzelnen Formenarten beginnt mit der Massivform und behandelt fortschreitend die geteilten Ausführungen. Auf Grund der bisherigen Erläuterungen stellt diese Reihenfolge keineswegs die zeitliche Entwicklung dar, sondern beide Konstruktionen waren von Anfang an da und werden auch heute noch angewendet.

1. Die Massivbauart

Die Außenkonturen des Preßteils sind in den vollen Block eingearbeitet. Dadurch ergeben sich naht- und gratlose Preßlinge sowie eine große Freiheit in der Konturenbildung, da auf Teilungen keine Rücksicht genommen werden braucht. Der Übergang vom Grund der Form in die Seiten kann mit großen Radien ausgeführt werden, wodurch der Massefluß begünstigt und die Festigkeit des Mantels, die durch den Zusammenhang von Boden und Seitenwand schon sehr hoch ist, noch gesteigert wird.

Infolge Wegfalls loser Teile ist im Werkzeugbau keine Zusammenpaßarbeit nötig. Dampf- oder Warmwasserheizung und damit auch Kühlung sind möglich. Als nachteilig wird empfunden: die Herstellung

Abb. 55. Massiv-Mantel einer Rundfunkgehäuse-Form auf einer Horizontal-Fräsmaschine

komplizierter Bodenkonturen ist sehr schwierig, da selbst für kleine Fräsarbeiten große Maschinen genommen werden müssen (Abb. 55). Die Tische der kleinen Maschinen sind nicht imstande, den schweren Block aufzunehmen. Terminlich gesehen ist die Massivform deshalb von Nachteil, weil nur ein Mann an dem Mantel jeweils arbeiten kann. Das Härten der großen Blöcke bereitet naturgemäß erhebliche Schwierigkeiten, und deshalb wird der Stahl meist im Anlieferungszustand (vergütet) belassen. Die Form verliert dadurch beim Pressen schnell ihre Politur und muß häufig aufgearbeitet werden. Um den Verschleiß durch die Preßmassen in tragbaren Grenzen zu halten, wird Hartverchromung der Preßflächen mit Erfolg angewendet.

Preßwerkzeug mit ungeteiltem Mantel (Abb. 56). Die Wannengestalt des Preßteils (Transformatorenhaube) gestattet die Entformung der Teile ohne Auswerfer oder Abdrücker. Der ungeteilte Mantel ist hartverchromt. Die Bohrungen für die Heizpatronen sind senkrecht angeordnet. Im

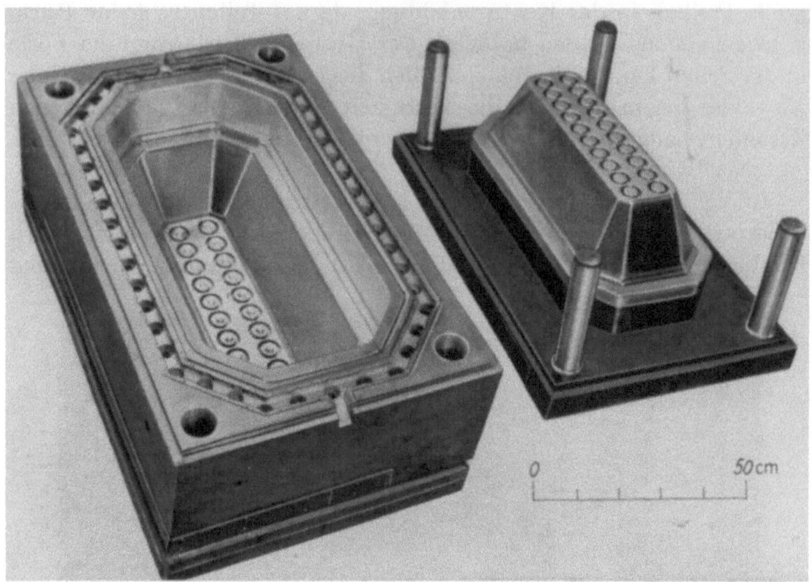

Abb. 56. Preßwerkzeug mit ungeteiltem Mantel (Werkbild: Becker & van Hüllen, Krefeld)

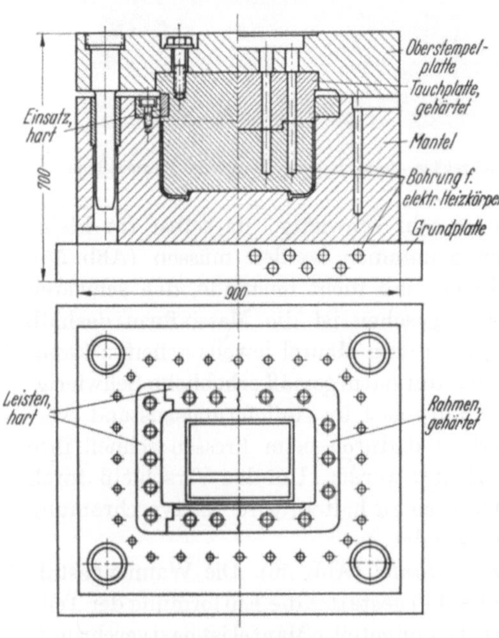

Abb. 57. Preßform für Rundfunkgehäuse
nach Massivbauart

Gegensatz zu horizontal liegenden Heizpatronen spart diese Anordnung an Wandstärke der Form, da auf die Kreuzung mit den Bohrungen für die Führungsbuchsen keine Rücksicht genommen zu werden braucht.

Zu der in Abb. 57 dargestellten Konstruktion ist zu sagen: Der Oberstempel, welcher gut in die Oberplatte eingelassen ist, taucht in den Mantel etwa 30 mm ein. Um dem Reibungsverschleiß vorzubeugen, ist diese Mantelpartie durch gehärtete Stahlstücke armiert. Die linke Hälfte des Grundrisses zeigt dies in Gestalt eingesetzter Leisten, die rechte dagegen als geschlossener gehärteter Rahmen. Im Oberstempel sind in dieser Partie linksseitig gehärtete Stücke eingesetzt. Die rechte Seite dagegen zeigt den Oberstempel geteilt, in dem die eintauchende Kontur als gehärtete Platte ausgebildet ist. Die elektrische Heizung ist auf der rechten Seite angedeutet.

Ungeteilte Preßform für Haube (Abb. 57a). Die verhältnismäßig einfache Preßkontur erübrigt jede Formteilung. An den Werkzeugdreher werden trotzdem gewisse Ansprüche gestellt, denn es wird eine gleichmäßige Wanddicke am Preßteil gewünscht. Da in der Form glasfaserverstärktes Polyesterharz mit einem Druck von 62 kg/cm² verpreßt wird, ist die Verwendung von kohlenstoffarmen Baustahl St 52.3 ausreichend. Die Abquetschkanten, welche bei dem zur Verarbeitung gelangenden Preßstoff erhöhten Anforderungen standhalten müssen, sind durch Aufschweißen unter Verwendung von Spezialelektroden verstärkt. Die Form ist ölgeheizt. Stempel und Mantel be-

Abb. 57a. Massiv-Preßform für Haube
(Werkbild: Becker & van Hüllen, Krefeld)

sitzen eingedrehte Heizkammern. Matrizenaußendurchmesser 1300 mm. Höhe der geschlossenen Form 645 mm. Gewicht der Form 4600 kg. Es ist die gute Zugänglichkeit zur Form auf der Presse zu beachten. Dieser für das Beschicken und Entformen wichtiger Anforderung wird oft auch bei kleinen Formen zu wenig Rechnung getragen.

Formen mit eingesetzter Bodenplatte. Bei Preßformen mit vielen feinen Konturen, besonders am Boden eines tiefen Mantels, läßt sich die Fräsarbeit nur unter sehr großen Schwierigkeiten ausführen. Die Werkzeuge müssen eine sehr lange Einspannung bei schwachem Schaft in Kauf nehmen, dadurch federt der Fräser selbst bei kleiner Spanleistung und ergibt keine genaue maßhaltige Ausführung. Deshalb wird die Boden-

4*

kontur aus dem Mantel herausgelöst und durch einen Einsatz gebildet, welcher sich außerdem noch leicht und sicher härten läßt. Zwei Ausführungsarten haben sich entwickelt, von denen je nach der Gestalt des Preßlings die eine oder die andere angewendet werden kann.

Bodenplatte in geschlossenen Mantel eingesetzt (Abb. 58). Am Übergang der Wand-Abrundung in den Boden wird die Anwesenheit einer Zierleiste zur Formteilung benutzt und die Frontplatte in eine große Ausfräsung im Boden eingelassen. Der Mantel behält seine große Festigkeit, da die Seitenwände noch unmittelbare Verbindung miteinander haben. Das Einpassen der Platte erfordert sorgfältige Arbeit, um absolute Gratbildung zu vermeiden. Von Vorteil ist für das Entformen, daß die Teilung in Preßrichtung liegt, so daß leichte Gratbildung nicht zu starkem Anreißen führt.

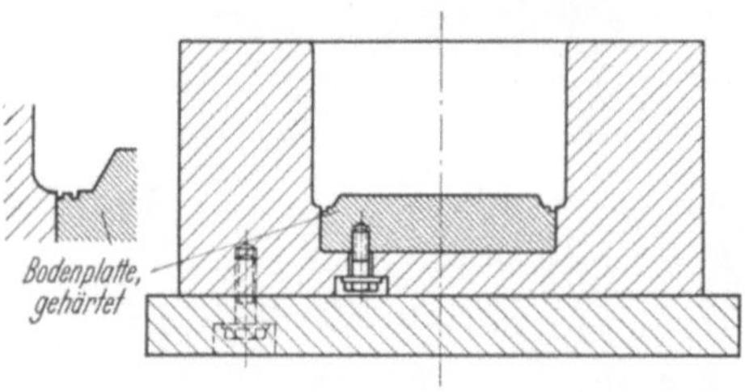

Abb. 58. Formenmantel mit eingesetzter Bodenplatte

Bodenplatte in durchgearbeiteten Mantel eingesetzt (Abb. 59). Der Mantel erhält von seiner Unterseite eine große Ausfräsung, in welche die Frontplatte von unten eingesetzt wird. Die Teilung ist horizontal. Die Abdichtung wird durch eine reichliche Zahl von Schrauben hergestellt, wobei zu beachten ist, daß dieselben nur der Funktion des Abdichtens dienen und keineswegs Kräfte aufnehmen, die vom Schließen oder Öffnen der Form ausgehen. Eine Masse-Umkehrung vorzunehmen ist ratsam. Das Einpassen der Platte ist hier mit weniger Schwierigkeiten verknüpft. Der Mantel läßt sich auch einfach durcharbeiten. Seine Festigkeit ist jedoch herabgesetzt, da die massive Verbindung der Seitenwände durch den Boden nicht mehr besteht.

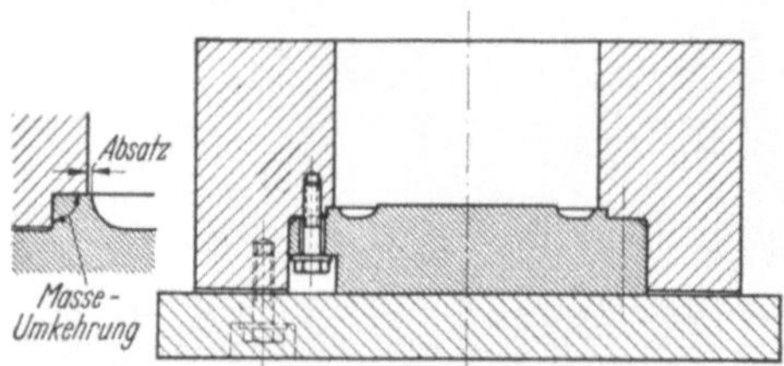

Abb. 59. Formenmantel mit gegengesetzter Bodenplatte

2. Schachtel-Bauart

Die Hauptnachteile der Massivform, wie Herstellungsschwierigkeiten komplizierter Konturen im Formengrunde, lange Herstellungsdauer, Härtungsschwierigkeiten und auch hoher Edelstahlbedarf, führten zur Konstruktion der zusammengesetzten Form. Der Formenmantel besteht in seinen Hauptteilen aus dem mehrteiligen gehärteten Einsatz aus

Edelstahl und dem aus Baustahl hergestellten Rahmen, welcher den Einsatz zusammenhält. Außer wenigen Abarten haben sich folgende Ausführungen von Einsätzen hauptsächlich herausgebildet:

1. der fünfteilige Einsatz, bestehend aus einer Frontplatte und vier Seitenbacken (Abb. 60).

2. der dreiteilige Einsatz, bestehend aus einem U-förmigen Mittelteil und zwei Seitenbacken (Abb. 61).

Die Anwendung der einen oder anderen Ausführung ist ausschließlich von der Preßlingsgestalt abhängig. Die Konstruktion der Einsätze, besonders aber ihre Teilung, muß so gewählt werden, daß es nach dem Härten möglich ist, alle Teile an ihren Stoßflächen, welche ja fugendicht sein müssen, gut zu schleifen. Da an den einzelnen Teilen mehrere Mann zugleich arbeiten können, besteht bei der Schachtelbauweise terminlich ein Vorteil, desgleichen aber auch darin, daß bei Ausschuß oder Formenschaden schnell ein Ersatzstück angefertigt werden kann.

Der Ausbildung der Rahmen ist auch einige Sorgfalt zu widmen. Dieselben sind sehr kräftig auszubilden, da sie den gesamten Preßdruck aufnehmen müssen. Falls sie diesen Beanspruchungen nicht gewachsen sind, tritt am Preßling starker Grat an den Teilnähten ein, der dem Entformen Schwierigkeiten bereitet und zu erhöhtem Ausschuß führt. Das Einsetzen eines Backenpaketes geschieht am besten unter Pressendruck. Der Rahmen ist dabei auf Preßtemperatur erhitzt. Als Seitenschräge hat sich eine solche von $1:10$ bewährt (Gesamtverjüngung $1:5$). Der Werkstoff des Rahmens kann St 50.11 oder bei höherer Beanspruchung St 60.11 sein. Falls große Massivblöcke nicht vorhanden sind, können auch aus einzelnen Platten zusammengesetzte Stapel genommen werden. Von großem Vorteil ist die Wiederverwendbarkeit der Rahmen einschließlich ihrer Heizung, ihrer Ober- und Unterplatten und Führungselemente. Für die Formpreis-Gestaltung ist dieser Umstand natürlich von Bedeutung. Die Heizung derartig großer Werkzeuge bildet man vorteilhaft elektrisch aus, und zwar werden nur Rahmen, Boden- und Kopfplatte und Oberstempel geheizt. Die elektrische Heizung bietet genug Reserve zur Überbrückung der vielen Teilungen, welche den Wärmedurchgang hemmen. Bei Heizung durch Dampf oder besser Warmwasser ist es auch möglich, die einzelnen Backen selbst zu heizen, die Form erhält dann aber eine ganze Reihe von Zu- und Ableitungen, die für ihre Bedienung nicht vorteilhaft sind. Nachstehend folgen einige Betrachtungen zu den beigefügten Konstruktionsbeispielen.

Mantel mit fünfteiligem Einsatz (Abb. 60). Diese Bauform eignet sich besonders für Preßteile mit scharfkantigen Konturen. Der Formeneinsatz besteht aus einer Frontplatte, an welche sich vier Beilagen schließend anlegen. Infolge der kantigen Gestalt des Preßteilsockels schließen sich die Seitenbeilagen mit einer 45°-Schräge an die Frontplatte an, während

Kopf- und Fußbeilage sich nur senkrecht gegenlegen. Alle Beilagen müssen sich außerdem gegeneinander abstützen. Die Paßarbeit stellt naturgemäß erhebliche Anforderungen an die Werkzeugfertigung. Die

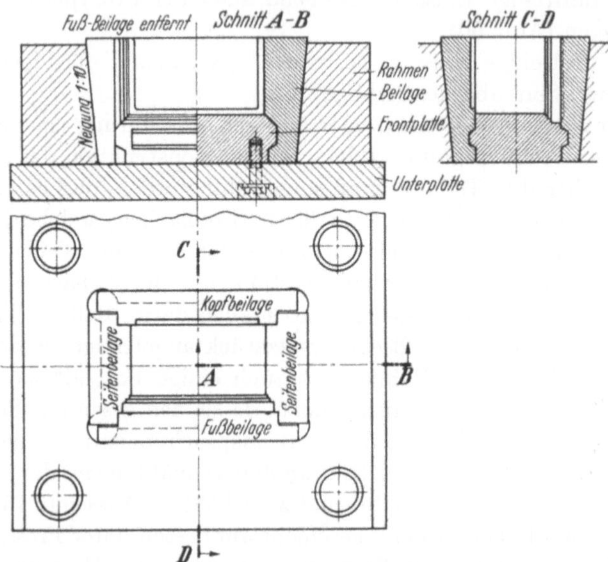

Abb. 60. Geschachtelter Formenmantel mit fünfteiligem Einsatz

Einzelteile sind verhältnismäßig einfach herzustellen, und vor allem so gehalten, daß sie nach dem Härten durchgehend geschliffen werden können.

Mantel mit dreiteiligem Einsatz (Abb. 61). In diesem Falle sind Frontplatte, Bodenplatte und Oberplatte zu einem U-Stück vereinigt, zwei Seitenbacken legen sich rechts und links an. Dadurch ist der ganze Einsatz recht stabil. Die Verfalzung ist so gewählt, daß die Seitenbacken als Stützen dienen, falls beim Eindrücken des Rahmens die beiden U-Schenkel sich nach innen biegen wollen. Gegen Verschiebung in der Höhe sichern die Seitenbacken Nut und Feder. Für durchgehendes Schleifen aller Dichtflächen ist Sorge zu tragen. Der Mantel ist über den Einsatz gestülpt, dadurch kann jederzeit durch Nachdrücken einer etwaigen Gratbildung begegnet werden.

Zusammengesetzte Doppelform (Abb. 62 u. 63). In einem Rahmen mit zwei rechteckigen konischen Durchbrüchen sind zwei fünfteilige Einsätze fest eingebaut. Außer vier Führungssäulen sorgen zwei, in die Bodenplatten eingesetzten Dome für Gleichmäßigkeit der Wandstärken. Die Preßteile werden von den Oberstempeln mit nach oben genommen und durch Abdrücker entfernt. Die Heizung der 13,5 t schweren Form erfolgt im Mantel durch Wirbelstrom. Der notwendige Preßdruck beträgt

1500 t. Von der Ausführung als Doppelform für solche und ähnliche Teile ist man im allgemeinen wieder abgegangen, da bei einem evtl. Schaden an einem Einsatz die ganze Form für die Fabrikation ausfällt. Man baut

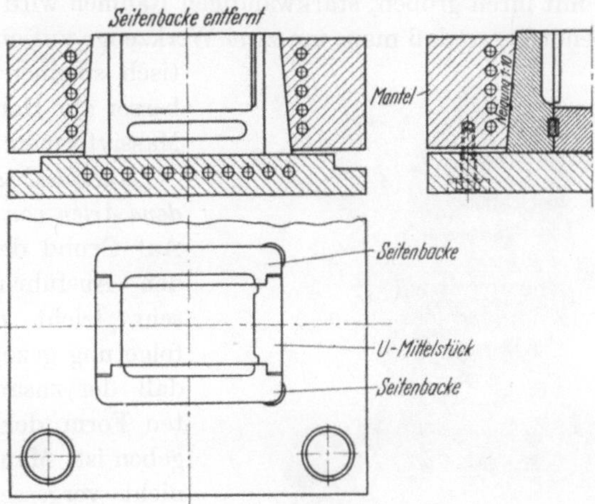

Abb. 61. Geschachtelter Formenmantel mit dreiteiligem Einsatz

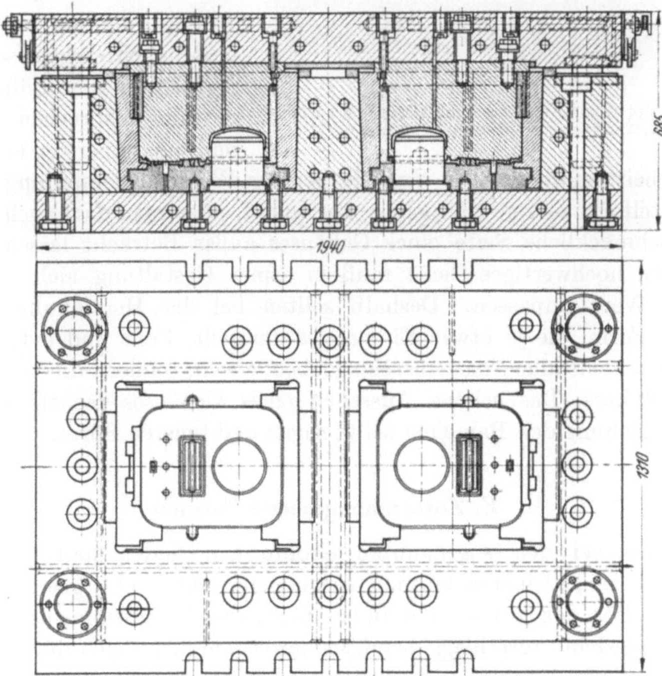

Abb. 62. Zweifach-Form für Rundfunkgehäuse nach Schachtelbauart
(Werkzeichn.: Becker & van Hüllen, Krefeld)

deshalb besser zwei Einzelwerkzeuge, die, auf gleiche Bauhöhe gebracht, gemeinsam auf eine Presse aufgespannt werden. Natürlich muß deren Aufspanntisch die notwendige Größe besitzen. Bei Formen nach Schachtelbauweise mit ihren großen, starkwandigen Rahmen wird naturgemäß viel Platz benötigt, so daß man, um zwei Werkzeuge auf einen Pressentisch spannen zu können, besser zur Herstellung von Massivformen schreitet[1].

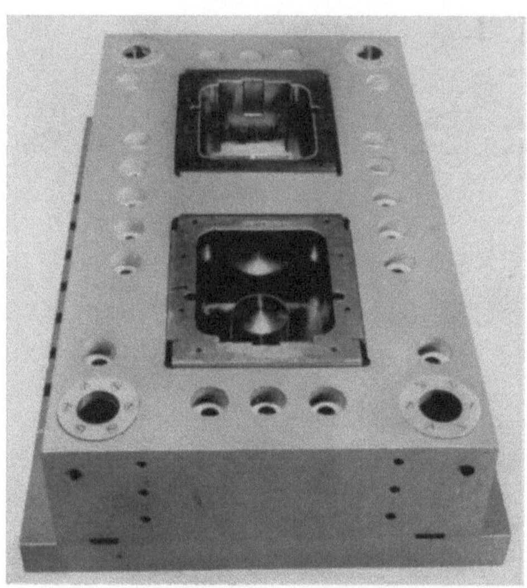

Abb. 63. Doppelmantel mit zwei Einsätzen nach Schachtelbauart (Werkbild: Becker & van Hüllen, Krefeld)

Rückblick auf verschiedene Arten von Großformen. Auf Grund der vorstehenden Ausführungen kann sehr leicht die Schlußfolgerung gezogen werden, daß der zusammengesetzten Form der Vorzug zu geben ist. Man darf jedoch nicht vergessen, daß es kaum möglich ist, eine geschachtelte Form völlig gratfrei zu bauen. Mindestens entstehen scharfe Kanten an den Teilungen, die zum Ausbrechen neigen und die immer verteuernde Nacharbeit erfordern. Die Vorteile bei der Werkzeugherstellung einer Schachtelform sind gewiß nicht abzustreiten, aber man darf auch nicht die geschmackliche Seite eines Gehäuses außer Betracht lassen. Ein technisch hochwertiges Gerät muß in seiner Gestaltung sich würdig seinem Wert anpassen. Deshalb sollten bei der Herstellung einer solchen Form, die ja etwas Einmaliges darstellt, Preis und evtl. auch Lieferzeit nicht allein das Ausschlaggebende sein, sondern die Güte des Endproduktes. Das schöne Aussehen eines Gehäuses rechtfertigt in jeder Beziehung den Bau einer schwierigen und teueren Form.

E. Zusammengesetzte Formen

Außer bei den sogenannten Großformen findet man auch bei mittleren und kleineren Formen zusammengesetzte oder geschachtelte Mäntel. Für das Teilen sind dabei nicht die Abmessungen bzw. die Formengewichte ausschlaggebend, sondern es empfiehlt sich das Zerlegen

---

[1] Siehe R. Sprenger: Fortschritte im Formenbau für das Pressen von Kunststoffen. Kunststoffe **28** (1938) H. 4. München u. Berlin: J. F. Lehmann.

einmal aus Herstellungsgründen oder auch auf Grund besonderer Betriebsbedingung. Mantelteilungen zwecks einfacheren Formenbaues zeigen die folgenden Konstruktionsbeispiele:

Formenmantel mit aufgesetztem Füllraum. Werkzeuge, in denen Material flockigen Charakters, wie z. B. Typ 54 u. 74, verpreßt werden soll, benötigen einen großen Füllraum. Oft ist es sogar erforderlich, durch Tablettieren des Rohstoffes den Füllraumbedarf erst auf ein erträgliches Maß zu bringen. Dabei darf nicht vergesen werden, daß ein hoher Füllraum einen langen Oberstempel erfordert und die Ausstoßer zum Entfernen des Preßlings aus dem tiefen Mantel einen

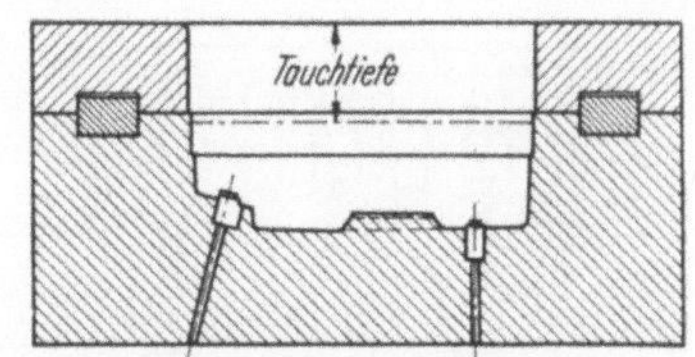

Abb. 64. Formenmantel mit aufgesetztem Füllraum

großen Hub benötigen. Dadurch entstehen dann bei verhältnismäßig kleinen und dickwandigen Preßteilen hohe Formen. Das Einarbeiten von Konturen am Grunde eines solch tiefen Mantels ist natürlich mit vielen Schwierigkeiten verknüpft. Die Fräser erhalten, falls die Gravuren dicht an der Innenwand liegen, einen langen dünnen Schaft, der stark federt und nicht maßhaltige Teile erzeugen kann. Deshalb setzt man den Füllraum auf den Mantel auf. Wie auf Abb. 64 dargestellt, besteht der Aufsatz aus einer Platte mit einem glatten Durchbruch in Gestalt der Preßlingsaußenkontur und den Bohrungen für die Halteschrauben und Führungssäulen. Eingelegte Keile sichern die Platte gegen Verschiebung. Mantel und Platte werden an ihren gegenseitigen Auflageflächen überschliffen. Die Teilung ist zweckmäßig einige mm über Preßlingsende zu legen. Bei größeren Formen ist es ratsam, den Füllraumaufsatz ebenfalls zu heizen, um dem eigentlichen Preßraum nicht Wärme zu entziehen.

Formenmantel in Rahmen-Bauart (Abb. 65). Bei dicht an den Seitenwänden des Preßraumes liegenden Konturen mit genauen Maßen genügt

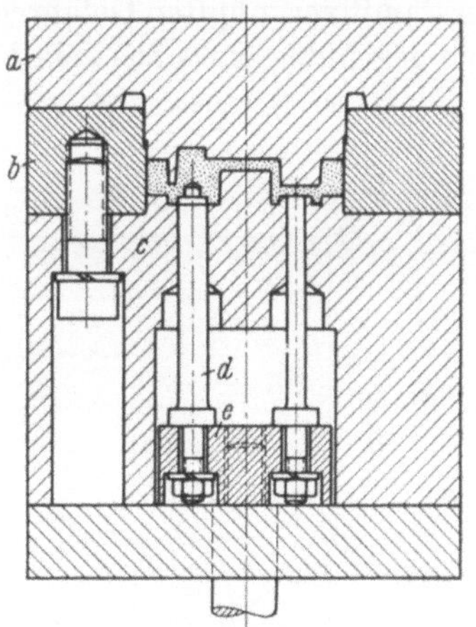

Abb. 65. Preßform mit Mantel in Rahmen-Bauart
a Stempel, *b* Rahmen, *c* Unterteil, *d* Auswerfer, *e* Auswerfertraverse

es oft nicht, nur den Füllraum aufzusetzen, sondern man muß den Formboden von den Seitenwänden trennen. Wie auf Abb. 65 dargestellt, wird die Unterform in einen Bodenstempel und einen darübergezogenen Rahmen zerlegt. Letzterer ist einfach durchzuarbeiten, der Stempel ist von allen Seiten gut zugänglich. Dem Härten ist einige Sorgfalt zu widmen, denn die Teilnaht muß dicht sein, um nennenswerte Gratbildung nicht aufkommen zu lassen.

Geteilter Formenmantel in Halterahmen (Abb. 66). Die Konstruktion zeigt einen quer zur Preßrichtung geteilten Formenmantel. Zwecks Edelstahlersparnis sind die Konturen bildenden Teile schwach gehalten und in einen Flußstahlrahmen eingebaut. Der Zusammenhalt beider Edelstahlteile erfolgt durch Schrauben, die nur die Abdichtung übernehmen. Durch Nut und Feder ist gegenseitige Verschiebung vermieden. Die betonte Teilnaht beeinflußt stark das Gesicht des Preßlings. Auf gute Dichtung der Schließflächen ist zu achten. Die

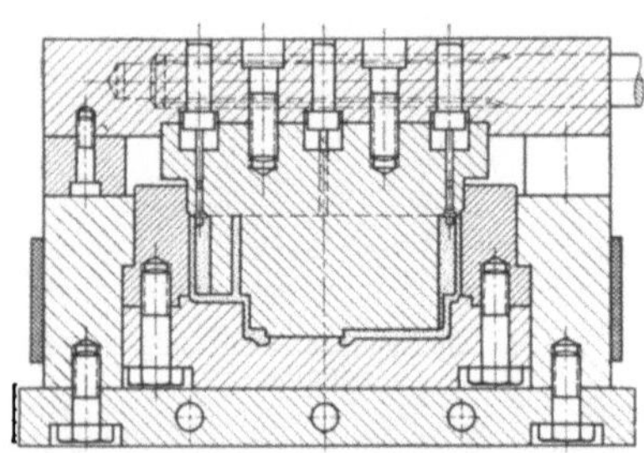

Abb. 66. Geteilter Formenmantel in Halterahmen eingesetzt (Werkzeichn.: AEG)

Form muß an dieser Stelle gut beobachtet werden, um jede Gratbildung auszuschalten, welche ja an der Schauseite des Gehäuses besonders unangenehm ist. Bei Konstruktionen dieser Art sollte man es sich sehr genau überlegen, wie hoch die Vorteile der Formenteilung einschließlich der damit verknüpften Gefahren während des Preßbetriebes zu bewerten sind gegenüber eines aus dem Vollen hergestellten Formenmantels.

Mehrfach geschachtelte Überlaufform (Abb. 67). Das Werkzeug erzeugt eine Leiste mit mehreren

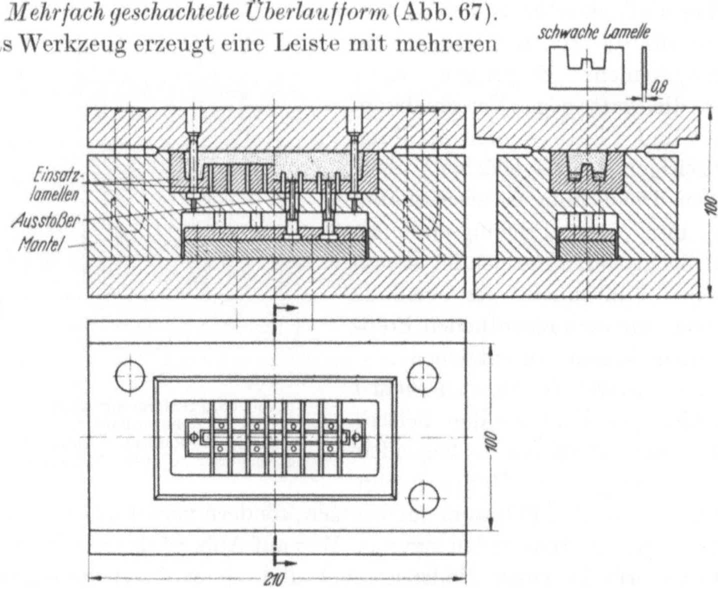

Abb. 67. Mehrfach geschachtelte Überlaufform

schlitzartigen schwachen Durchbrüchen, die in der Form natürlich schmale Stege mit hoher Bruchgefahr bedingen. Auf deren Auswechselbarkeit muß natürlich besonderer Wert gelegt werden. Daher wird die Unterform aus vielen Einzelscheiben zusammengesetzt. Schwache und starke Lamellen wechseln sich laufend ab. Ihre Herstellung kann gruppenweise in nicht schwierigen Arbeitsgängen erfolgen. Nach dem Härten lassen sich alle Teile auf genaue Dicke schleifen. Beim Einsetzen werden sie fugendicht zusammengedrückt. Ausstoßer sind mehrfach zwischen den Lamellen anzuordnen, da an den Teilnähten starke Haftung vorliegt (s. Abb. 134).

Geteilte Einsätze von Mehrfachformen (Abb. 68). Auch bei Mehrfachformen mit einzelnen Einsätzen erscheint es oft sehr erwünscht, den Unterstempel zu teilen. Die Konstruktion ist nicht schwierig, wie es der Einsatz für einen Kordelknopf nach Abb. 68 zeigt. Der Knopf hat eine spitze Riffelung, welche aber infolge der Preßteil-Gestalt nicht geprägt werden kann. Die Ansichtsseite des Knopfes soll vertiefte Buchstaben haben, die später farbig ausgelegt werden. Dies bedingt also in der Form erhabene Buchstaben. Am Grunde eines solchen Formeinsatzes kann die feine Fräsung nicht vorgenommen werden, daher wird der Boden eingesetzt. Die Riffelung kann nun durch Stoßen der Zähne erzeugt werden oder auch durch Prägen eines größeren Einsatzes, welcher später nachgedreht wird. Die Dichtung an der Teilnaht geschieht durch Andrücken des Bodens vermittels eines Gewinderinges.

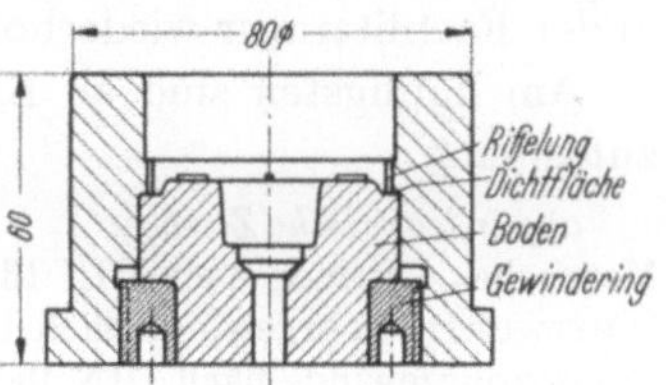

Abb. 68. Geteilter Einsatz
für Mehrfachform

Geteilter Einsatz für Lagerschalenhälfte (Abb. 69). Die kantige Kontur des Preßteils gestaltet die zerspanende Herstellung der Unterform, falls dieselbe nicht geteilt würde, sehr schwierig. Deshalb wurde sie zerlegt, und zwar derart, daß die obere Hälfte

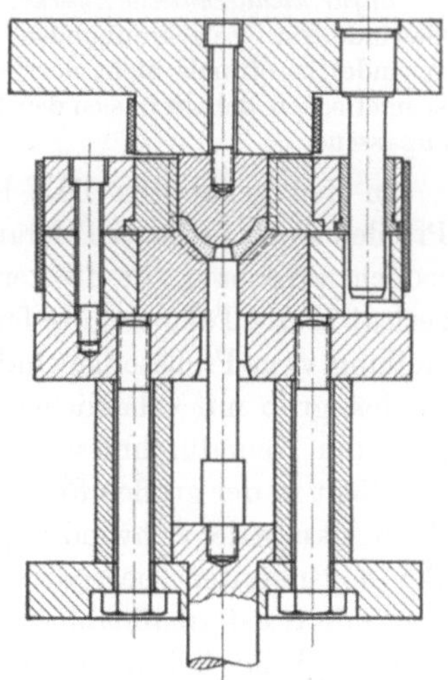

Abb. 69. Zusammengesetzte Form für
Lagerschale (Werkzeichn.: AEG)

des Formeinsatzes einfach durchgearbeitet werden kann. Die untere Hälfte läßt sich dann ebenfalls ohne besondere Schwierigkeiten fräsen. Der gesamte Einsatz findet Aufnahme in einem Rahmen, welcher als Normteil immer neu bei ähnlichen Preßteilen Verwendung finden kann[1].

F. Erzeugung von Gewinden in Preßformen

Die spanlose Herstellung von Gewinden in Formen stellt den Werkzeugkonstrukteur vor besondere Aufgaben. Art und Form des Gewindes, Gestalt des Preßteiles, sowie wirtschaftliche Gesichtspunkte (Einfach- oder Mehrfach-Formen) müssen bei der Festlegung der Form Beachtung finden. Im allgemeinen lassen sich alle Gewindearten spanlos erzeugen. Die Zweckmäßigkeit dieser oder jener Gewindeform für Preßstoff soll in diesen Ausführungen nicht erörtert werden, desgleichen auch nicht die Gegenüberstellung von geschnittenem zu gepreßtem Gewinde, welche in der Fachliteratur wiederholt behandelt wurde[2].

Am häufigsten sind an Kunststoffteilen die folgenden Gewinde anzutreffen:

a) für technische Zwecke:
Metrisches Gewinde nach DIN 13 Bl. 1.
WHITWORTH-Rohrgewinde nach DIN 259.
Panzerrohrgewinde nach DIN 40430.
EDISON-Gewinde nach DIN 40400.
Metrisches Feingewinde DIN 13 Bl. 12.

b) für nichttechnische Zwecke:
Gewinde für Verschraubungen (Bolzengewinde) und Schraubkappen (Muttergewinde) in oftmals nicht normenmäßig festgelegten Profilen, bei Flaschen und kosmetischen Behältern sich den Bedingungen der Glas- oder keramischen Technik anpassend.

In den genannten DIN-Blättern sind die Gewinde außer in ihren Profilen auch in ihren Toleranzgrenzen festgelegt. Diese Toleranzen sind jedoch aufgebaut für die zerspanende Fabrikation in Metall und sind zerlegt in die Toleranzgüte fein, mittel und grob. Bei der spanlosen Herstellung vom Preßstoffgewinde ist aber selbst die Einhaltung des Gütegrades grob mit erheblichen Schwierigkeiten, besonders bei Gewinden größeren Nenndurchmessers, verbunden. Der Grund dieser Schwierigkeit liegt in der großen Schwindung der Preßstoffe und besonders in der Schwankung der Schwindungen. (Angaben über Schwindmaße s. S. 155). Bei sogenannten begrenzten Schwindungen, erreichbar durch verteuernde Sondermaßnahmen bei der Masseherstellung und der Fabrikation der Teile, ließen sich die Schwindungsschwankungen auf etwa die

---

[1] Über Preßformen in Schachtelbauart s. R. SPRENGER: Kunststoffe **28** (1938) H. 4.

[2] S. W. MEHDORN: Kunstharzpreßstoffe und andere Kunststoffe, 3. Aufl. Berlin, Göttingen, Heidelberg: Springer 1949. WEPREK: Gewinde in Preß- und Spritzteilen. Kunststoff-Techn. H. 8/9 (1940) **10** und K. MEHDORN: Festigkeit von Muttergewinden in Preßstoff. Kunststoffe 303 (1939). **29**

Hälfte reduzieren. Trotzdem ist bei größeren Nenndurchmessern (metrisch Feingewinde) die Einhaltung der festgelegten Gewindegrenzmaße kaum möglich. Bei der Berechnung der Schwindmaße für das Gewinde sind nicht nur die Durchmesser zu korrigieren, sondern auch die Gewindesteigung (Gewindelänge) ist mit dem entsprechenden Zuschlag zu versehen. Für alle in einem Pressereibetrieb bzw. Werkzeugbau herzustellenden Gewinde sollten die Gewindewerte errechnet werden für 0, 0,2, 0,4, 0,6 und 0,8% Schwindung. Oftmals werden auch für ein Werkzeug die das Gewinde erzeugenden Formteile in zwei oder drei Schwindwerten bereitliegen müssen, falls Schwindungsschwankungen zu begegnen ist oder ein Wechsel in dem zu verpressenden Werkstoff vorgenommen werden muß. Die Herstellung der Gewindeformteile im Werkzeugbau hat natürlich mit der größten Genauigkeit (Lehren-Herstellgenauigkeit) zu erfolgen, da die oftmals geringen Maßunterschiede in den Schwindwerten nicht bei der Formenherstellung verschluckt werden dürfen. Zur Verwirklichung dieser Forderung müssen natürlich die notwendigen Fabrikations- und Meßeinrichtungen vorhanden sein.

Die Herstellung der Gewinde in den Preßwerkzeugen kann als Mutter- oder Bolzengewinde erfolgen. Da Formen von allen darin erzeugten Teilen das Negativ darstellen, ist für ein Muttergewinde im Preßteil ein Gewindebolzen in der Form vorzusehen und umgekehrt für ein Bolzengewinde im Preßteil ein Muttergewinde in der Form. Außer der allgemeinen Gestalt des Preßlings wird die Konstruktion der Form in weitgehendem Maße davon beeinflußt, ob das zu erzeugende Gewinde in Preßrichtung oder quer dazu liegt. Der letzte Fall ist im allgemeinen in der Minderheit. Die Erzeugung der Gewinde in den verschiedensten Formen soll in nachstehender Folge behandelt werden, wobei Überschneidungen der einzelnen Gruppen nicht zu vermeiden sind.

1. Muttergewinde in Preßrichtung

In den meisten Preßteilen, besonders für technische Zwecke, befinden sich Befestigungsgewinde M 2,6 bis M 8. Man hat die Wahl, diese Gewinde zu pressen oder in der Bearbeitungswerkstatt nach in der Form vorgepreßten Löchern zu bohren und zu schneiden. Da man bei öfter zu lösenden Schrauben sowieso besser auf Einpreßmetalle über geht, genügt das geschnittene Gewinde in den meisten Fällen. Zum Erzeugen von Preßgewinde sind in der Form Gewindestifte einzusetzen, wie in Abb. 70 dargestellt. Ausführung nach DIN 16721. Die Schaftausführung ist die gleiche wie diejenige der Stifte zur Metallteilaufnahme (Abb. 113). Das Gewinde ist jedoch mit Schwindzuschlag geschnitten und in den Gängen poliert. Das Gewinde soll nicht unter M 2,3 liegen und die Gewindelänge nicht über 1,5 d betragen. Bei größerer Länge und schwächeren Gewinden würden die Stifte nicht mehr dem Masse-schub standhalten, es sei denn, sie liegen vollkommen geschützt in einer Formsenkung. Beim gepreßten Gewinde kann man im Gegensatz zum geschnittenen Gewinde die Länge bis auf den Grund ausnützen. Unter jeden Gewinde-stift gehört in der Form ein Ausstoßstift, da sonst beim Entformen der Teile die haftenden Stifte das Gewinde abscheren, mindestens aber leicht anreißen. Von dem gepreßten Gewinde auf geschnittenes über-zugehen, ist aus folgenden Gründen ratsam: Bei Preßteilen, wo eine ganze Reihe von Stiften in die Form einzusetzen sind, erfordert das Einsetzen, Reinigen usw. eine geraume Zeit, wodurch die Aus-bringung pro Pressenhub herabgesetzt wird. Dazu kommt, daß die losen Stifte vom Presser falsch eingelegt werden können und die Form gefährdet wird.

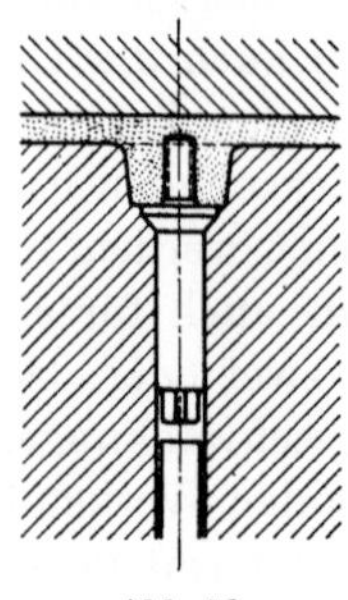

Abb. 70
Preßgewindestift

Die Konstruktion der Gewindestifte nach Abb. 70 beschränkt sich nicht nur auf Stifte kleinerer Durchmesser, sondern es werden so auch Stifte mit Rundgewinde, Rohrgewinde, Panzerrohrgewinde ausgeführt. In der Form nach Abb. 25 sind z. B. vier Stifte mit Pg 16 eingesetzt.

Einen Sonderfall stellt ein geteilter Gewindestift dar nach Abb. 71. Ein Muttergewinde ist in Preßrichtung mit zwei Nuten zu versehen. Zu diesem Zweck erhält der Gewindebolzen einen Nutring, der nach dem Pressen außerhalb der Form heraus-gezogen wird, worauf der Ge-windebolzen abgeschraubt wer-den kann. — Zweiteilige Gewinde-bolzen sind in gewissem Sinne auch die in der Form nach Abb. 87 dargestellten. Da die Kappe innen außer dem Gewinde kein Rotationskörper ist, mußten die Kerne am Gewindeende ge-teilt werden.

Bei größeren Preßlingen, die sich einfach vom Stempel ab-schrauben lassen, verzichtet man auf lose Gewindekerne und schraubt die Teile unter der

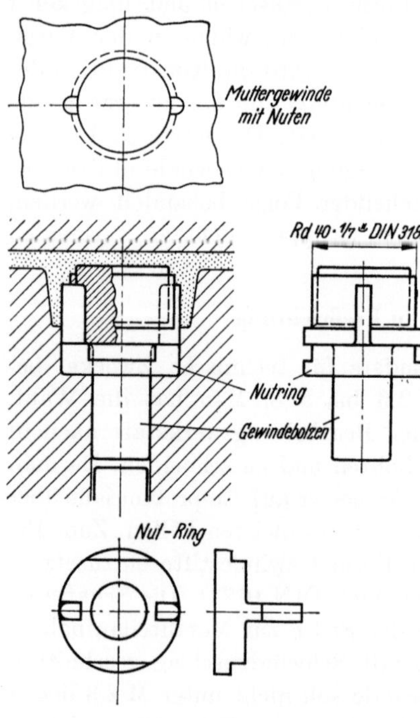

Abb. 71. Geteilter Gewindestift

Presse von der Form ab. Ebenso verfährt man bei kleineren Mehrfachformen bis zu sechs Stempeln etwa. Die Teile werden dabei zunächst mit einem Lederriemen angelockert und dann von Hand abgedreht. Das Abdrehen vom Stempel wird auch als Hilfe zum Entformen benutzt. Teile, welche sich schwer ausstoßen lassen oder bei denen aus Schönheitsgründen keine Markierungen erwünscht sind, werden durch wenige Gänge oder unter Umständen von einem halben Gang eines zweigängigen Hilfsgewindes mit nach oben genommen und können dann leicht abgedreht werden.

Die Herstellung von Muttergewinde in Teilen, welche keine Rotationskörper sind, bereitet gewisse Schwierigkeiten. Nachstehend einige Beispiele:

Das Gehäuse nach Abb. 72 hat an seinem oberen Rand Innengewinde und am Boden einige Rippen, welche das Entformen durch Abdrehen unmöglich machen. Abb. 73 stellt die Form für das Teil dar. Das Gewinde wird durch eine Einlage geformt, welche in den Formmantel lose eingelegt

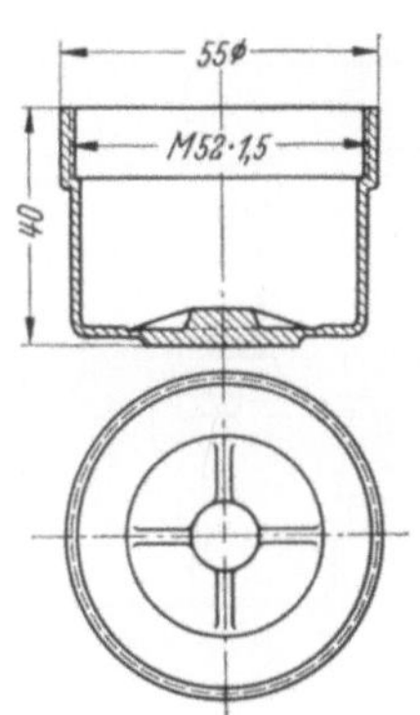

Abb. 72. Preßteil aus Form 56 und 57

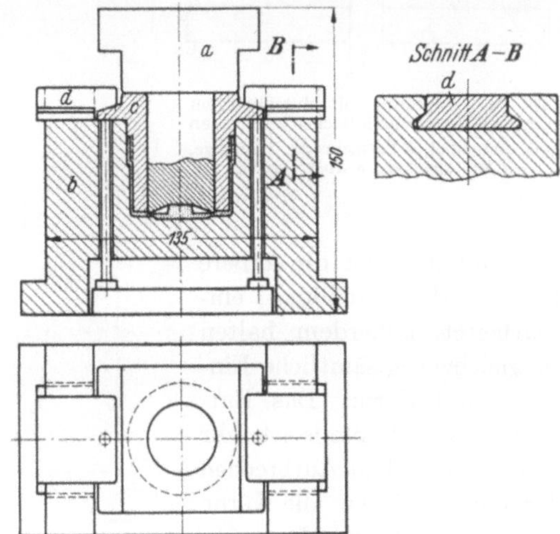

Abb. 73. Preßform mit durchbohrtem Gewindeeinsatz durch Schieber gehalten
a Oberstempel, b Formmantel, c Einlage, d Verschlußschieber

wird. Die Einlage ist hohl gebohrt, und der dadurch entstandene Raum dient als Füllraum. Der zufahrende Stempel drückt die Masse in den verbleibenden Raum zwischen Mantel und Einlage. Beim Pressen entstehen erhebliche Auftriebskräfte, welche versuchen, die Einlage anzuheben. Zwei starke Verschlußschieber sorgen für sichere Haltung beim Zufahren und beim Öffnen der Form. Die Einlagen werden vorteilhaft für jedes Werkzeug doppelt angefertigt, um die Handzeiten in die Härtezeit des Teiles zu legen. Falls das Preßteil nicht sehr groß ist (Formgewicht), kann die Form auch als Einsatzwerkzeug gebaut werden, wobei zwei Backen die Formteile zusammenhalten und die auftretenden Kräfte aufnehmen (Abb. 74).

Teile, die auch in den Außenkonturen so beschaffen sind, daß sie nicht durch einfaches Ausstoßen entformt werden können (Abb. 75), stellt man in einer Backenpreßform her, wie Abb. 76 zeigt. In den beiden

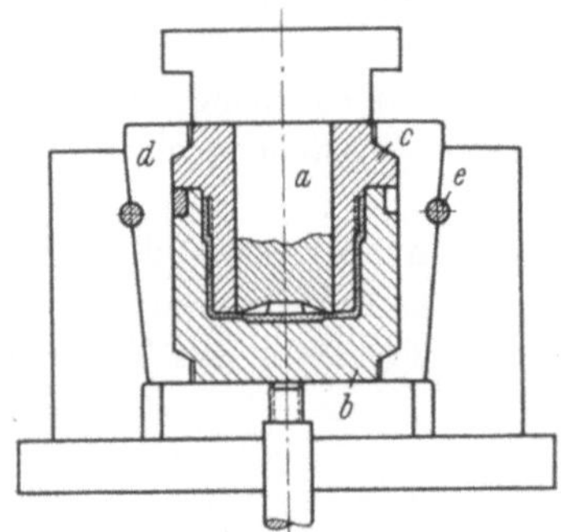

Abb. 74. Preßform mit durchbohrtem Gewindeeinsatz durch Backen geschlossen
a Oberstempel, *b* Formeinsatz, *c* Einlage, *d* Haltebacken, *e* Abstreifgabel

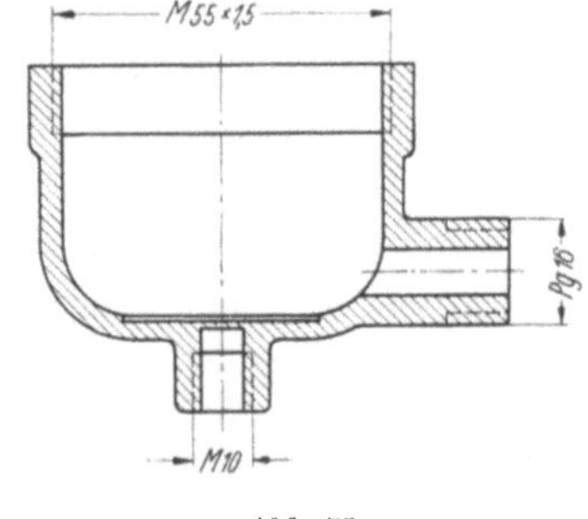

Abb. 75

Backenhälften ist die äußere Kontur des Preßlings eingearbeitet, außerdem halten sie gleichzeitig sämtliche Einlagen und Kerne. Das Entformen der Preßteile ist sehr einfach, mit dem Aufbrechen der Backen liegen alle Kerne frei zum Entformen bzw. Abschrauben.

An den Formen nach Abb. 74 und 76 sind nur einfache Niederhaltegabeln für das

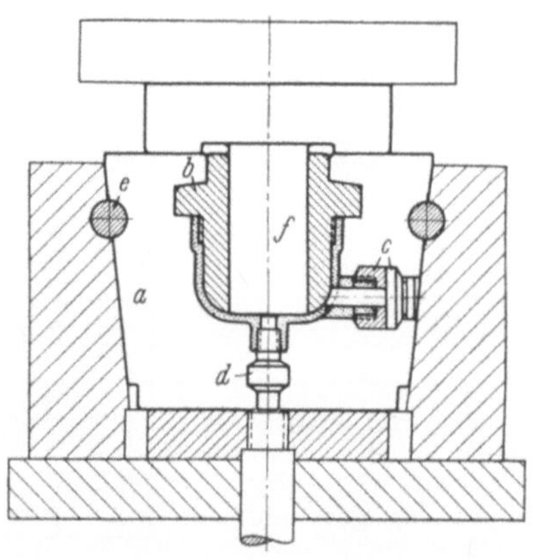

Abb. 76. Backenpreßform für Gehäuse nach Abb. 75
a Backenhälfte, *b* Einlage für Muttergewinde, *c* Einlage für Bolzengewinde, *d* Einlage für Muttergewinde, *e* Abstreifgabel, *f* Preßstempel

Absteifen des Oberstempels beim Öffnen der Form notwendig. Durch die beim Pressen auftretenden Kräfte werden die Gabeln nicht beansprucht, im Gegensatz zu den Verschlußschiebern bei Form 73.

Bei Spritzpreßformen (mit hydraulischer oder Mantelzuhaltung) werden die Gewindekerne oder Ringe auch einfach in die Teilung der Form eingelegt und so sicher gegen alle Schubkräfte der Masse gehalten.

2. Bolzengewinde in Preßrichtung

Die Erzeugung von Bolzengewinde in den Formen ist nicht sehr viel unterschiedlich von derjenigen von Muttergewinde. Statt der Gewindebolzen sind Gewinderinge in der Form aufzunehmen oder einzulegen und nach dem Aushärten des Preßstoffes wieder zu entfernen. Die Gewindeabmessungen sind vor allem durchweg größer, da kleine Bolzengewinde

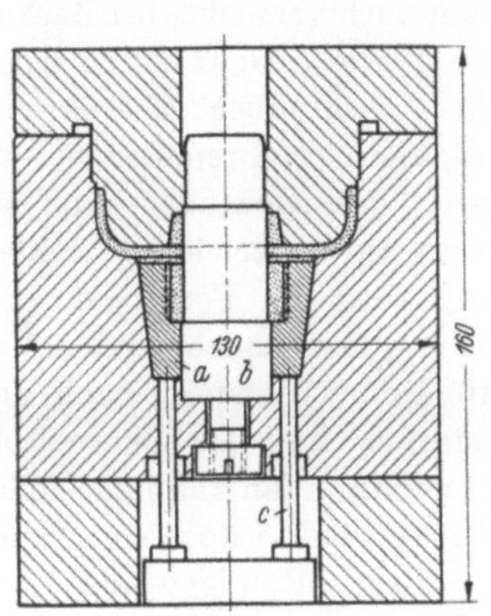

Abb. 77. Preßform für Kappe mit Bolzengewinde. Gewindering eingelegt
a Gewindering, *b* Führungsbolzen, *c* Ausstoßer

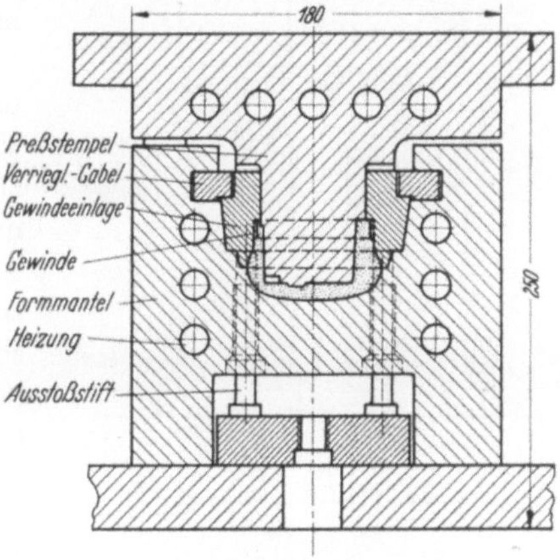

Abb. 78. Preßform mit verriegelter Gewindeeinlage

von beispielsweise M 3 oder M 4 in den härtbaren Kunststoffen eine zu geringe Festigkeit haben. Sind in einem Preßteile Bolzengewinde kleiner Abmessungen notwendig, so muß durch Einpressen von Metallen dieser Forderung begegnet werden.

Eine häufig angewandte Formung von Bolzengewinde ist die durch eingelegten Gewindering, wie ihn das Werkzeug nach Abb. 77 zeigt. Der Mittelbolzen in der Form dient gleichzeitig als Führung beim Einlegen des Ringes. Eine Verriegelung desselben ist nicht notwendig, da der Preßdruck ihn am Steigen hindert. Zwecks besserer Grat-Entfernung ist am Preßteil ein Absatz in Größe des Ringdurchmessers vorzusehen. Beim Entformen wird der Gewindering von Ausstoßstiften hochgedrückt und wirkt gleichzeitig als Abstreifer vom Mitteldorn. Der Gewindering läßt sich leicht vom Preßteil abschrauben, da das Teil abschwindet.

Falls das Gewinde am oberen Preßteilrand sitzt, muß mit einer Einlage gearbeitet werden, wie auf Abb. 78 dargestellt. Beim Niederfahren des Preßstempels treten auch hier erhebliche Auftriebskräfte auf, die durch eine Verriegelungsgabel aufgefangen werden. Um möglichst viel Anlagefläche für die Gabel zu haben, ist die Einlage quadratisch ausgeführt. Es empfiehlt sich, vor dem Öffnen der Form die Gabel schon etwas zu lösen, da dies leicht geht, solange der Stempeldruck noch auf der Einlage ruht.

Bei Teilen mit hinterschnittenen Außenkonturen, die in Backen- formen hergestellt werden, legt man die Gewinderinge zwischen die Backen, wie die Form für Hülse auf Abb. 79 zeigt.

An ganz billigen Massenartikeln hat man auch versucht, bei Backen- formen über das Gewinde zu teilen, um das Abschrauben zu erübrigen. Von diesem Verfahren ist aber ab- zuraten; das Gewinde muß als minderwertig bezeichnet werden. Anfangs wird die Form ganz gut schließen. Beim zunehmenden Ver- schleiß jedoch entsteht nach und nach starker Grat, der sich schlecht entfernen läßt. Man kann das Teilen über das Gewinde jedoch vornehmen bei groben Rundgewinden an Spritzformen mit genügend starker hydraulischer Zuhaltung, da dabei eine Gratbildung in tragbaren Gren- zen bleibt, und bei Spritzgußwerk- zeugen für nicht härtbare Kunst- stoffe. Bei den letztgenannten Werk- zeugen liegen die Spritzdrücke nicht so hoch, und außerdem erstarrt die Masse sehr schnell beim Eintritt in die Teilfugen der kalten Form, so daß eine Gratbildung überhaupt nicht eintritt.

Verschraubungen (mit Sechskant oder Kordelkopf) werden oft in Mehrfach-Formen mit gemeinsamen Füllraum- und Abquetschflächen erzeugt, sofern Werkstoffe mit pulv- rigem Füllstoff verpreßt werden

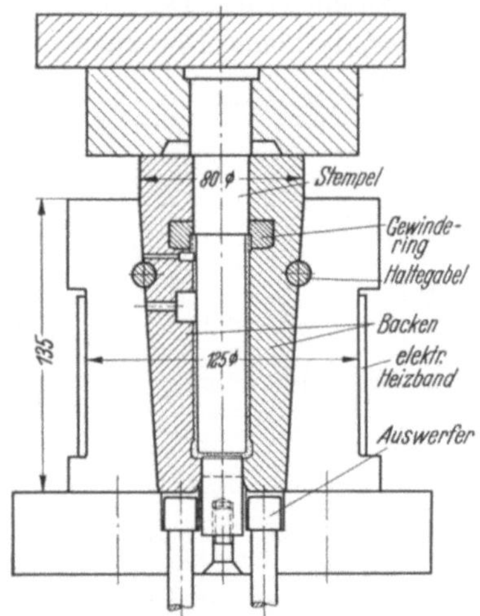

Abb. 79. Zweibackenform für Gewindehülse mit hinterschnittenen Konturen

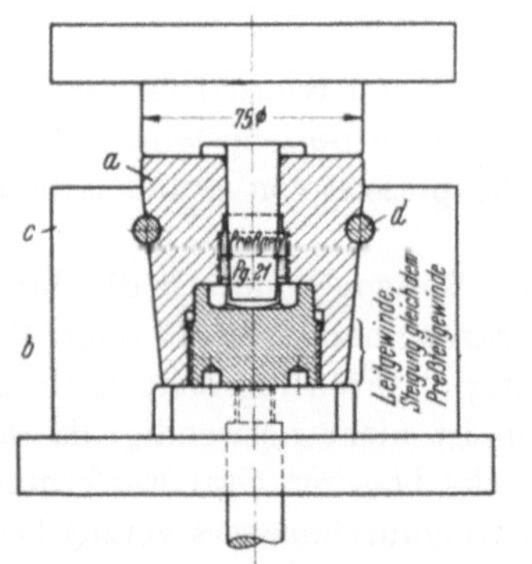

Abb. 80. Quer geteilte Preßform durch Schraubeinsatz geschlossen

a Formeinsatz, b Schraubeinsatz, c Mantel, d Halte- oder Abstreifgabel

(z. B. Typ 31). Bei flockigem Material wie Typ 54, 74, 16 würde ein zu dicker, kaum zu entfernender Preßboden entstehen, der namentlich im Hinblick auf die Fusselbildung beim Entgraten nicht erwünscht ist. Aus diesem Grunde bildet man die Form so aus, wie in Abb. 80 dar- gestellt. Die am Übergang vom Gewinde zum Sechskant notwendige

Teilung ist beibehalten, jedoch wird der Form-Einsatz durch Gewinde geschlossen, so daß sich ein Grat nicht bilden kann. Der Schraubeinsatz hat Leitgewinde gleicher Steigung wie das Preßgewinde, so daß beim Aufschrauben das Teil mit entformt wird. Die vorgenannte Form für die

Abb. 81. Gepreßter Gewindering nebst Preßwerkzeug-Aufsatz mit durchtauchendem Oberstempel
(Werkbild: H. Turnwald, G. m. b. H., Lockweiler/Saar)

Sechskant-Verschraubung ist geeignet für die Beschickung mit pulvrigem oder flockigem Preßmaterial. Aus Festigkeitsgründen werden derartige Teile sowie aber auch Schraubkappen aus Gewebebahnen gepreßt. In diesem Falle wird die Form so ausgebildet, daß der Preßstempel durch den Formenmantel hindurchtaucht. Das Rohmaterial wird in Gestalt eines Wickels in die Unterform eingelegt oder am Preßstempel vor dem Zufahren angeheftet. Abb. 81 zeigt eine solche Form. Dieselbe ist konstruiert als Formeinheit von 150 Durchmesser nach DIN 16704.

3. Gewinde quer zur Preßrichtung

In vielen Fällen haben Preßteile in ihren Seitenflächen Gewinde, die man nachträglich nicht schneiden kann, da sie bei ziemlich großem Durchmesser kleine Nutzlänge besitzen (Rohr- und Panzerrohrgewinde). Ihre Herstellung geschieht auf folgende Art und Weise:

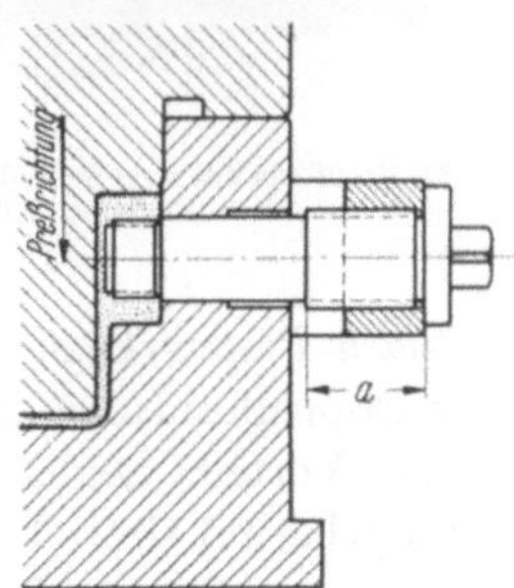

Abb. 82. Quer zur Preßrichtung liegendes Gewinde durch Seitenbolzen erzeugt

a Leitgewinde mit gleicher Steigung wie Preßgewinde

1. durch einen in die Form-Seitenwand eingebauten drehbaren Bolzen nach Abb. 82. Da der Bolzen in der Form infolge leichten Grateinflusses und der hohen Werkzeugtemperatur nach dem Pressen ziemlich fest sitzt, ist

5*

Leitgewinde anzuwenden. Anschlag der Spindel außenliegend, unbeeinflußt von etwa austretendem Grat. Die Spindel ist leicht herausschraubbar, so daß auch die Bohrung gut gereinigt werden kann.

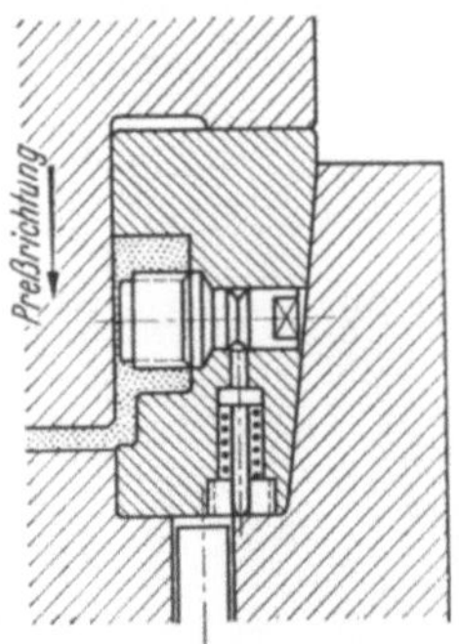

2. durch losen, in einer Backe gehaltenen Gewindestift, wie in Abb. 83 dargestellt. Diese Ausführung wird besonders bei Teilen mit mehreren Seitengewinden angewandt (s. Abb. 84). Sehr ratsam ist es, durch entsprechende Konstruktion der Backe den Gewindestift nach oben abzuschirmen und somit von großem senkrechtem Druck und Masseschub zu entlasten. Bei schwachen Gewinden ist unbedingt dieser Schutz der Stifte anzuwenden.

Abb. 83. Gewindebolzen eingesetzt in Seitenbeilage, geschützt gegen direkten Preßdruck

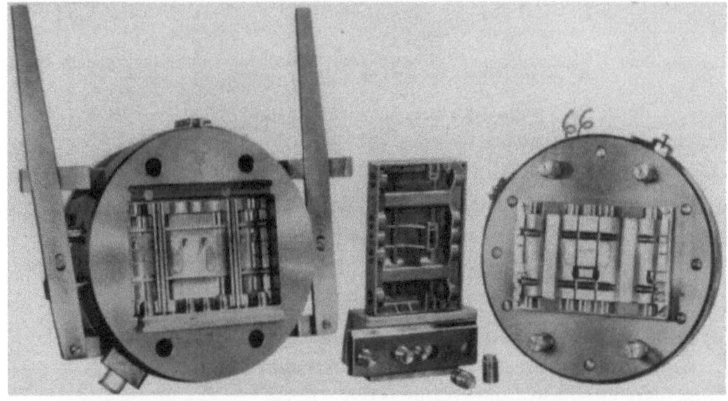

Abb. 84. Preßform mit zwei Seitenbacken zur Aufnahme von Preßgewindestiften (Werkbild: Deutsche Star Kugelhalter Ges. m. b. H., Schweinfurt)

2-fach-Preßwerkzeug mit seitlichem Schraubgewinde (Kerne) Abb. 85. Diese Doppelform ist in 2 Einzelmäntel aufgelöst, für die Herstellung von großem Vorteil. Beide Gewindekerne werden durch eine gemeinsame Handkurbel auf Getriebe arbeitend gedreht. Die Stempel sitzen auf einer gemeinsamen Platte. Heizung elektrisch durch Heizstäbe.

Gewindestifte in Backen oder Keileinlagen sind auch in senkrechter Richtung möglich, wie auf Abb. 86 dargestellt. Auch hier wird Leitgewinde angewendet. Das Leitgewinde muß entsprechend der Schwindung in seiner Steigung korrigiert sein. Um den Formkeil ganz von dem Preßteil zu lösen, ist die vollkommene Entfernung der Nadel mit dem Preßgewinde notwendig.

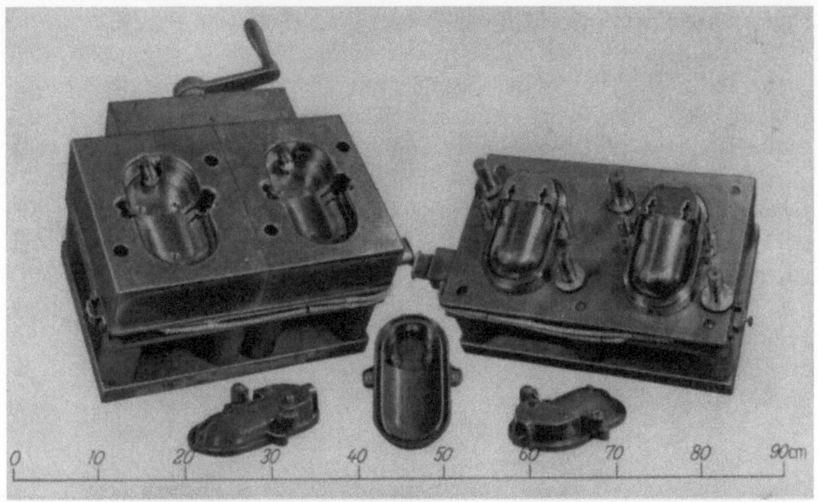

Abb. 85. 2faches Preßwerkzeug mit seitlichen herausdrehbaren Gewindekernen (Werkbild: Deutsche
Star Kugelhalter Ges. m. b. H., Schweinfurt)

4. Gewinde in Mehrfach-Formen

Außer Gestalt und Größe der Formlinge sowie benötigter Liefermengen wird die Konstruktion einer Mehrfach-Form für Gewindeteile bestimmt durch die Wahl der geeignetsten Methode der Entfernung der Preßteile aus dem Werkzeug. Wie bei keiner anderen Formenart sind hier die Hand- bzw. Nebenzeiten, in diesem Falle also die Abschraubzeiten, von Einfluß auf die Preßteil-Ausbringung. Man muß deshalb bemüht sein, die Handzeiten und damit auch die Ruhezeit von Presse und Werkzeug so klein wie möglich zu halten oder die Fertigung so ablaufen zu lassen, daß die Nebenzeiten zum größten Teil in die Härtungszeit der Teile fallen. In der Praxis haben sich zwei Hauptgruppen von Formen gebildet:

Formen, bei denen die Preßteile entfernt werden

a) außerhalb der Presse,
b) unter der Presse.

Die jeweilige Anwendung der einen oder andern Art richtet sich im allgemeinen außer nach Gestalt, Größe und Liefermenge der Teile stark nach den jeweiligen Betriebsverhältnissen und Erfahrungen.

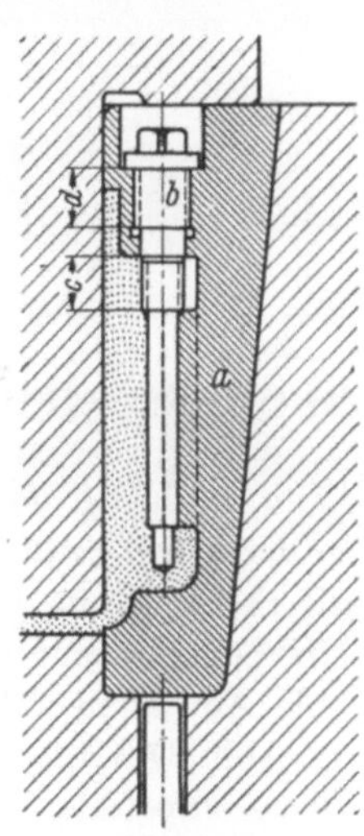

Abb. 86
Keileinlage mit Nadel für
Gewinde in Preßrichtung
a Keileinlage, b Nadel,
c Preßgewinde,
d Leitgewinde

a) Entformen außerhalb der Presse. Außerhalb der Presse entformt wird im allgemeinen bei Teilen, die ein unmittelbares Abschrauben nicht gestatten, z. B. wenn ein geteilter Gewindekern erforderlich ist oder die Gestalt des Preßteiles die Anwendung einer dreigeteilten Form ratsam erscheinen läßt. In diesen Fällen werden die das Gewinde erzeugenden Werkzeugteile als lose Form-teile ausgebildet, z. B. als Schieber, Einsatzplatte usw. In den meisten Fällen wer-den diese Teile doppelt an-gefertigt, so daß beim Öffnen der Presse schnell ein Aus-tausch vorgenommen werden

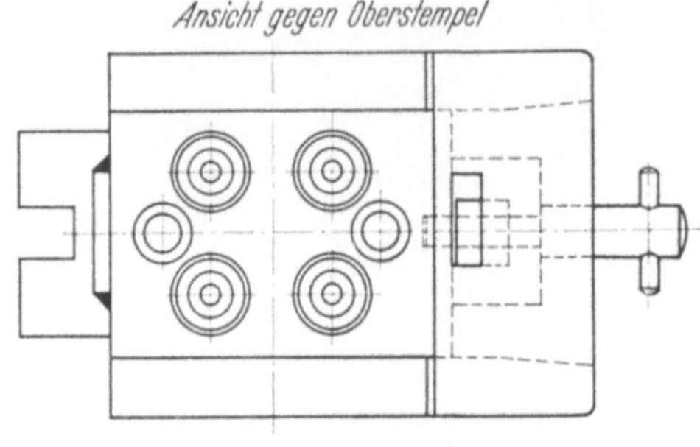

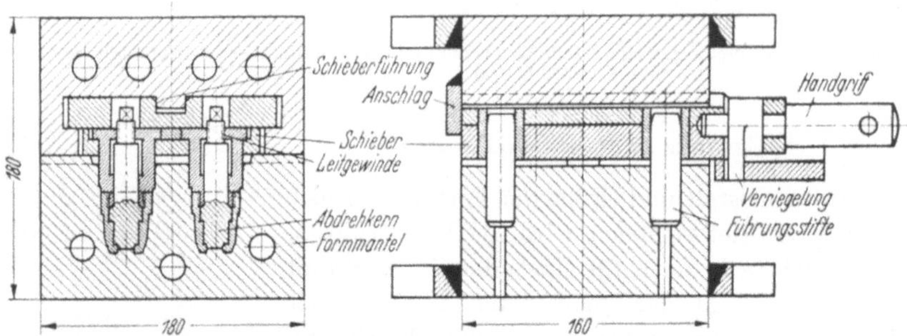

Abb. 87. Preßform mit Oberschieber für Schraubkappen (Werkbild: Siemens-Schuckert-Werke AG)

kann. Während dann, nach erneutem Füllen mit **Preßmasse**, die Teile in der Form unter Preßdruck aushärten, werden auf dem Arbeitstisch die Preßteile aus dem Schieber oder der Einsatzplatte herausgeschraubt. Um Temperaturverluste zu verhindern, finden dabei die losen Form-teile Aufnahme in geheizten Hilfsvorrichtungen.

Abb. 87 zeigt eine Form für vier Schraubkappen, in welcher der Oberstempel als Schieber ausgebildet ist. Da die Preßteil-Innenkontur kein Rotationskörper ist, müssen die Stempel geteilt werden. Die Kerne erhalten Leitgewinde und drehen beim Abschrauben die Teile vom Preßgewinde ab. Bei geeigneter Preßteilgestalt kann eine solche Form auch mit Unterschieber gebaut werden. Dabei ist die Handhabung meist leichter, da der Schieber nicht hochgehoben zu werden braucht und das Einführen bequemer ist.

Abb. 88 stellt eine Form mit Einsatzplatte dar zur Herstellung von Verschraubungen. Die Platte, welche das Gewinde der Teile formt, wird in den Formenmantel eingelegt und muß, da beim Pressen

Auftriebskräfte entstehen, durch eine Niederhaltegabel am Hochgehen gehindert werden. Zum leichten Lösen der Gabel (gelöst wird auch hier am besten schon vor dem Hochfahren der Stempel) ist ein Exzenter vorgesehen. Im Gegensatz zur reinen Abquetschform sind die Preßteile an der Teilstelle nur mit schwachem Grat behaftet. Die in die Form eintretenden Stempel brauchen keine Rotationskörper zu sein. Man kann diese Form auch als dreigeteiltes Werkzeug bezeichnen.

Eine 5-fach-Klappform für Taschenlampenhülsen zeigen Abb. 89 und 90. Es ist das gleiche Preßteil wie bei der in Abb. 79 gezeigten Einfachform. Für fünf Hülsen wären die Backen als lose Formteile zur Handbedienung zu schwer, darum sind dieselben als Scharnierbacken ausgebildet.

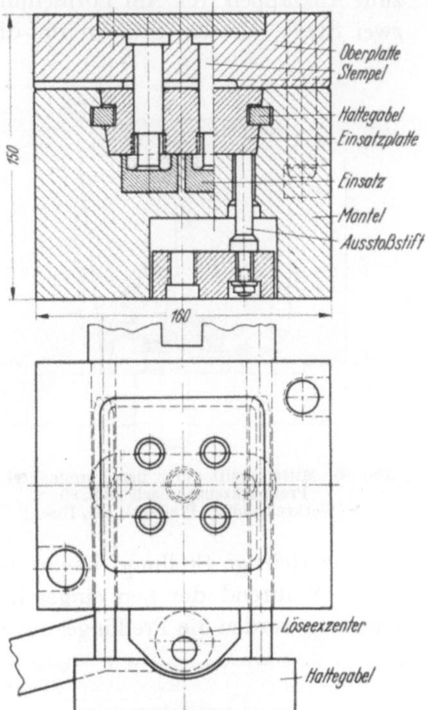

Abb. 88. Quer zur Preßrichtung geteilte Form mit verriegelter Einsatzplatte

Abb. 89. 5-fach-Klappform mit auswechselbarer Gewindeleiste (Querschnitt s. Abb. 90)

Seitliche Führungsstege an denselben sorgen beim Öffnen des Backenpaketes zuerst für paralleles Abziehen und geben erst danach die Backen zum Abklappen frei. Am Formenmittelteil befinden sich an den Enden zwei Stege, die als Stützen für die lose eingelegte Leiste dienen, in

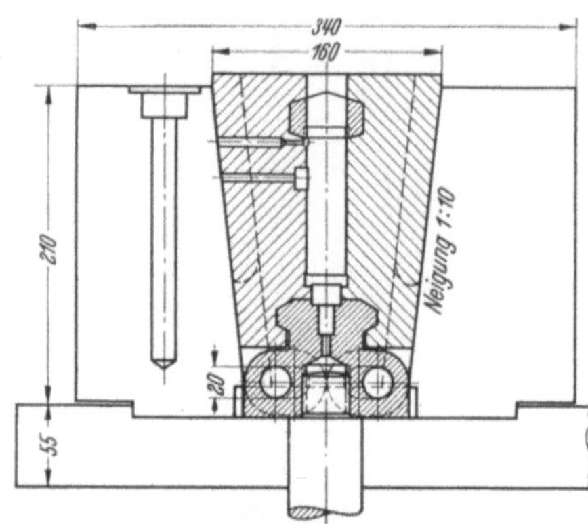

welche 5mal das Gewinde für die Hülse eingeschnitten ist. Die zugefahrenen Backen umschließen und halten die Gewindeleisten, welche zwecks pausenlosen Arbeitens doppelt ausgeführt sind.

Eine Leistenform für Verschraubungen stellt Abb. 91 dar. Die 9fache Form besteht aus 3 Leisten zu je 3 Gewinderingsätzen. Die Leisten, welche in 2 Sätzen angefertigt werden, finden unter der Presse Aufnahme in einem geheizten Rahmen. Verriegelungen sorgen für richtige Stellung, bevor die Platte mit den Oberstempeln zufährt. Während der neu eingeschobene Leistensatz unter der Presse arbeitet, werden die Preßlinge aus dem zweiten Satz herausgeschraubt.

Abb. 90. Mittelschnitt durch den Formmantel des Preßwerkzeuges nach Abb. 89 (Werkzeichnung; Preßwerk AG, Essen)

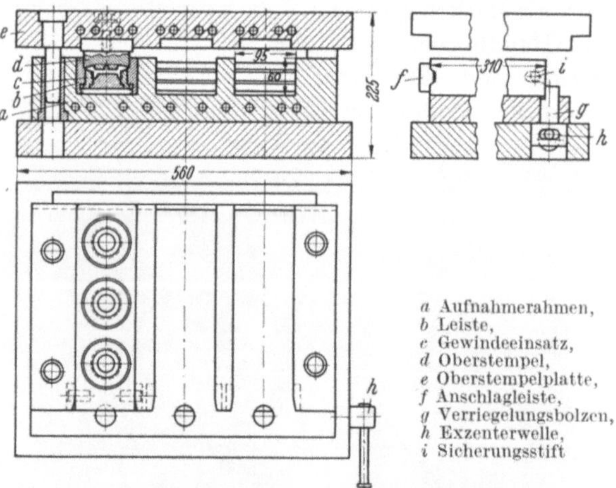

a Aufnahmerahmen,
b Leiste,
c Gewindeeinsatz,
d Oberstempel,
e Oberstempelplatte,
f Anschlagleiste,
g Verriegelungsbolzen,
h Exzenterwelle,
i Sicherungsstift

Abb. 91. Leistenform für Verschraubungen (Werkzeichnung: Preßwerk AG, Essen)

Damit die außerhalb der Presse befindlichen Leisten sich nicht abkühlen, werden sie ebenfalls in einen geheizten Rahmen eingeschoben, der in gleicher Höhe wie die Unterform angeordnet ist. Dadurch brauchen die Leisten nicht gehoben zu werden, sondern sie können durch einfaches Verschieben ausgetauscht werden.

b) Entformen unter der Presse. Unter der Presse entformt muß werden, wenn die losen Formteile so schwer ausfallen würden, daß ihre Hantierung über die menschlichen Kräfte hinausgeht. Dies tritt ein bei großen Formen mit einem oder einigen wenigen Stempeln oder bei Mehrfach-Formen mit 20, 30, oder noch mehreren Preßlingen kleinerer Dimensionen.

Abb. 92. Unterteil und Oberteil einer 28-fach-Form für Verschraubungen mit eingebauter Abdrehvorrichtung

Bei Formen mit einem oder bis zu zehn Stempeln schraubt man die Teile sofort beim Öffnen der Presse mit einer Zange oder einem Leder-riemen ab. Bei mehreren Stempeln ist es notwendig, erst alle Preßteile der Reihe nach anzulockern und dann erst abzudrehen. Dadurch wird ein Festschrumpfen auf den Stempeln verhindert.

Das Abschrauben von Preßteilen *in* Formen mit großen Stückzahlen ist teilweise mit gutem Erfolg maschinell ausgeführt worden. Dabei sind zwei Ausführungen bekanntgeworden:

1. Der Antrieb ist in das Werkzeug eingebaut (Abb. 92).

2. Der Antrieb ist vom Werkzeug getrennt und wird bei Bedarf eingeschwenkt oder aufgesetzt.

Form mit Abschraubgetriebe und Motorantrieb (Abb. 93a, b und c). Das Entformen von Gewindeteilen durch einen Abschraubmotor wird

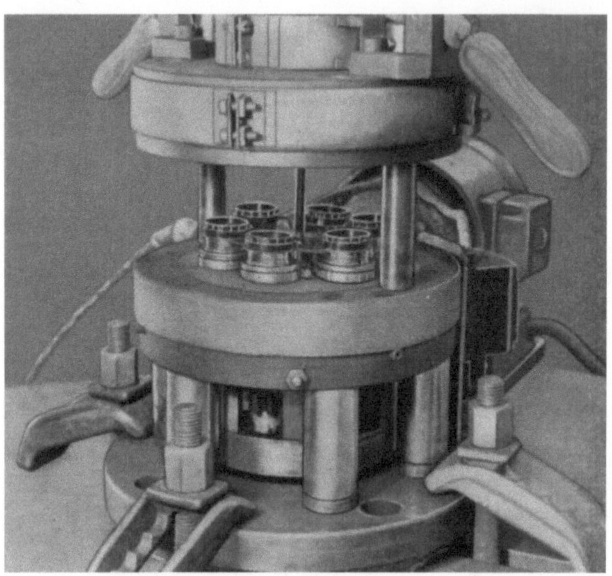

Abb. 93a. Spritzpreßform mit motorisch angetriebenen Gewindekernen, Abschraubprozeß beendet
(Werkbild: Klöckner-Moeller, G. m. b. H., Bonn)

Abb. 93b. Zentralantrieb im Werkzeug-Unterteil (Werkbild: Klöckner-Moeller G. m. b. H., Bonn)

möglich, wenn die Teile so gehalten werden, daß sie sich nicht mit den Gewindekernen mitdrehen können. Im vorstehenden Falle handelt es sich um eine Spritzpreßform, bei der alle Preßteile durch die Massekanäle zu einem einzigen starren System verkuppelt sind. Die Form arbeitet wie folgt: Das Werkzeugoberteil mit der Füllbuchse wird durch den Spritzkolben angehoben und rastet auf den beiden Führungssäulen ein.

Abb. 93c. Schneckentrieb im Werkzeug-Unterteil (Werkbild: Klöckner-Moeller G. m. b. H., Bonn)

Der hydraulische Auswerfer hebt den beweglichen Getriebekasten, die Gewindekerne und die Preßteile nebst den Angüssen. In der Endstellung wird der Antriebsmotor eingeschaltet, welcher nun die Gewindekerne in Drehung versetzt. Über ein Zeitrelais schaltet der Motor später ab. Der Antrieb der Kerne erfolgt über Gelenkwelle, Schnecke, Schneckenrad und zentrale Antriebswelle auf die Ritzel, welche auf den Gewindekernen sitzen.

Motorleistung 0,37 KW, $n = 660$, Gewindekerne 73 U/min.

Unterbau mit selbsttätigem Abschraubgetriebe (Abb. 94). Die Unterplatte ist Heiz- und Aufspannplatte. Die Oberplatte hat zentrisch ein Triebrad, welches zwei seitliche Ritzel antreibt. Diese Ritzel haben im Inneren Mitnahme-Sechskante, in welche ebensolche Dorne der Form-Oberteile eingreifen. Beim Öffnen der Form wird durch eine Drallspindel das Mitteltriebrad in Bewegung versetzt. Über die Seitenritzel werden die Dorne mit dem Leitgewinde gedreht, welche durch Mitnahmenocken das Preßteil vom Formoberteil abschrauben. Bedingung ist natürlich, daß Preßteil und Leitgewinde gleiche Steigung haben. Da das Triebwerk unter Formtemperatur läuft, sind nicht zu enge Lagerpassungen zu wählen. Pressen mit geringen Rückzugkräften sind nicht zu empfehlen. Da der Unterbau das Auswechseln der Formeneinsätze gestattet, sind für jeweils neue Werkzeug-Aufsätze geringe Kosten aufzuwenden. Aufsatz-, Durchmesser- und Höhenmaße haben als Normteil zu gelten. Die übrigen Maße können den Erfordernissen des Preßteils Rechnung tragen.

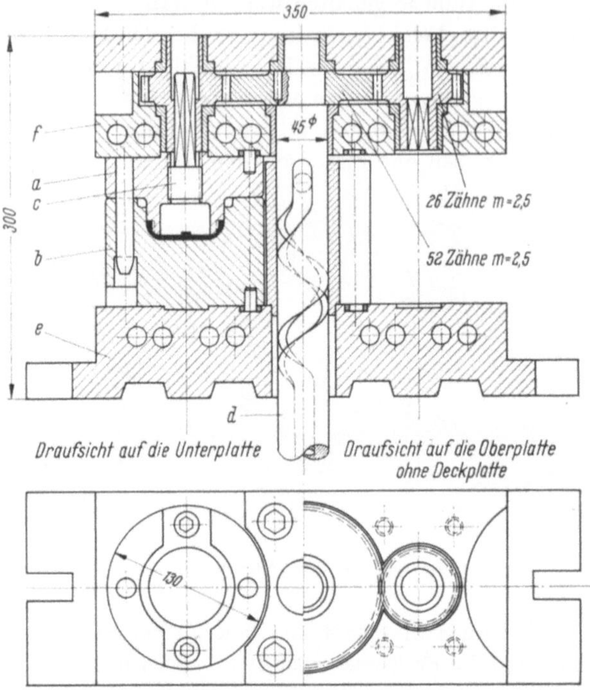

Abb. 94. Unterbau mit Abschraubgetriebe für Gewindeteile (Werkzeichnung: Siemens-Schuckert-Werke AG). *a* Oberer Formeinsatz, *b* Unterer Formeinsatz, *c* Dorn mit Leitgewinde, *d* Drallspindel, *e* Unterplatte, *f* Oberplatte

Abb. 92 zeigt eine 28-fach-Form für eine Tubenverschraubung, bei welcher die Entform-Einrichtung in den Oberstempel eingebaut ist. Nach wenigen Kurbel-Umdrehungen fallen die Preßteile vom Oberstempel ab. Als Getriebeteile sind Zahnräder bekannt, es finden aber auch Gliederketten zur Kraftübertragung teilweise Anwendung. Bei besonders langen Abschraubwegen ist auch der Antrieb durch Elektromotor erfolgt. Zu beachten ist, daß die abzuschraubenden Preßteile Nuten, Flächen oder Rippen besitzen, die ein Mitdrehen der Teile unmöglich machen, da andernfalls eine Entfernung durch den rotierenden Gewindebolzen nicht erfolgen kann. Leitgewinde ist hier nicht anwendbar, da dieses den Gewindebolzen und nicht das Preßteil aus der Form herausschieben würde. Die Spindeln stehen fest in ihrer Lagerung. Im allgemeinen setzt der Bau und der Betrieb dieser Formenart doch eine große Menge von Erfahrungen voraus, ehe man zu einem befriedigenden Ergebnis gelangt. Man darf nicht vergessen, daß die Getriebe bei einer Formentemperatur von ~ 170° arbeiten, wo eine Schmierung doch erhebliche Schwierigkeiten bereitet. Auch ist die Reinigung der Form nicht sehr einfach. Unter dem Preßdruck dringt unvermeidlich das dünnflüssige Harz in die Lagerung des Gewindezapfens und kann sehr schwer entfernt werden. — Diese Schwierigkeiten werden zum großen Teil umgangen durch die einschwenkbaren Abschraubvorrichtungen, wie sie in Abb. 95 für eine 120-fach-Form für Tubenverschraubungen dargestellt ist. Die Vorrichtung, welche an den Oberstempel heran-

Abb. 95. 120 fache Preßform für Verschraubungen mit einschwenkbarer Abdrehvorrichtung und aufgesetztem Füllrahmen (Werkbild: Deutsche Star Kugelhalter Ges. m. b. H., Schweinfurt)

gebracht wird, ist den Formentemperaturen sowie Verschmutzungen durch eindringendes Preßharz nicht ausgesetzt. Der Antrieb kann ebenfalls durch Handkurbel oder evtl. durch Motor mit biegsamer Welle erfolgen. Auf das Unterteil der Form ist die Beschickvorrichtung für Pillen aufgesetzt.

Entformen durch Abstreifen stellt einen Sonderfall der Preßlingsentfernung unter der Presse dar, der sich nur bei einigen günstig gestalteten Teilen ausführen läßt. Nicht zu hohe Kappen, wie sie bei kosmetischen Behältern meist vorkommen, mit flachem Rundgewinde, können durch einfaches Abstreifen aus der Form entfernt werden. Abb. 96 stellt ein solches Mehrfach-Werkzeug in geschlossener und geöffneter Stellung dar. In einem Aufnahmerahmen, der aus Unterstempelplatte, Oberstempelplatte und Zwischenplatte besteht, sind die Formeneinsätze eingebaut. Außer den bekannten Ober- und Unterstempeln ist in die Zwischenplatte eine Abstreifhülse eingesetzt. Beim Öffnen des Werkzeuges wird in der oberen Stellung die Zwischenplatte durch Anschläge von der Oberstempelplatte getrennt, wodurch die Abstreifhülsen die Preßteile abdrücken. In dieser Stellung sind die Teile noch etwas plastisch und federn auseinander.

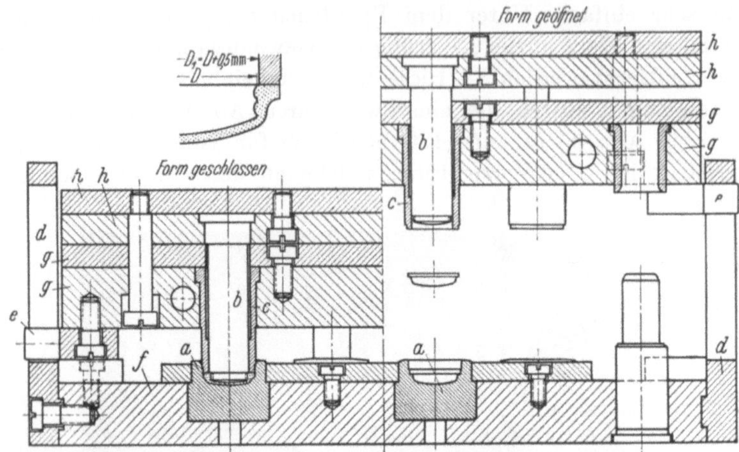

Abb. 96. Abstreifwerkzeug für Schraubdeckel mit flachem Rundgewinde (Werkzeichn.: AEG)
a Unterstempel-Einsatz, *b* Gewindestempel, *c* Abstreifhülse, *d* Abstreifbügel, *e* Anschlagbolzen,
f Unterstempelplatte, *g* zweiteilige Zwischenplatte, *h* Oberstempelplatten

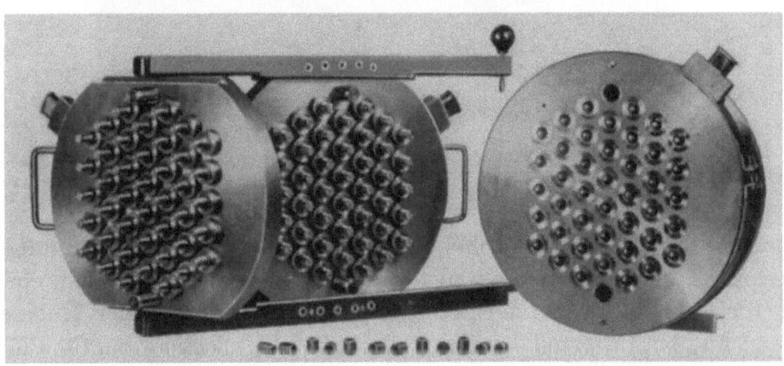

Abb. 97. Preßform für Verschraubung mit doppelter einschwenkbarer Oberstempelplatte
(Werkbild: Deutsche Star Kugelhalter Ges. m. b. H., Schweinfurt)

Eine Form mit doppelter Oberplatte zeigt Abb. 97. Nach dem Auffahren der Presse wird die Oberplatte mit allen Stempeln, auf denen die
Preßteile sitzen, heraus- und gleichzeitig eine zweite, leere, hineingeschwenkt. Während der Brennzeit wird auf die hochgeklappte Stempelplatte eine Abschraubvorrichtung aufgesetzt und die Preßteile von den
Gewindestempeln heruntergedreht.

G. Erzeugung von Durchbrüchen an Preßteilen

An den meisten Preßteilen technischen Charakters, aber auch an solchen
für Gebrauchsartikel, finden sich Durchbrüche in Gestalt von Bohrungen
oder profilierten Querschnittes. Soweit nicht besonders hohe Anforderun-

gen in bezug auf Toleranzen vorliegen, die nur durch maschinelle Bearbeitung erreichbar sind, wird man anstreben, gleich beim Pressen alle Durchbrüche mitzuformen. Bei den Durchbrüchen unterscheidet man solche, die *in Preßrichtung* liegen, von denen, die *quer zur Preßrichtung* liegen.

1. In Preßrichtung liegende Durchbrüche

Diese Durchbrüche machen dem Formenbauer die geringeren Sorgen. *Größere Durchbrüche* werden entweder als Abquetschflächen ausgebildet (s. Rundfunkgehäuseformen) oder, falls möglich, durch in den Oberstempel eintretende Dome erzeugt (Abb. 22 u. 31). Die Anwendung dieser oder jener Ausführung ist abhängig von der Preßteilgestalt. So wird man Durchbrüche mit vielen Konturen nicht als Dom in den Oberstempel eintauchen lassen, da die Paßarbeiten bei den zu härtenden Werkzeugen zu schwierig sind und außerdem eine überempfindliche Form keine Betriebssicherheit bietet. Allenfalls setzt man in eine Abquetschfläche dieser Art einen runden Dom, der sich einfach und gut herstellen läßt. In den Oberstempel eintretende Dome haben noch den Vorteil, daß sie die Größe der Preßfläche herabsetzen und man evtl. mit einer kleineren Presse auskommt. Allerdings muß auch das Reinigen nach jeder Pressung in Kauf genommen werden. — Bei besonderen Umständen kann auch eine größere Quetschfläche in ein loses Formteil gelegt werden, wenn nicht in Preßrichtung liegende Konturen eines Durchbruches ein Ausstoßen mit dem Preßteil nötig machen. In Form nach Abb. 17 ist ein solcher Fall dargestellt, desgleichen in Backenform nach Abb. 23. *Kleinere Durchbrüche* sind meist Bohrungen für Befestigungsschrauben oder Schlitze für Metalldurchführungen.

Bohrungen werden fast immer durch eingesetzte Stifte geformt, wie sie in Abb. 98a bis e dargestellt sind. Die in der Preßmasse verbleibende

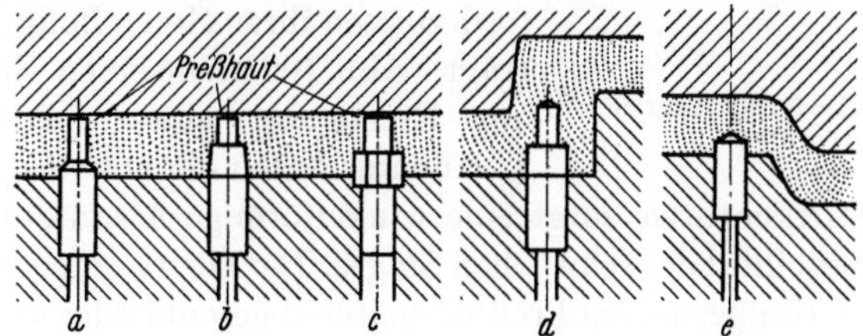

Abb. 98. Einsatzstifte zur Herstellung von Senkungen und Bohrungen

Länge kann bis zu 2d betragen und noch erhöht werden, falls der Stift an der Wurzel verstärkt ist und geschützt im Massefluß liegt. Der Oberstempel darf bei geschlossener Form jedoch nicht hart auf den Stiften aufliegen, sondern es muß ein Zwischenraum von etwa 0,3 mm verbleiben, um ein Anstauchen der Stifte zu vermeiden. Die Preßhaut wird später durchbohrt oder herausgedornt. Bei längeren Bohrungen (Ausführung *d*) und im Massestrom liegenden Stiften (Ausführung *e*) muß das restliche Loch gebohrt werden. Die Erzeugung von Bohrungen nach diesen Erläuterungen ist jedoch nicht möglich bei den geschichteten Werkstoffen Typ 77 und 57, die Stifte würden dabei den auftretenden Preßdrücken nicht standhalten. Man baut deshalb die Formen so, wie in Abb. 99 dargestellt. Die Stifte, welche die Bohrungen formen, treten in den Oberstempel ein. Der Werkstoff wird in gestanzten und gelochten Scheiben eingelegt. Nach dem Pressen wird der Boden der Form durch den Ausstoßer angehoben und streift den Preßling von den feststehenden Stiften ab. Der dadurch benötigte hohe Ausstoßerhub sowie der verhältnismäßig hohe Füllraum führen bei dieser Formenart zu größerer Bauhöhe. Das Beschicken der Form mit Preßmasse ist außerdem durch die langen Stifte zeitraubend. Die Anfertigung von vorgedrückten Tabletten ist meist lohnend. Formen dieser Bauweise finden außerdem Anwendung bei Teilen, wo auch in den Bohrungen eine unverletzte Preßhaut gefordert wird.

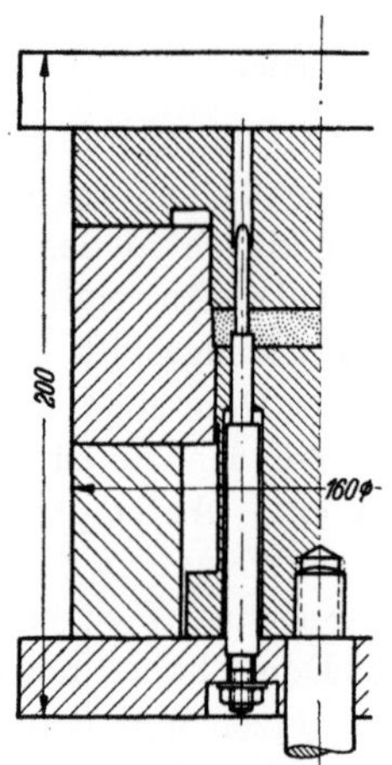

Abb. 99. Preßform mit durchgehenden Lochstiften

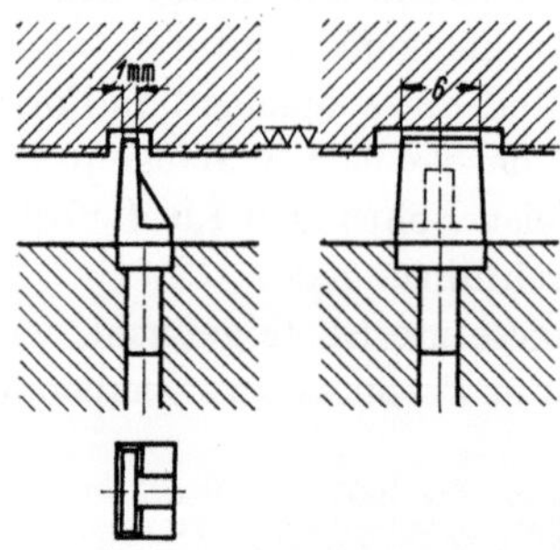

Abb. 100. Einsätze für schlitzartige Durchbrüche

Die Herstellung schwacher, schlitzartiger Durchbrüche ist auch einfach, wenn der Preßteil-Konstrukteur den Erfordernissen ihrer Herstellung Rechnung trägt. Abb. 100 stellt einen Einsatz dar, zur Erzeugung eines Schlitzes von 1×6 mm. Außer der notwendigen Konizität aller Stiftkonturen sorgt eine winkelförmige Abstützung für die notwendige Stabilität des schwachen Steges. Der Oberstempel formt über dem Stift eine Kappe, die am Preßteil später abgesenkt oder abgeschliffen wird, wodurch der Schlitz selbst gratlos geöffnet ist.

2. Quer zur Preßrichtung liegende Durchbrüche

Diese Durchbrüche bereiten in der spanlosen Formung größere Schwierigkeiten. Ihre Herstellung zerfällt in die zwei Hauptgruppen:

1. ohne Kern geformt,
2. mit Kern geformt.

Kernlos Durchbrüche zu erzeugen ist die erstrebenswertere Lösung, da an der Form lose Teile, besondere Handgriffe und eine Reihe damit verbundener Gefahrenquellen wegfallen. Die Anwendung ist leider auf die Fälle beschränkt, wo es die Preßteilgestaltung zuläßt.

Abb. 101a, b und c stellen eine Form dar für eine Kappe, deren Seitenwände durch Schlitze durchbrochen sind. Die Schlitze werden dadurch erzeugt, daß sich der Oberstempel beim Formenschluß jeweils hart an den Formenmantel anlegt, wodurch an den Durchbrüchen nur ein dünner Preßgrat stehenbleibt. Die Ausführungen unterscheiden sich voneinander durch ihre Gratlage.

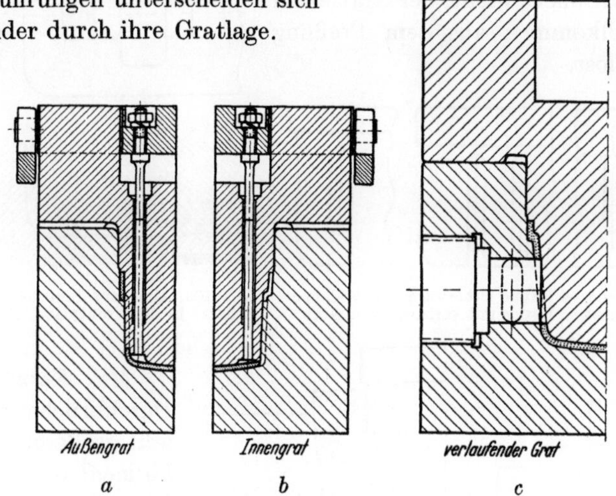

Abb. 101a bis c. Preßformen für Kappe mit Seitenschlitzen, die kernlos erzeugt werden. Gratlage in drei verschiedenen Ausführungen

a) Der Grat der Schlitze liegt an der Außenseite der Kappe, was bei anspruchsvoller Qualität eine sorgfältige Entgratung bedeutet. Die Form ist leicht herzustellen, da die die Schlitze erzeugenden Stege sich am Oberstempel befinden und gut zugänglich sind.

b) Der Grat der Schlitze liegt innen und braucht daher mit weniger Aufmerksamkeit entfernt zu werden. Die Formenmantel-Herstellung ist schwieriger. Die Stege für die Schlitze liegen innen am Mantel und sind schwer zugänglich.

c) Der Grat verläuft von außen nach innen. Die Form ist in den Schlitze erzeugenden Konturen stark dem Verschleiß ausgesetzt, da Oberstempel und Mantel an diesen Stellen hart aneinander vorbeigleiten. Es empfiehlt sich daher, am Mantel die Stege auswechselbar als Einsatz auszubilden. Bei den Ausführungen nach a und b hingegen legt sich der Oberstempel erst beim Formenschluß an den Formenmantel an, da die Teilung mit der gleichen Neigung wie diejenige der Kappe verläuft.

Wie sich diese Ausführungsarten auf das Äußere der Kappe auswirken, zeigen die entsprechenden Ansichten nach Abb. 102a, b und c.

Abb. 103 zeigt den Teilschnitt einer Form für eine Kappe, wo am Boden des Werkzeuges ein Querschlitz geformt wird, dadurch, daß Ober- und Unterstempel aneinander vorbeischeren. Die Scherstelle liegt in dem Durchbruch zwischen Steg und Boden. Dadurch fällt bei großem Formverschleiß an dieser Stelle ein starker Grat nicht ins Gewicht, der Gratboden wird vollkommen aus dem Preßling herausgelöst.

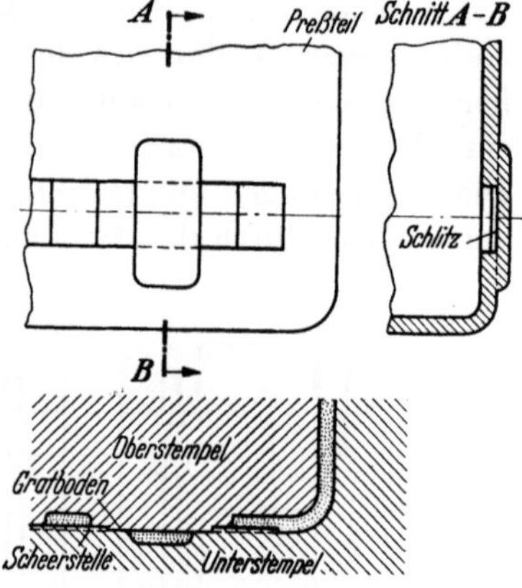

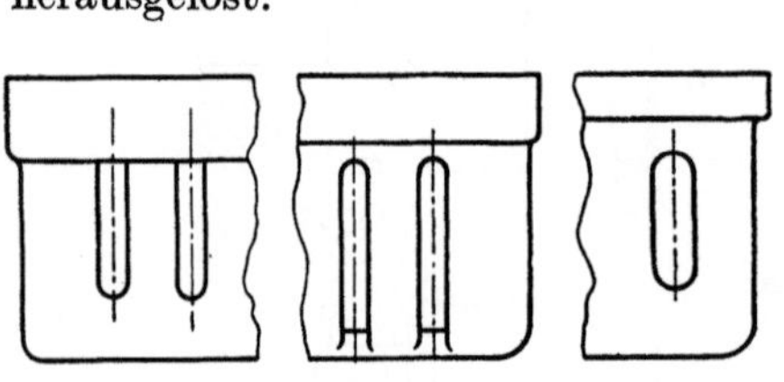
Abb. 102a bis c. *a* Kappe mit Außengrat, *b* Kappe mit Innengrat, *c* Kappe mit verlaufendem Grat

Abb. 103. Quer zur Preßrichtung liegende Schlitze in der Frontplatte eines Gehäuses

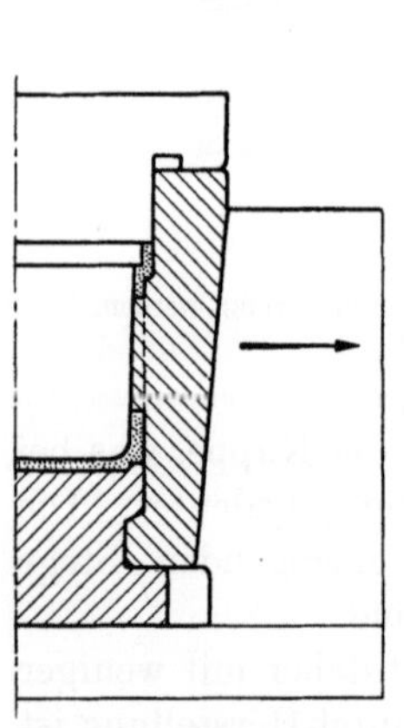
Abb. 104. Seitendurchbruch durch lose Backe geformt

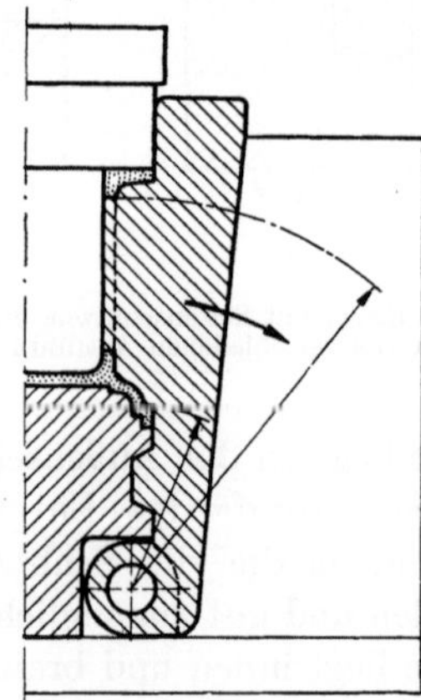
Abb. 105. Seitendurchbruch durch Klappbeilage geformt

Mit Kern-geformte Durchbrüche finden in weit größerem Maße im Formenbau Anwendung, da von den Preßteil-Konstrukteuren oftmals in Unkenntnis der Möglichkeit, kernlos zu formen, kein Gebrauch gemacht wird. Nachstehend folgen einige Ausführungsbeispiele, die mit losen bzw. lose angelenkten Formteilen arbeiten.

Bei mehrteiligen Formeinsätzen, welche durch einen Mantel zusammengehalten werden, kann eine Backe oder auch mehrere dazu benutzt werden, um einen Durchbruch in der Wand eines Preßteils zu formen. Abb. 104 zeigt die Ausführung an einem Einsatz, welcher aus dem Zuhaltemantel ganz ausgestoßen wird. Die den Durchbruch erzeugende Backe wird von Hand, evtl. sogar mit einer Hilfsvorrichtung, auf dem Arbeitstisch des Pressers parallel abgezogen. Abb. 105 zeigt die

Konstruktion an einem größeren und schwereren Einsatz mit Klappbeilagen. Hier ist auf die Neigung der Backenkonturen zu achten, da sie nicht parallel abgezogen, sondern um den Scharnier-Drehpunkt herausgeschwenkt werden. In beiden Fällen legt sich beim Schließen der Form der Oberstempel an die Backen an und erzeugt unter Bildung einer Preßhaut den Durchbruch.

Bei manchen Preßteilen sind nur einzelne schmale Schlitze durchzupressen, die eine über die ganze Preßteilbreite gehende lose oder Klappbacke nicht notwendig machen. In diesem Falle genügt eine schmale, keilförmige Einlage in dem geschlossenen Unterstempel.

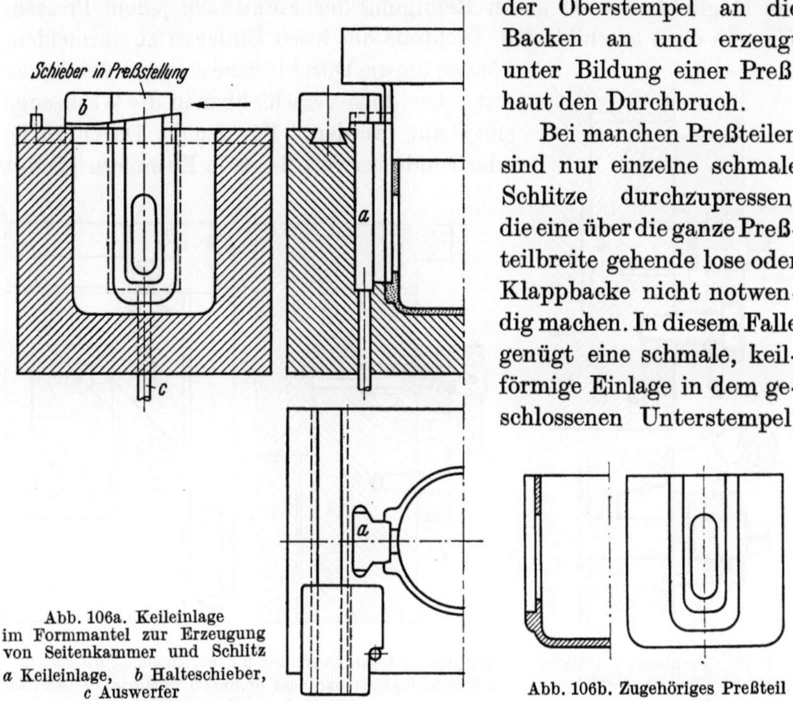

Abb. 106a. Keileinlage im Formmantel zur Erzeugung von Seitenkammer und Schlitz
a Keileinlage, *b* Halteschieber, *c* Auswerfer

Abb. 106b. Zugehöriges Preßteil

In Abb. 106a ist eine solche Konstruktion bei einem topfförmigen Preßteil dargestellt. Außer einem Durchbruch erzeugt die Einlage eine nach oben offene Seitenkammer. Die sichere Festlegung der Einlage erfolgt durch ihre schwalbenschwanzartige Gestalt. Die entsprechende Ausnehmung im Formenmantel muß so ausgebildet werden, daß sie maschinell ohne Nacharbeit von Hand hergestellt werden kann. Im dargestellten Fall erhält die Einlage beim Pressen Auftriebskräfte. Durch einen im Mantel gleitenden Schieber wird die Einlage sicher gehalten. Der Schieber läuft mit einer Schräge von etwa 5° auf die Einlage auf. Dadurch wird vor allem ein schnelles Lösen von der unter oftmals starken Auftriebskräften stehenden Einlage erreicht. Bei leichten Beilagen genügt evtl. zum Lösen ein leichter Schlag. Bei schwerer Ausführung hat sich schon eine Abdrückspindel als nützlich erwiesen.

Das Arbeiten mit losen Formteilen bietet naturgemäß einige Schwierigkeiten. Besonders wird ihre Handhabung bei größeren Gewichten und

6*

den hohen Temperaturen mühsam, wodurch die Ausbringung der Form
ungünstig beeinflußt wird. Dazu kommt die Werkzeuggefährdung durch
falsches Einlegen der Kerne durch den Presser und die Bildung einer
Teilnaht, die in Nacharbeit verputzt werden muß. Vorteilhaft jedoch ist
die Möglichkeit einer guten Reinigung der Form nach jedem Pressen.
Um die eben geschilderten Nachteile der losen Einlagen zu vermeiden,
können die die Durchbrüche erzeugenden Kerne
fest, aber doch verschiebbar in die Werkzeuge
eingebaut werden. Für runde Durchbrüche
oder runde vertieft liegende Kammern genügt

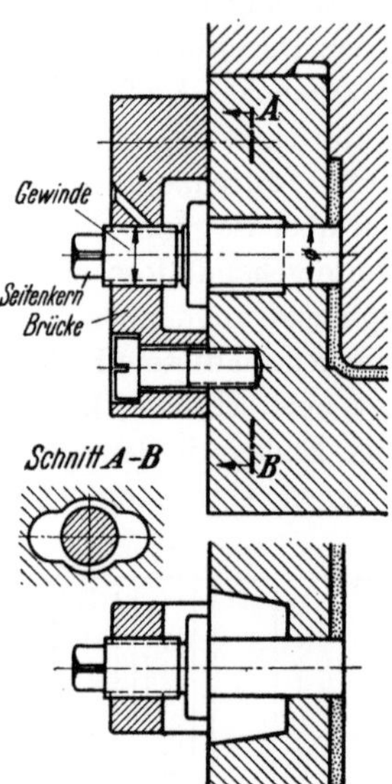

Abb. 107. Drehbarer Seitenkern im Preßform-Mantel

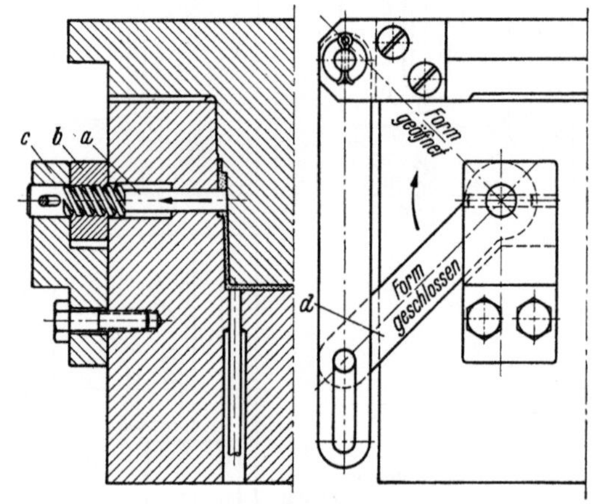

Abb. 108. Seitenschieber durch die sich öffnende Form gesteuert
a Seitenschieber (rund oder profiliert), b Mutter, c Lager für
Schieber, d Schwinghebel

ein einfacher drehbarer Bolzen mit Gewinde. Für kräftige Ausbildung
des Gewindes ist Sorge zu tragen, da es den Preßdruck aufnehmen muß,
der auf den Bolzen zur Wirkung kommt. Flachgewinde hat sich aus
diesem Grunde am besten bewährt.

Abb. 107 zeigt eine entsprechende Konstruktion. Das Gewinde zur
Bolzenverschiebung liegt in einer Brücke außerhalb des Formenmantels,
um im Mantel selbst kein Gewinde schneiden zu müssen. Außerdem kann
dadurch die Form-Temperatur etwas vom Gewinde abgehalten werden,
wodurch Schmierung ermöglicht ist. Der Anschlag der Spindel (Bund
am Mantel) ist gut sichtbar und wird von Gratresten nicht ungünstig
beeinflußt. Die Spindel ist weitgehendst im Mantel freigespart. Große
Reinigungsnuten gestatten, etwa durchdringenden Grat durch Preßluft
zu entfernen. Außen endet die Spindel mit einem Vierkant, auf welches
ein Hebel oder ein Handrad aufgesteckt werden kann. — Um das Lösen
und Zurückdrehen der Spindel dem Presser zu ersparen, kann man durch

den hochgehenden Oberstempel die Spindel betätigen. Abb. 108 zeigt eine mit Erfolg ausgeführte Konstruktion. Allerdings ist der Bolzen nicht drehbar, sondern nur axial verschiebbar ausgebildet. Auf dem Bolzen ist ein mehrgängiges Gewinde hoher Steigung aufgeschnitten, welches in einer drehbaren, axial jedoch nicht verschiebbaren Mutter gefaßt ist. An der Mutter sitzt ein Schwinghebel, welcher durch den hochgehenden Oberstempel um etwa 90° nach oben gezogen wird. Infolge der hohen Gewindesteigung genügt die dadurch entstehende $^1/_4$-Mutterdrehung, um den Bolzen aus dem Preßstoff

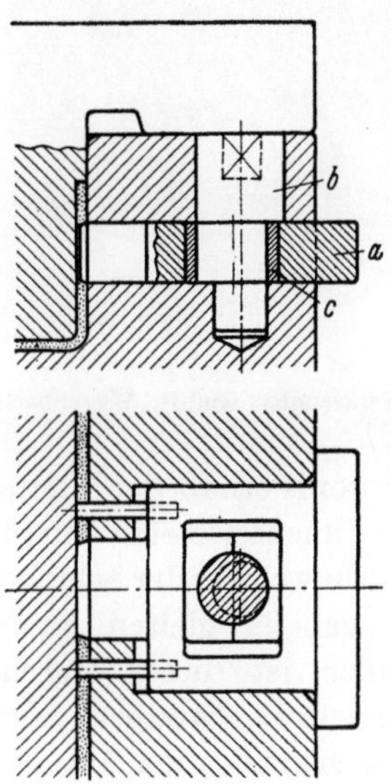

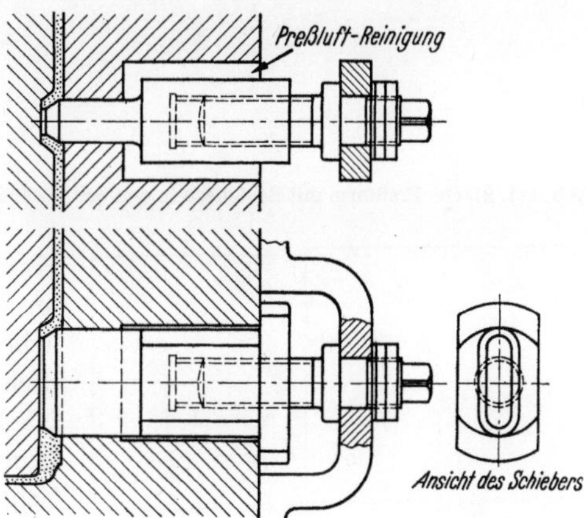

Abb. 109. Exzenter-Seitenschieber
für profilierten Durchbruch
a Seitenschieber,
b Exzenterbolzen, *c* Nutenstein

Abb. 110. Seitenschieber durch Gewindespindel bewegt

herauszuziehen. Nachteilig ist jedoch, daß der Bolzen beim Zufahren der Form nicht schon von Anfang an in seiner inneren Stellung steht. Dadurch ist das Eindringen von Preßmasse in die Bohrung etwas leichter gemacht.

Bei unrunden oder mehreren Durchbrüchen kann natürlich ebenfalls nicht mit drehbaren Kernen gearbeitet werden, sondern es ist nur axiale Verschiebung der Dorne zulässig.

Abb. 109 zeigt einen in den Formenmantel eingebauten Schieber, welcher einen rechteckigen Durchbruch und zwei Bohrungen erzeugt. Da nur ein kurzer Abzugsweg in Stärke der Preßwand notwendig ist, genügt zur Betätigung ein Exzenter von nur wenigen Millimetern Hub. Der Anschlag für richtige Tiefenstellung findet sich außen am Formenmantel, ebenfalls gut kontrollierbar und unbeeinflußt von Gratresten. Die Exzenterbetätigung kann durch Steckschlüssel oder fest angebrachte Handhebel erfolgen.

Abb. 110 zeigt die Herstellung eines länglichen Seitendurchbruches und einer tieferen Kammer, wodurch ein nicht drehbarer Schieber mit größerem Arbeitsweg erforderlich ist. Entsprechend des verlangten

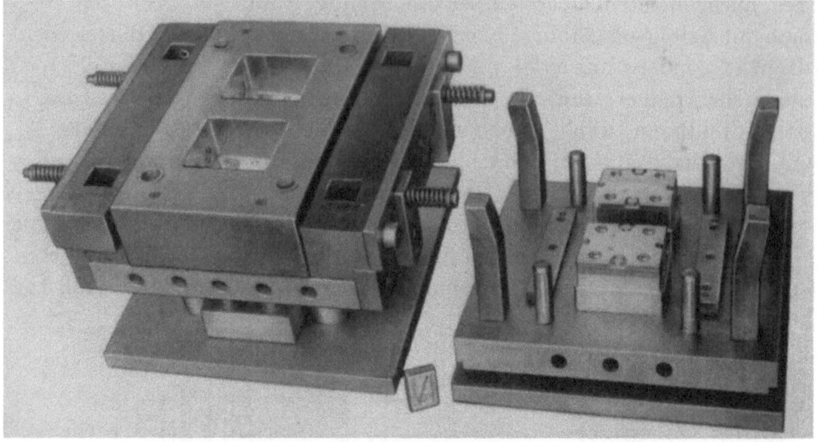

Abb. 111. 2fache Preßform mit Schiebern in den Seitenwänden (Werkzeugbau GmbH., Wissenbach)

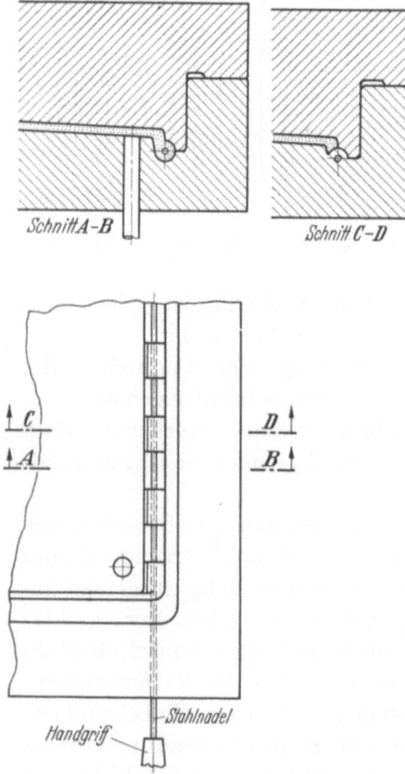

Abb. 112. Herstellung einer Scharnierbohrung
durch eingeführte Nadel

Kammerprofils erhält der Mantel an seiner Innenseite eine Durcharbeitung, in welcher der Schieber dicht eingepaßt gleiten kann. Nach außen ist dieser Durchbruch erweitert, wodurch der Schieber sich verstärken läßt. Die entsprechende Bewegung wird durch eine in einem Bügel gehaltene Spindel erzeugt. Auch hier ist die richtige Schieberstellung gut durch den sich außen am Mantel befindenden Anschlag zu kontrollieren. Hinter der dichtenden Gleitfläche ist der Schieber freigemacht, damit evtl. durchtretende Preßmasse durch Druckluft weggeblasen werden kann. Trotz aller Vorsichtsmaßnahmen ist es doch bei allen derartigen Konstruktionen erforderlich, in gewissen Zeitabständen den Schieber zu entfernen und die Form gründlich von eingedrungenen und festgebrannten Masseresten zu befreien.

Durch Schrägkeile betätigte Seitenschieber zeigt Doppelpreßform nach Abb. 111. Bei derartigen Konstruktionen ist zu beachten, daß die Seitenschieber bereits in Endstellung stehen, wenn der Oberstempel beginnt die Preßmasse zu verdichten. Beim Auffahren der Presse werden die Seitenschieber zurückgezogen und die Preßteile können ausgestoßen werden.

Als Sonderfall sei noch die Herstellung einer durchgehenden Bohrung für ein Scharnier dargestellt, deren Herstellung maschinell wohl kaum möglich ist (Abb. 112). Im Formenmantel wechseln die Ausnehmungen für das zu pressende Scharnierauge und die Zähne für die Aussparungen am Scharnier ab. Durch die Zähne und den Mantel geht durchlaufend eine Bohrung, in welche vor dem Pressen ein Stahldraht eingeführt wird. Nach dem Aushärten des Preßteils ist dieser herauszuziehen, worauf der Preßling ausgestoßen werden kann. Als Stahldraht verwendet man vorteilhaft eine Stricknadel, welche die nötige Festigkeit und Elastizität besitzt.

H. Einpressen von Metallteilen

Von dem Einpressen von Metallteilen wird in der Preßtechnik viel Gebrauch gemacht. Es kann jedoch nicht oft genug darauf hingewiesen werden, daß jeder Preßteilkonstrukteur versuchen sollte, ohne Einpreßmetalle auszukommen, z. B. durch Verwendung eingeschnittenen Gewindes oder nachträgliches Einbördeln von Metallen. Bei nicht preßgerechter Konstruktion können, wie bekannt, durch das Aufschrumpfen der Masse auf die Einpreßmetalle Spannungen entstehen, die evtl. zur Rißbildung führen. Außerdem kostet das Einlegen von Metallen in die Form Zeit und führt dadurch zur Preßteilverteuerung. Die Formen werden meist durch notwendige Metallteilaufnahmen kompliziert und dadurch empfindlich gegen Gefahren.

Über die Aufnahme von Metallteilen in der Form, gleichgültig, ob es sich um Muttern, Bolzen oder flachen Stanzteilen handelt, ist folgendes zu sagen:

1. Die Metallteile müssen so liegen oder in der Form verankert werden können, daß der Massefluß sie nicht wegspült.

2. Alle Stellen in der Form, wo Metallteile eingelegt werden, müssen gut zugänglich sein, auch zum Reinigen. Das Einlegen in das heiße Werkzeug darf vom Presser keine Kunststücke verlangen. Unübersichtliche Stellen führen zu Ausschuß und gefährden vor allem die Form. Gute Zugänglichkeit ist erforderlich für die nach jeder Pressung notwendige Reinigung.

3. Jedes Metall bzw. jede Metallteilaufnahme muß einen Ausstoßer oder Abdrücker erhalten, da bei jeder Pressung vor allem das

dünnflüssige Harz in die Metallaufnahmen eindringt und die Metalle deshalb äußerst fest sitzen.

Nachstehend sind einige häufig ausgeführte Metallaufnahmen aufgeführt:

Abb. 113 u. 114 stellen einen Metallaufnahmestift für Einpreßmutter und Einpreßbolzen dar. Beide Stifte sind kegelig abgesetzt, um das Eindringen von Masse zu verhindern. Falls Metalle auch am Oberstempel aufgenommen werden, sind die Stifte mit Haltefedern zu versehen. Bei Preßteilen, welche zwangsläufig, z. B. in der Unterform, gehalten werden, zieht sich beim Öffnen der Form der Metallaufnahmestift aus der Oberform heraus. Es empfiehlt sich jedoch in solchen Fällen, trotzdem einen Hilfsabdrücker einzubauen, um bei Störungen einen evtl. schadhaften Aufnahmestift schnell entfernen zu können.

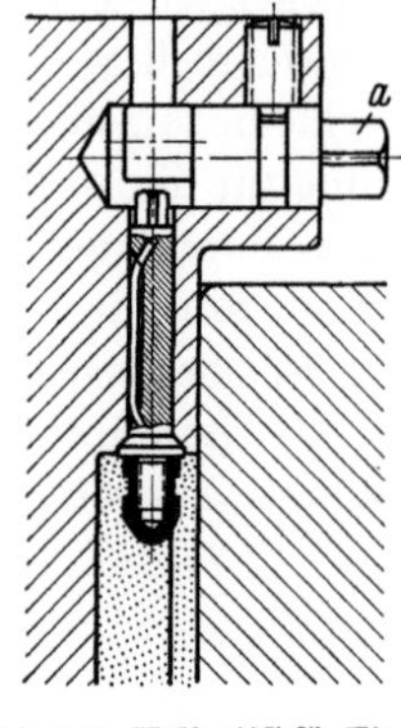

Abb. 113. Haltestift für Einpreßmutter (Normausführung DIN 16 721)
a Exzenter-Hilfsabdrücker

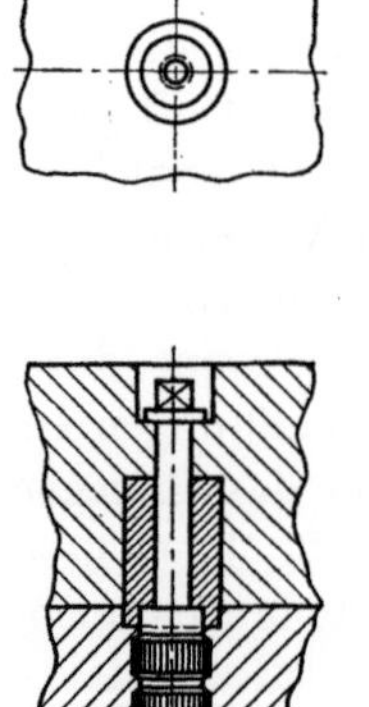

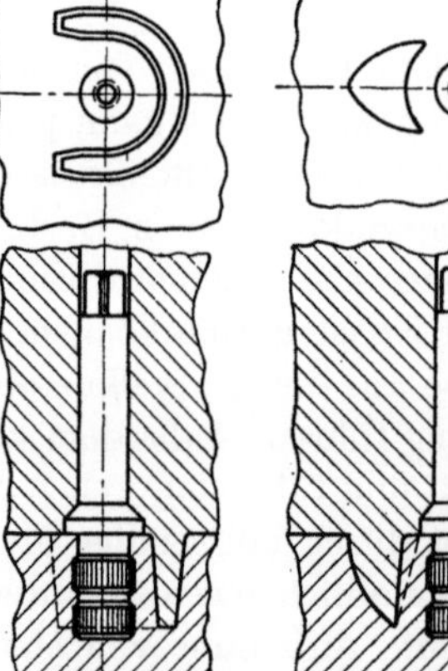

Abb. 114. Haltestift für Einpreßbolzen

Abb. 115. Einpreßmutter im Bund gefaßt und festgeschraubt

Abb. 116a u. b. Schutzkragen gegen Schubkräfte des Massestromes

Abb. 115 zeigt die Aufnahme einer Einpreßmutter in einer Form, in welcher das Metall durch starken Massestrom gefährdet ist. Das Metall hat einen zylindrischen Bund, der durch eine Buchse gefaßt wird. Durch eine Schraube wird das Metall in dem losen Formteil festgezogen. Diese Art der Aufnahme findet man auch bei Metallen, welche quer zur Preßrichtung liegen, wie z. B. in der Backenform nach Abb. 125. Kann das Metall nicht in losen Formteilen aufgenommen werden, so sind die in Abb. 116a u. 116b gezeichneten Schutzkragen anzuwenden.

Glatte einzupressende Bolzen können durch einfaches Einstecken in der Unterform Aufnahme finden. Zweckmäßig ist es, den Bolzen abzusetzen, da dadurch eine Masseumkehrung herbeigeführt wird, welche das Eindringen von Harz tief in die Bohrung verhindert (Abb. 117). Oftmals ist es jedoch auch ratsam, derartige Einpreßbolzen in zwei Backeneinsätzen aufzunehmen, und zwar ist diese Lösung notwendig, wenn der Bolzen gleich hinter der Preßfläche einen Einstich hat, welcher voll Masse läuft, wenn ein Hohlraum in

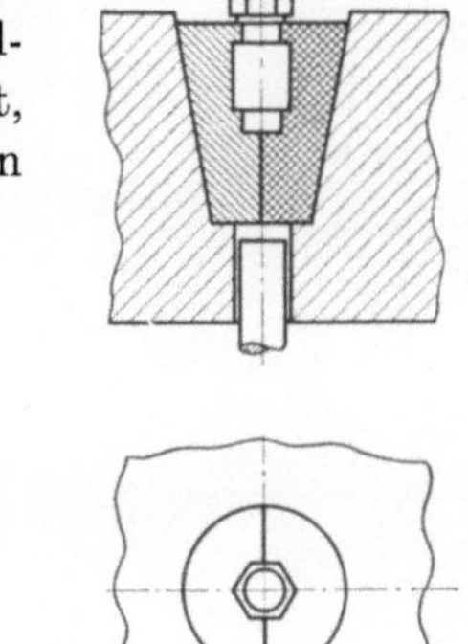

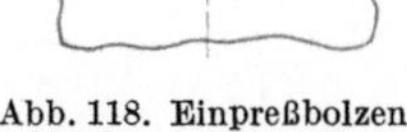

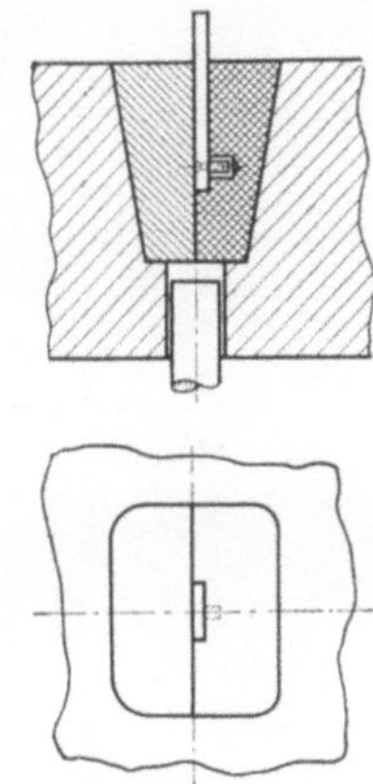

Abb. 117. Einpreßbolzen mit abgesetztem Schaft	Abb. 118. Einpreßbolzen in Backen aufgenommen	Abb. 119. Flachmetall in Backen aufgenommen

der Form verbleiben würde. Die Entfernung der Masse aus der Nut wäre nachträglich sehr schwierig und zeitraubend (Ausführung s. Abb. 118).

Zweibacken-Einsätze werden auch angewendet, falls Flachmetalle in der Form aufzunehmen sind (Abb. 119). Jedoch werden die Backen rechteckig ausgeführt, um die Einhaltung einer bestimmten Metallstellung zu gewährleisten. Diese Art der Metallaufnahme hat den großen Vorteil guter Reinigungsmöglichkeit und sollte bei allen Flachmetallen verwendet werden, selbst dann, wenn man mit einfachem Einstecken auskommen würde. Außerdem ist es auch schwer, bei flachen Stanzlingen unter dieselben einen Ausstoßstift unterzusetzen. Bei mehreren Metallteilen oder auch bei einem Metallteil mit etlichen Zungen, kann man diese einfachen Backen zu langen Leisten erweitern, wie es die Spritzpreßform nach Abb. 143 zeigt.

Eine Preßform nach gleichen Gesichtspunkten konstruiert, wird in Abb. 120 dargestellt. Auch hier wird wegen des besseren Einlegens der Metalle der Preßling in einem losen Formeinsatz untergebracht, der wiederum in einen geheizten Rahmen eingesetzt wird. Die Metallteilaufnahme befindet sich in zwei losen Leisten im Einsatzmittelteil. Da Kontaktzungen auch seitlich aus dem Preßteil herausragen, sind eine Abdeckleiste und zwei Seitenbeilagen notwendig. Diese Form als Spritzpreßform

zu bauen ist weniger ratsam, da, wie man die Anbindung auch legen würde,
der Massestrom immer quer auf die Breite der Metallflächen treffen

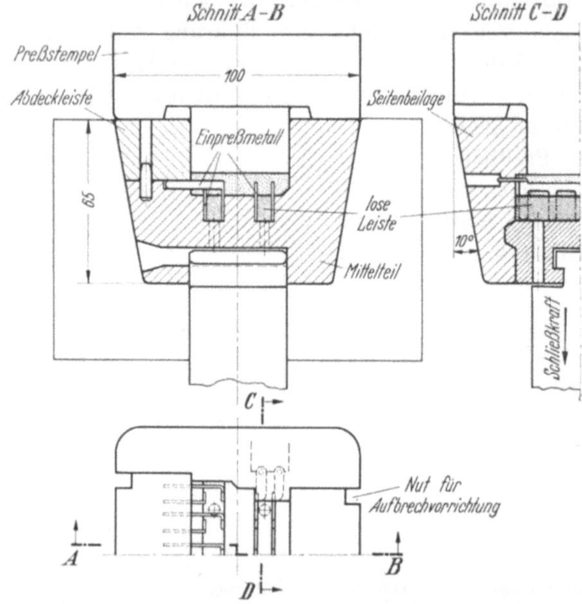

Abb. 120. Geteilter Werkzeugeinsatz für Preßteil mit gestanzten Flachmetallen
(Werkzeichn.: Siemens-Schuckert-Werke AG)

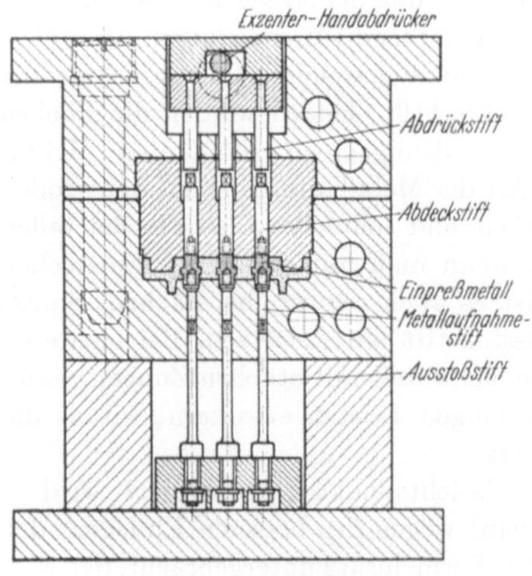

Abb. 121. Preßwerkzeug für Platte mit durchgehenden Kontaktbuchsen

würde. Natürlich läßt sich in dieser Form nur feinkörniges Material verarbeiten, da die Metalle gegen größere Schubkräfte nicht genug gesichert werden können.

Durch ein Preßteil aus Typ 31, 51, 54, 71, 74, 131, 150, 152 usw. (Material mit fasrigem oder flockigem Füllstoff) hindurchgehende kräftige Kontaktmetalle können eingepreßt werden in einer Form nach Abb. 121. Die Metalle werden durch Metallaufnahmestifte unten im Formenmantel gehalten. Aufgeschraubte Abdeckstifte decken dieselben im Füllraum gegen die Masse ab und werden vom Oberstempel gewissermaßen überfahren. Da die

Abdeckstifte keine Konus-
abdichtung haben können,
ist Eindringen von Masse
zwischen Stift und Stem-
pel nicht zu vermeiden
und es muß deshalb ein
Abdrücker im Oberstem-
pel eingebaut werden. Der
durch den Presser betä-
tigte Abdrücker muß im
ersten Augenblick des
Formenöffnens zur Wir-
kung kommen und das
Preßstück im Formen-
mantel belassen, wo es
dann ausgestoßen wird.

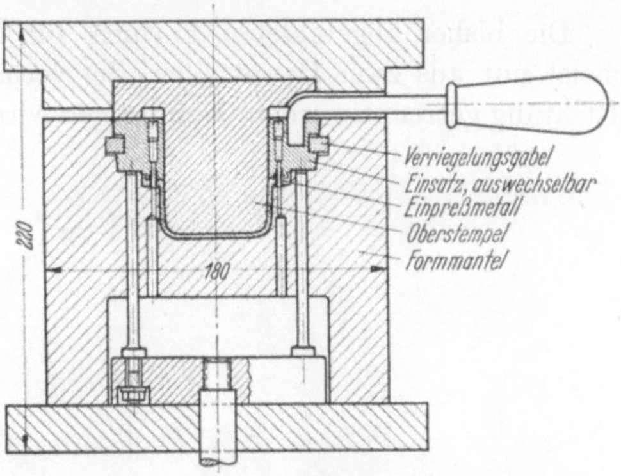

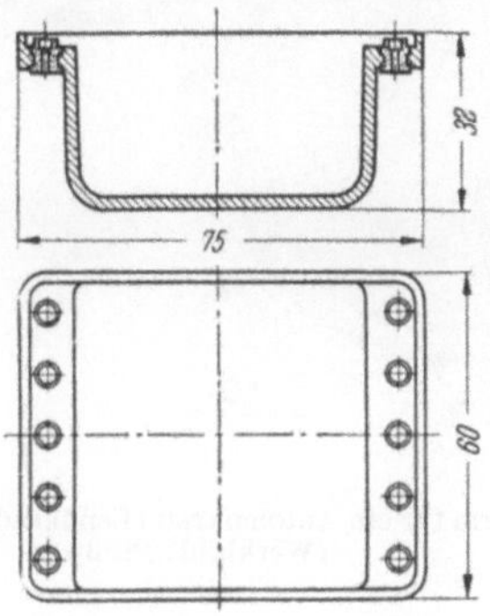

Bei besonders kleinen
und empfindlichen durch-
gehenden Kontaktmetal-
len ist das vorstehend beschriebene Verfahren nicht
empfehlenswert, da ver-
drückte Metalle und For-
menschäden oft das Resultat einer Pressung wären. Man muß dann
vielmehr dazu übergehen, die Metalle in der geschlossenen Form aufzu-

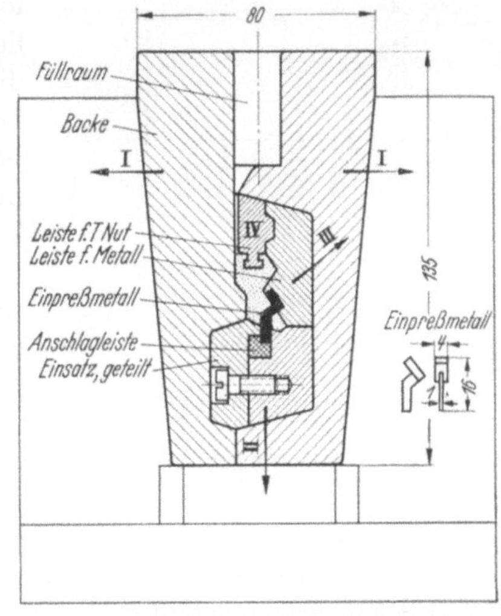

Abb. 122. Kappe mit durchgehenden Gewindebuchsen und zugehörigem Preßwerkzeug (Werkzeichnung: Siemens-Schuckert-Werke AG)

nehmen, wie es das Preßwerkzeug
nach Abb. 122 darstellt. Die Einpreßmuttern werden durch Auf-
stecken oder evtl. Anschrauben in
einer Einsatzplatte aufgenommen
und diese dann in die Unterform
eingelegt. Die Metalle liegen so
geschützt und sicher gehalten in
der Form. Der Oberstempel, dessen Querschnitt nur dem Preßling-
Innenprofil entspricht, taucht
durch die Einsatzplatte hindurch.
Da Auftriebskräfte versuchen,
den Einsatz anzuheben, ist eine
Verriegelungsgabel notwendig.
Entformt wird durch Ausstoßen
des Einsatzes, an welchem das
Preßteil hängenbleibt.

Abb. 123. Mehrteilige Spritzpreßform
zur Aufnahme von Flachkontakt-Metallen

Die bisher abgebildeten Formen für Metallaufnahmen bestanden meist nur aus zwei Hauptteilen, die verhältnismäßig einfach in einer Richtung getrennt wurden. Dahingegen wird die in Abb. 123 dargestellte

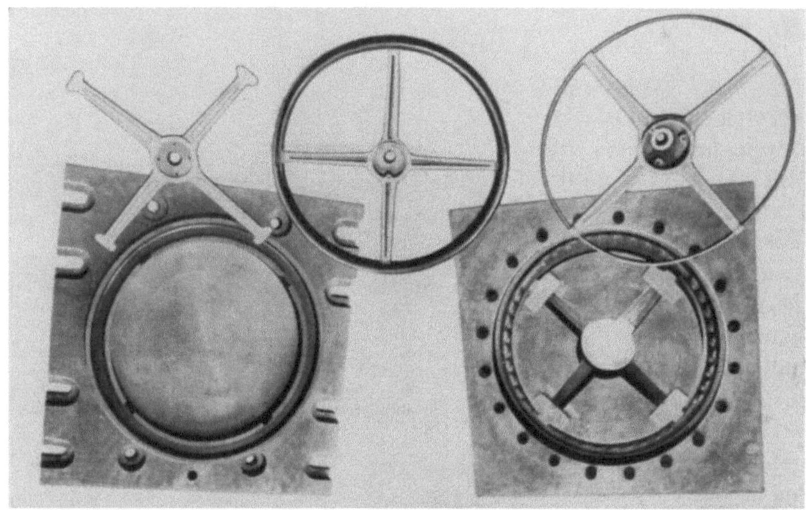

Abb. 124a. Preßform für ein Autolenkrad (Lendkrad mit eingesetztem Metallkreuz und -ring)
(Werkbild: Preßwerk AG, Essen)

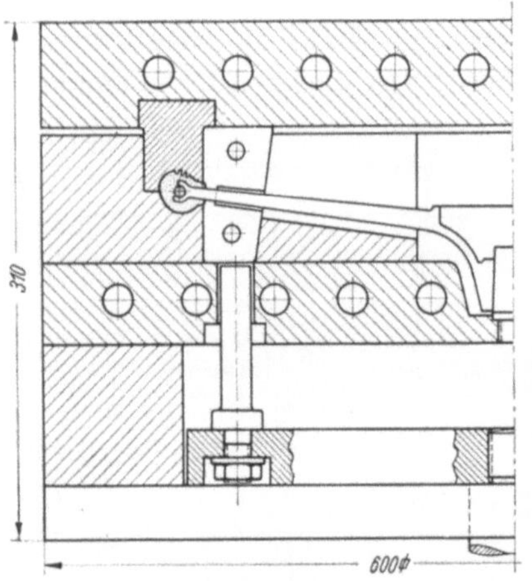

Abb. 124b. Querschnitt durch die Lenkrad-Form (Werkzeichn.: Preßwerk AG, Essen)

Spritzpreßform in vielen Richtungen zerlegt. In einer Profilleiste sitzen fortlaufend, durch entsprechende Isolierschichten voneinander getrennt, die dargestellten Kontaktmetalle. Die Form besteht aus zwei Hauptbacken, welche einen mehrteiligen inneren Einsatz umschließen. Die Teilung desselben entspricht den notwendigen, durch Pfeile angedeuteten Abzugsrichtungen und verläuft außerdem entlang geeigneter Kanten des Preßteils. Der untere Einsatz (Teil II) ist nur deswegen geteilt, um die schmalen Schlitze für die Aufnahme der Kontaktzunge einfach herstellen zu können. Die Anschlagleiste wird bei jeder Pressung herausgenommen, um besser durchgehend reinigen zu können. Zum Zerlegen derartiger mehrfach geteilter Formeneinsätze ist es empfehlenswert, sich geeignete Vorrichtungen zu schaffen (s. auch Abb. 142).

Bei größeren Metallteilen kann es notwendig sein, dieselben nur an einzelnen Stellen zu halten und im übrigen frei in der Form zu belassen. Einen solchen Fall stellt die in Abb. 124a u. b gezeigte Form für ein Auto-Lenkrad dar. An den vier Speichen sitzt je eine geteilte Backe, welche das Lenkradkreuz faßt und in der Form sicher hält.

Horizontal, also quer zur Preßrichtung gelagerte Metalle kommen weit seltener vor als in Preßrichtung liegende. Meist geht man in solchen Fällen zur Herstellung einer Spritzform über, da sich bei diesen die Metalle besser halten lassen. Abb. 125 zeigt eine Preßform mit quer zur Druckrichtung liegenden einzupressenden Bolzen. Der seitliche Halt derselben erfolgt in einer losen Formbacke, in welcher der Bolzen durch eine Spezialmutter festgezogen wird. Der Außendurchmesser ist noch ein Stück in der Backe aufgenommen, da sonst der Preßdruck das Gewinde abscheren würde. Die Abstützung des Bolzens an seinem andern Ende kann durch einen einfachen Stift erfolgen. In der dargestellten Form wird ein Stützstift verwendet, welcher ein vorhan

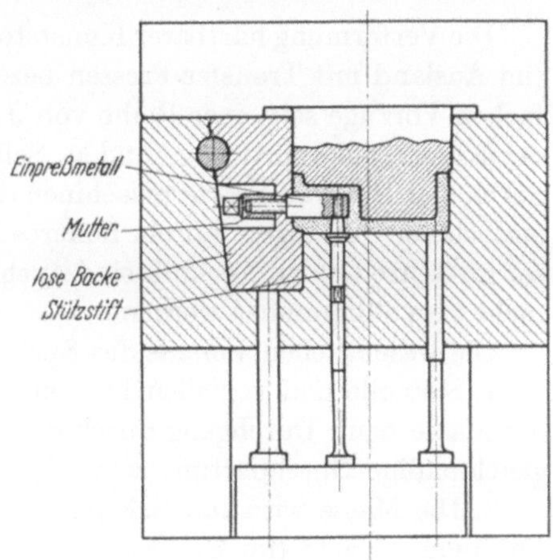

Abb. 125. Preßwerkzeug mit Seitenbacke zur Metallteilaufnahme

denes Gewinde benutzt. Um den Stützstift in seiner richtigen Lage in der Backe festziehen zu können, erhält der Presser vorteilhaft eine kleine Hilfsvorrichtung. Dadurch wird außerdem schneller und sicherer Backenwechsel ermöglicht.

Bei allen Metallteilaufnahmen ist noch folgendes zu beachten: Die Herstellung der Metalle ist natürlich an gewisse Fertigungstoleranzen gebunden. Da die Aufnahme in der Form sich immer nach der Plus-Toleranz des Metallteils richten muß (sofern es sich nicht um innen aufgenommene rohrförmige Metalle handelt), erfolgt bei angelieferten Metallen mit großer Minus-Toleranz ein sehr starkes Eindringen von Masse. Dies hat oft eine so kräftige Haftung der Metallteile in der Form zur Folge, daß das Entfernen aus den Werkzeugen erhebliche Schwierigkeiten bereitet und zu Ausschuß durch Herauslösen der Metalle und Rißbildung an den Preßteilen führen kann. Aus diesen Gründen muß die Presserei den Metallteil-Toleranzen große Aufmerksamkeit schenken und eine Genauigkeit nach Passungsreihe H 11 oder H 7 fordern. Um eine reibungslose Fertigung zu gewährleisten, ist eine am besten 100 %ige

Kontrolle der Einpreß-Metalle in den *Maßen und Toleranzen* notwendig, welche wichtig für die *Aufnahme* in der Form sind. Dem im Akkord arbeitenden Presser kann nicht zugemutet werden, die Metalle auf die Aufnahmemöglichkeit auszusuchen, ganz abgesehen davon, daß die Ausbringung durch nicht maßgerechte Einpreßteile herabgesetzt wird.

I. Spritzpreßformen für härtbare Kunststoffe[1]

1. Allgemeines

Die Verformung härtbarer Kunststoffe nach dem Spritzpreßverfahren (im Ausland mit Transfer-Pressen bezeichnet) hat infolge ihrer mannigfachen Vorzüge seit einer Reihe von Jahren mehr und mehr Eingang in der Kunststoff-Industrie gefunden. Selbst die Maschinen-Industrie trägt durch den Bau von Sondermaschinen dazu bei, das Verfahren aus seinen einfacheren Anfängen auf ein höheres Niveau zu bringen. Im Zuge dieser fortschreitenden Technik sind auch die Spritzpreßformen mehr und mehr vervollkommnet worden.

Die wesentlichen *Vorteile* des Spritzpreßverfahrens sind:

1. Schnelle und vor allen Dingen sehr gleichmäßige Durchwärmung der Masse beim Durchgang durch die Düse. Daher kurze Härtezeit und gleichmäßige Durchhärtung selbst bei dickwandigen Teilen.

2. Die Masse wird in stark plastischem Zustande in die *geschlossene* Form eingebracht (im Gegensatz zum Pressen), und es ist deshalb möglich, empfindliche Kerne und Metallteile in der Form sicher aufzunehmen und im Preßstoff einzubetten. Außerdem werden dadurch große Maßveränderungen, wie sie bei Preßformen, besonders in der Preßhöhe, vorkommen, vermieden.

Als *Nachteil* wird beim Spritzpressen jedoch empfunden:

1. Höherer Masseverbrauch infolge der Massereste in den Spritzkanälen, der besonders bei kleineren Teilen im Verhältnis zum Stückgewicht anteilmäßig sehr hoch liegen kann. Duroplaste sind nach dem Aushärten nicht mehr verwendbar.

2. Beschränkte Anwendung auf einige Massetypen (s. ,,Ausbildung der Spritzkanäle'' auf S. 118).

3. Bei mechanischer Zuhaltung der Formen ist die Anwendung verhältnismäßig starker Pressen notwendig. (Hydraulische oder Kniehebelpressen.)

Die Spritzpreßformen für härtbare Kunststoffe unterscheiden sich von denjenigen der nichthärtbaren Kunststoffe besonders dadurch, daß sie nicht aus einem Massevorratsbehälter gefüllt werden, sondern jede

---

[1] S. auch W. Bucksch: Spritzpreßwerkzeuge für härtbare Kunststoffe. Kunststoffe **43** (1953).

Form hat ihren eigenen Füllraum, der nur mit Masse für jeweils eine Spritzung beschickt wird. In einem Vorratsbehälter würde die härtbare Spritzmasse unter der Einwirkung von Hitze und Druck bald erstarren und gar nicht in die Formhohlräume einfließen.

Die Spritzpreßformen zerfallen, unterschieden nach ihrer Zuhaltekraft, in die beiden Hauptgruppen:

Formen mit Mantelzuhaltung,

Formen mit mechanischer oder hydraulischer Zuhaltung.

Die Anwendung der einen oder anderen Art ist meist nur abhängig von den vorhandenen Betriebseinrichtungen.

2. Formen mit Mantelzuhaltung

Bei diesen Formen unterscheidet man 2 Baumuster, welche sich durch die Einführung der Formeneinsätze in den Schließmantel voneinander unterscheiden:

a) Backeneinführung in Spritzrichtung,

b) Backeneinführung quer zur Spritzrichtung.

Bei beiden Baumustern werden die Preßteilkonturen in die kegelig oder pyramidisch ausgebildeten Backen eingearbeitet und durch einen entsprechend ausgebildeten Mantel, welcher auch die Heizung besitzt, zusammengehalten. Die Backenpakete werden, um Stillstandzeiten der Presse zu vermeiden, meist doppelt angefertigt.

Vorteile: Leichtes Einlegen einzuspritzender Metallteile außerhalb der Presse, einfache Reinigung der Form von Masseresten, Verwendung des Zuhaltemantels als Normteil, jede gewöhnliche Presse brauchbar.

Nachteile: Mehrere lose Formteile und bei Backeneinführung in Spritzrichtung durch Aufatmen der Backen in Folge von Mantelfederung Druck- und Masseverlust. Schwankende Backen- und Düsentemperatur.

Nachstehend folgen einige Beispiele der ausgeführten Spritzpreßformen:

a) Formen mit Backeneinführung in Spritzrichtung

Backen-Spritzpreßform mit geteilter Massekammer (Abb. 126 u. 126a). Füllraum, Düse und Preßlingskontur sind in ein zweiteiliges Backenpaket eingearbeitet. Die Zuhaltung erfolgt durch einen Mantel mit einem Kegel 1 : 5. Die Backen sind allseitig verfalzt, um einen Versatz der Einsatzhälften auszuschließen. Eine Sicherung durch Verfalzung ist einer solchen durch Stifte immer vorzuziehen, da beim Auseinanderbrechen die Backen einfach auseinanderfallen, während bei Stiftsicherung leicht Ecken und Kanten eintritt. Dazu kommt, daß die Verfalzung eine Unterbrechung der Teilflächen darstellt, welche bei eventueller Dehnung des Mantels ein Abfließen der Spritzmasse erschwert. In beiden Backen sind

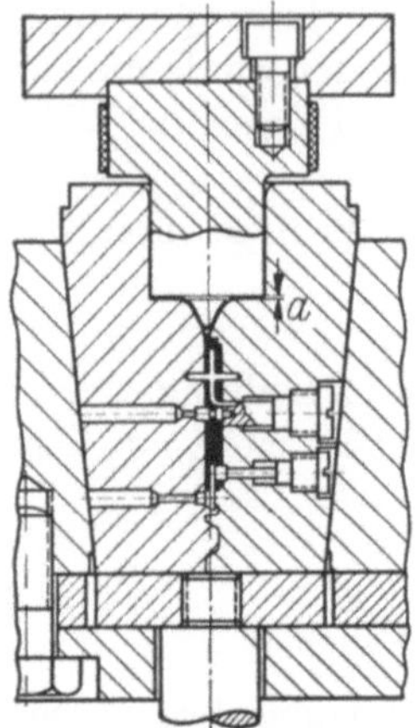

Abb. 126. Backen-Spritzpreßform mit geteilter Massekammer (Werkzeichn.: AEG)

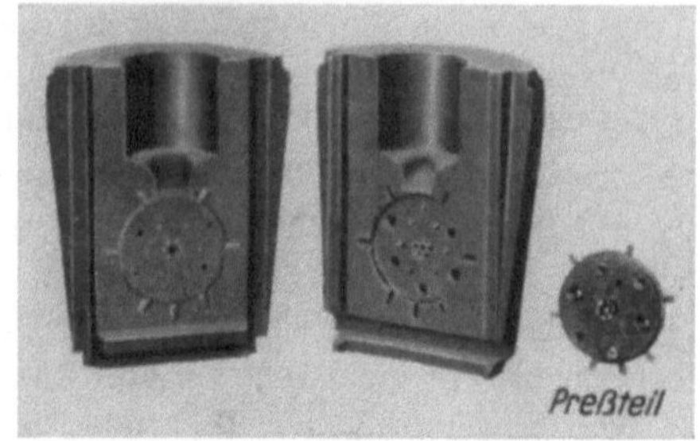

Abb. 126a. Backen der Spritzpreßform nach
Abb. 126 (Werkbild: AEG)

Ausnehmungen zur Aufnahme
der Einpreßmetalle. Nach dem
Ausspritzen der Form ver-
bleibt im Füllraum ein Masserest in Stärke a. Um den
Masseverlust möglichst klein
zu halten, läßt man den Spritzkolben mit einer Spitze in
den Massekanal eintreten.

Spritzpreßform mit Doppelbacke und Einlegekernen
(Abb. 127): Außer dem Halten
von Einpreßmetallen dienen
die Backen von Spritzpreßformen auch zum Halten von
Kernen. In diesem Falle werden 3 Kerne und 1 Gewindering sicher geklammert. Durch
2 Anbindungen wird der
Massefluß in den Formenhohlraum gelenkt. Nach dem Aushärten des Teiles und dem
Aufbrechen der Backen müssen die Kerne schnell gezogen
werden, um Aufschrumpfen
zu verhindern.

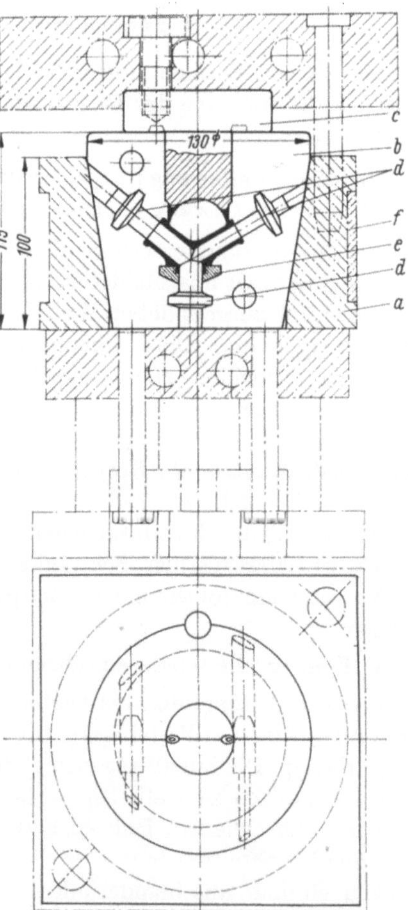

Abb. 127. Spritzpreßform mit Doppelbacke und Einlegekernen (Preßwerk AG, Essen)
a Backenfutter, b Backe, c Spritzstempel,
d Einlegekerne, e Gewindering, f Heizband

Spritzpreßform mit Scharnierbacken und 2 Füllkammern (Abb. 128):
Bei großen Formteilen oder auch Mehrfach-Werkzeugen werden die

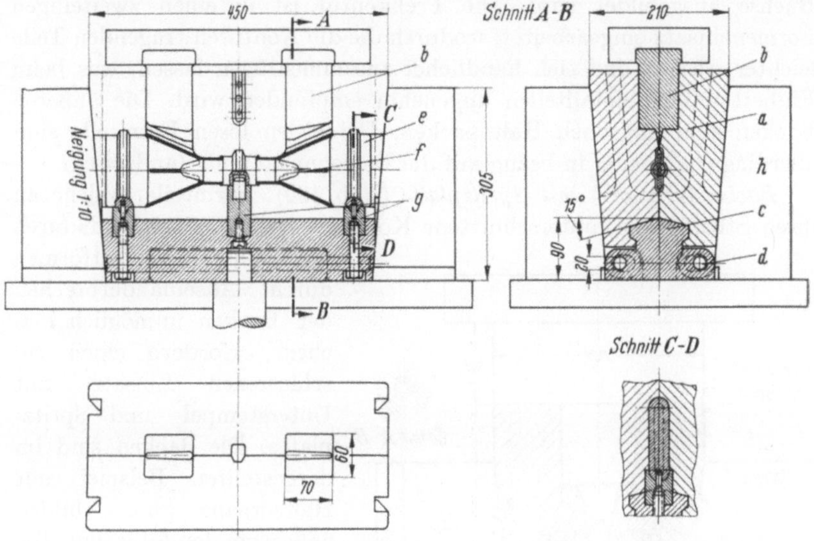

Abb. 128. Spritzpreßform mit 2 Füllkammern (Preßwerk AG, Essen)
a Backenpaket, *b* Spritzstempel, *c* Scharnier-Unterteil, *d* Scharnier-Bolzen, *e* Einlegekern, außen,
f Mittelkern, *g* Stützen, *h* Formmantel

Backen so schwer, daß sie nicht dauernd bewegt werden können. Die Arbeit eines Pressers soll nicht durch körperliche Überbeanspruchung erschwert werden. In einem solchem Falle wurden die Backen an Scharniere angelenkt. Das Scharnier-Unterteil nimmt auch 2 Außenkerne und einen Mittelkern auf. Auch hier empfiehlt es sich, die Kerne doppelt anzufertigen. Beim Ausstoßen des Backenpaketes gehen die Backen zwangsweise auseinander. Jedes Formteil hat

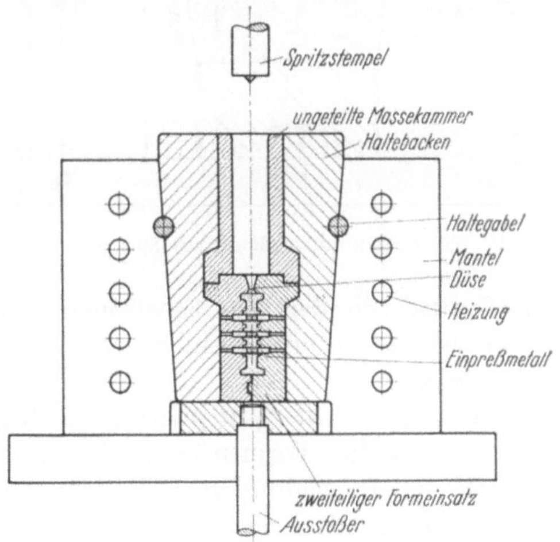

Abb. 129. Spritzpreßform mit ungeteilter Massekammer

eine eigene Füllkammer. Auf die Dosierung der Preßmasse ist zu achten; sie muß in beiden Kammern gleich sein.

b) Backenspritzformen mit ungeteilter Massekammer. (Abb. 129). Aus naheliegenden Gründen ist der Massedruck in der Spritzkammer am

größten und treibt deshalb gerade dort die Backen auseinander. Dieser
Übelstand wird dadurch behoben, daß die Massekammer als ungeteilte
Buchse ausgebildet wird. Die Preßkontur ist in einen zweiteiligen
Formeneinsatz eingearbeitet, wodurch die die Konturen tragenden Teile
leichter werden und sich handlicher zusammenfügen lassen, was beim
Einbetten von Metallteilen angenehm empfunden wird. Die äußeren
Backen sind nur noch Haltebacken. Die vielen losen Formteile sind
allerdings nachteilig in bezug auf die Bedienungs- und Handzeiten.

Backenspritzform mit Spritzplatte (Abb. 130): Formteile, welche an
ihren Stirnflächen hinterschnittene Konturen besitzen, welche dadurch
ein einfaches Entformen durch Auseinanderbrechen der Backen unmöglich machen, erfordern einen geschlossenen Einsatz mit Unterstempel und Spritzplatte. Die Backen sind im dargestellten Beispiel nur Halteorgane und bilden außerdem den Füllraum. Die Masse wird durch die Spritzplatte um den Mitteldorn eingespritzt, welcher durch die dreigeteilte Düse zentral gehalten wird. Die Formen mit Spritzplatte haben jedoch den Nachteil, daß der in der ungeteilten Düse steckenbleibende Masserest sich schwer entfernen läßt.

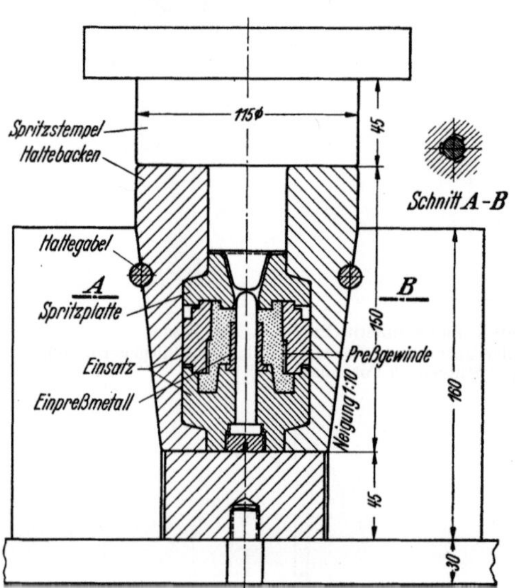

Abb. 130. Backenspritzpreßform mit Spritzplatte

Außerdem erfordert das Entformen des Preßlings eine ziemliche Auf-
brecharbeit, die oftmals nicht ohne Hilfsvorrichtungen vorgenommen
werden kann.

Klappform mit Spritzplatte (Abb. 131): Bei größeren Spritzformen
oder mehrfachen Formen ist infolge des hohen Gewichtes loser Backenpakete der Anwendung derselben eine Grenze gesetzt. Die Backen werden deshalb mit Scharnieren versehen und klappen beim Ausfahren
selbsttätig auseinander, worauf der Formeneinsatz herausgenommen
werden kann. Die dargestellte Form ist eine zweifache Form für eine
Zählerklemme. Die Backen ziehen beim Hochfahren erst parallel ab und
lösen dabei die seitlichen Kammern sowie die Seitenstifte aus dem Preßling. Gleichzeitig löst der hochfahrende Unterstempel das Teil von den
senkrechten Stiften. Beide Preßteile hängen zuletzt an der Spritzplatte

und werden mit ihr der Form entnommen. Die doppelt angefertigte Spritzplatte ermöglicht pausenloses Arbeiten.

b) Formen mit Backeneinführung quer zur Spritzrichtung. Bei Spritzpreßwerkzeugen mit Einführung der Backen in Spritzrichtung läßt sich das Aufgehen der Backen durch den hohen Druck in der Spritzkammer nicht vermeiden. Außerdem ist eine gewisse Mindest-Einbauhöhe an den Pressen nötig, weil die Backen (lose oder angelenkt) nach oben gegen den Stempel ausgestoßen werden. Diese Nachteile treten bei den Bauarten mit quer zur Spritzrichtung eingeführten Backen nicht auf. Ein starker Mantel (Abb. 132 u. 133) hat in vertikaler Richtung eine ungeteilte Massekammer, die in eine Düse ausläuft. Quer zu ihr liegt horizontal ein keglig oder pyramidisch ausgebildeter Durchbruch, der den geteilten Formeinsatz aufnimmt und zuhält. Der Mantel ist gut geheizt, dabei kann besonders an der Düse die Temperatur mit Sicherheit konstant gehalten werden. Verwendbar ist die Einrichtung auf jeder Presse.

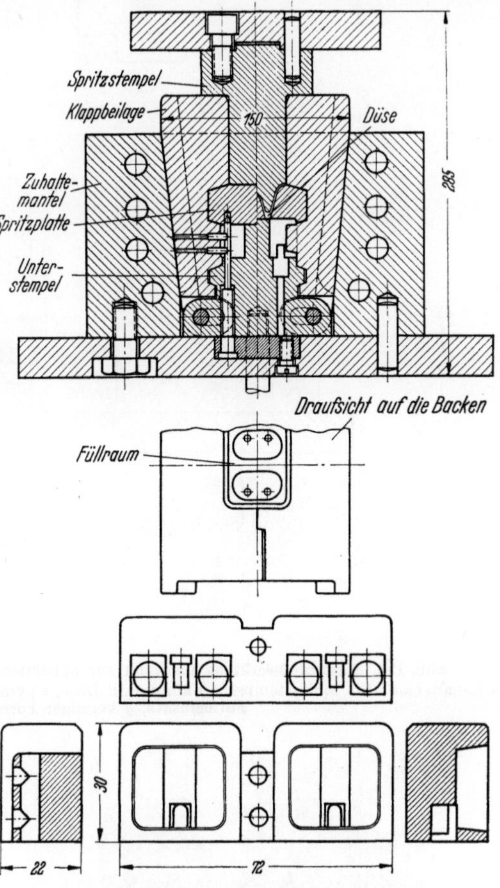

Abb. 131. Klappform mit Spritzplatte für 2 Zählerklemmen nebst zugehörigem Preßteil (Werkzeichn.: AEG)

Die Teilung der Einsatzbacken kann einmal in Spritzrichtung geschehen, wodurch leichtes Entfernen des Ausgusses möglich ist. Jedoch müssen in diesem Fall alle vier Seiten des pyramidisch gestalteten Einsatzes tragen. Zum andern kann die Backenteilung quer zur Spritzrichtung erfolgen, wodurch nur zwei Seiten tragen brauchen, die obenliegende Backe ist dann ähnlich einer Spritzplatte, aus welcher der Anguß herausgeschlagen werden muß. Das Backenpaket als Kegel auszubilden, ist für die Herstellung der Außenkontur einfacher,

7*

für die Preßlingkonturen jedoch mit Nachteilen verknüpft. So arbeiten und spannen sich auf den Werkzeugmaschinen parallele Stücke besser als Kegelhälften, und außerdem sind gute Anreißkanten und Meßflächen

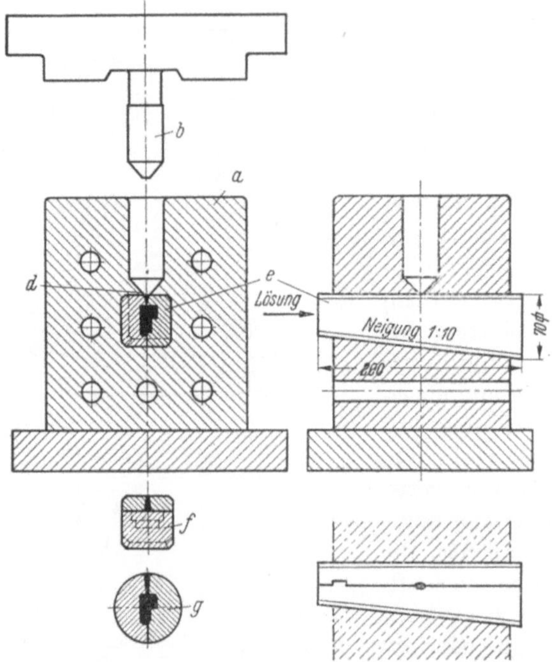

Abb. 132. Spritzpreßwerkzeug mit quer zur Spritzrichtung eingesetztem Formeinsatz
a Zuhaltemantel, *b* Spritzstempel, *c* Füllraum, *d* Düse, *e* pyramidischer Formeinsatz, *f* keilförmiger Formeinsatz, *g* kegeliger Formeinsatz

Abb. 133. Spritzpreßwerkzeug mit quer zur Spritzrichtung einzuführenden Werkzeugeinsätzen und angebauter Ausstoßhydraulik (Werkbild: Siemens-Schuckert-Werke AG)

vorhanden. Es empfiehlt sich, die Durchbrüche der Mäntel und die
Außenkonturen der Formeinsätze nach Lehren herzustellen. Dadurch
können die Mäntel wechselnd beschickt werden.

Nachstehend einige Beispiele von Keilwerkzeugen: Formeinsatz mit
schwachen Stegen zur Erzeugung schmaler Schlitze (Abb. 134): Der

Abb. 134. Spritzkeilhälfte in Schachtelbauart (Werkbild: Siemens-Schuckert-Werke AG)

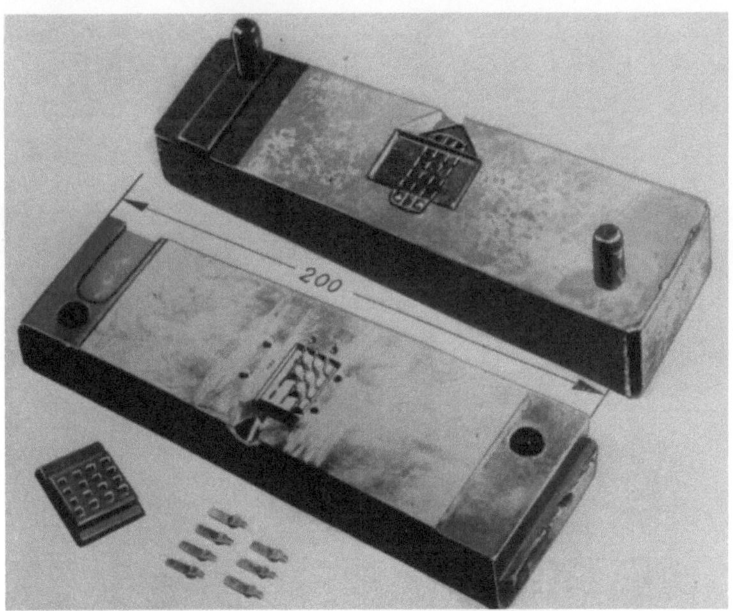

Abb. 135. Werkzeugkeil vertikal geteilt (Werkbild: Siemens-Schuckert-Werke AG)

Werkzeugeinsatz ist weitgehend geschachtelt. Dicke und dünne Lamellen
wechseln einander ab (s. Abb. 67). Durch das Spritzen sind die dünnen

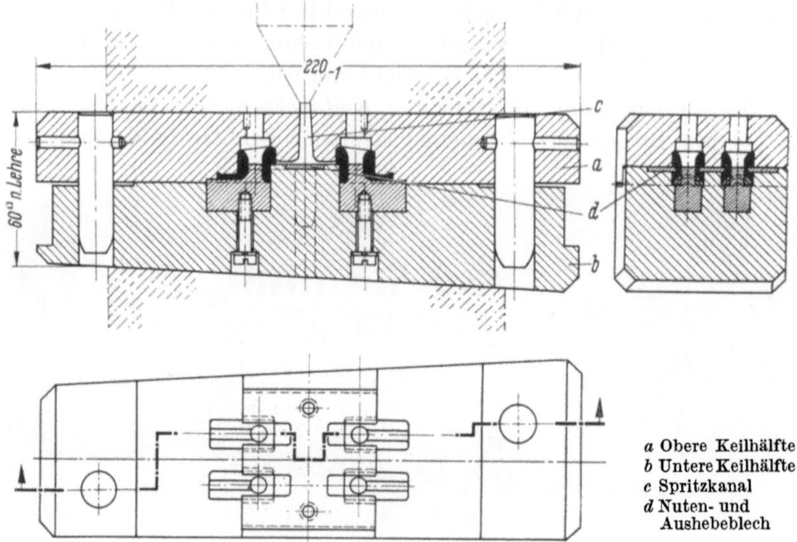

a Obere Keilhälfte
b Untere Keilhälfte
c Spritzkanal
d Nuten- und
  Aushebeblech

Abb. 136. Spritzkeil mit Einlageblech (Werkbild: Siemens-Schuckert-Werke AG)

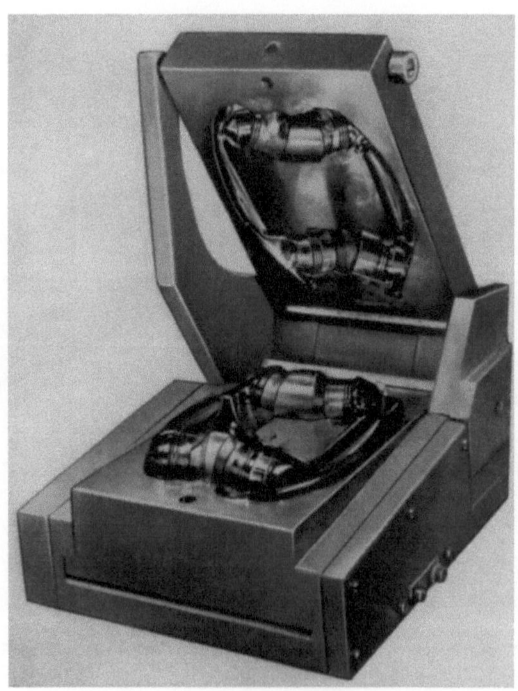

Abb. 137. Spritzpreßform für Telefonkörper in einer Aufbrechvorrichtung
(Werkbild: Siemens-Schuckert-Werke AG)

Lamellen nicht gefährdet. Die Spritzanbindung reicht über das ganze Preßteil und ist nach den Ecken hin verstärkt. Formteilung in Spritzrichtung ausgeführt.

Formeinsatz mit schmalen Schlitzen zur Aufnahme von dünnwandigen Einpreßblechen (Abb. 135): Beide Formhälften sind geschachtelt um die schmalen Durchbrüche für die Metallaufnahme zu bilden. Die Metalle werden in eine Formhälfte eingesteckt und dann wird die andere vorsichtig dagegen geschoben. Dies erfordert natürlich etwas Fingerspitzengefühl. Formteilung in Spritzrichtung.

Spritzkeil mit Einlegeblech (Abb. 136): Dieser quer zur Spritzrichtung geteilte Keil für 4 Preßteile hat zwischen den beiden Hälften eine Einlegeplatte, welche an den Preßteilen Schlitze erzeugt. Diese Platte dient gleichzeitig als Entform-Hilfe. Aus der Keilhälfte ausgedrückt nimmt sie alle 4 Preßteile mit. Bei dieser Bauform muß der Ausgußkanal aus der oberen Keilhälfte herausgedornt werden. Dies ist aber nicht schwierig, durch die Kegelgestalt erfolgt ein leichtes Lösen.

Spritzkeil für 2 Telefonkörper (Abb. 137): Auch für größere Teile ist diese Bauform möglich. Wegen des großen Formengewichtes muß die Bewegung des Keiles durch maschinelle Vorrichtungen erfolgen. Dies erfordert jedoch Sonderkonstruktionen, welche nicht universell verwendbar sind. Formen für die gleichen Teile auf Serienspritzpressen s. Abb. 149 u. 150.

3. Formen mit hydraulischer Zuhaltung

Die bisher beschriebenen Formen werden durch Zuhaltemäntel geschlossen. In der Praxis hat es sich jedoch gezeigt, daß trotz kräftiger Bauart derselben unter dem Spritzdruck die Mäntel sich dehnen und dadurch die Gratdicke steigt. Verschleiß und Verschmutzung verstärken diesen Fehler, und außerdem erhöhen die notwendigen Paßarbeiten die Formkosten. Deshalb ist man dazu übergegangen, die Formen hydraulisch zuzuhalten. Dabei ist zu beachten, daß die Schließkraft der Presse so groß gehalten wird, daß sie den kurzzeitig hydrostatisch wirkenden hohen Aufspreizkräften gewachsen ist. Andernfalls öffnet sich doch die Form, die zwischenfließende Masse verändert die nicht formgebundenen Preßteilhöhenmaße und bildet stark grathaltige Spritzteile. Die zur Verwendung gelangenden Pressen sind entweder Winkeldruckpressen oder normale Pressen mit seitlicher angebauter Spritzhydraulik oder Spezialpressen mit Spritzkolben in Zuhalte-(Schließ)Richtung.

Spritzpreßform für Winkeldruckpressen. (Abb. 138). Die Formteilung einer solchen Form verläuft in Spritzrichtung, der allgemeine Aufbau ist gleich derjenigen einer Backenspritzform. Der Seitenkolben der Presse wirkt als Schließkolben, der Oberkolben liefert die Kraft für den Spritzstempel. Diese Bauart ist nur für Teile ohne Kerne oder

Einpreßmetalle zu empfehlen, da deren Einlegen und Entfernen zwischen den senkrecht stehenden Formenhälften zeitraubend und umständlich ist und die Gefahr von Formenbeschädigungen besteht.

Spritzpreßformen mit seitlich angeordneter Massekammer. Formenhohlraum und Massekammer sind in einem

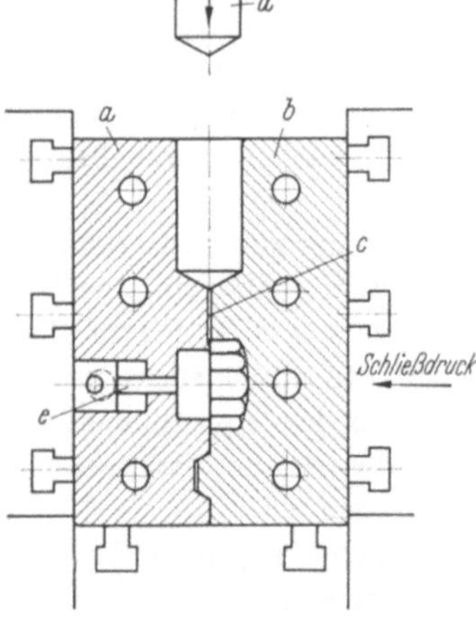

Abb. 138. Spritzpreßform für Winkeldruckpresse. *a* feste Backe, *b* bewegliche Backe, *c* Düse, *d* Spritzkolben, *e* Abdrücker

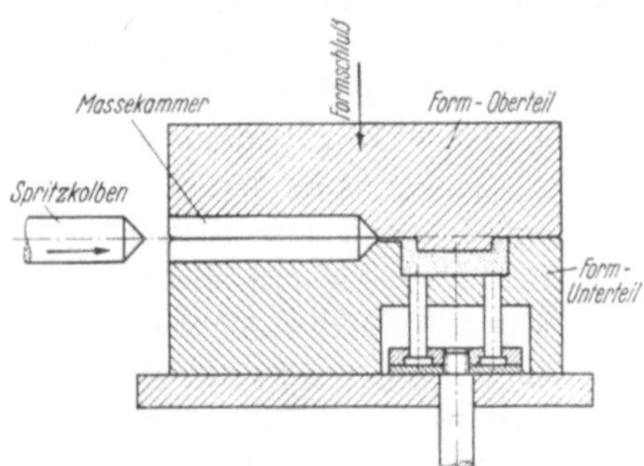

Abb. 139. Spritzpreßform mit seitlichem Spritzkolben

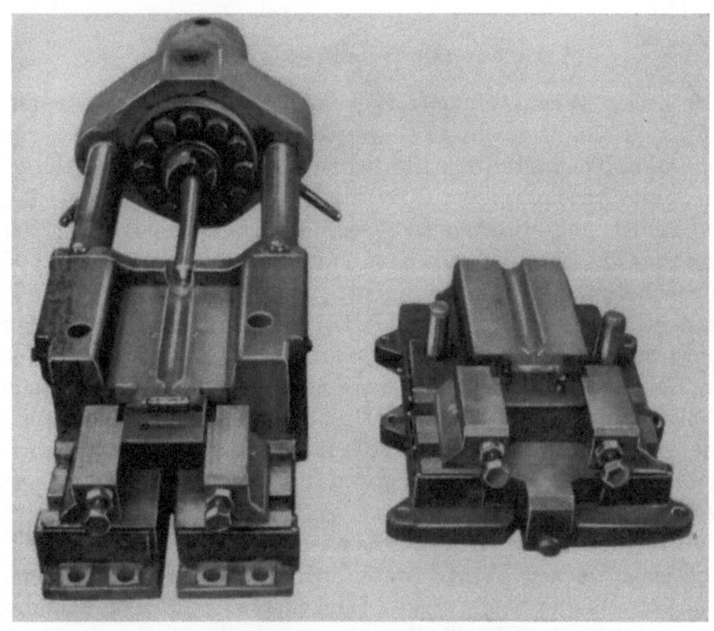

Abb. 140. Horizontale Spritzhydraulik mit auswechselbaren Formen
(Werkbild: Siemens-Schuckert-Werke AG)

Stahlblock vereint und haben eine gemeinsame horizontale Teilebene. Der dazugehörige Spritzkolben wird in eine seitlich angebaute Spritzhydraulik der Presse eingehängt. Formen dieser Bauart können nur mit

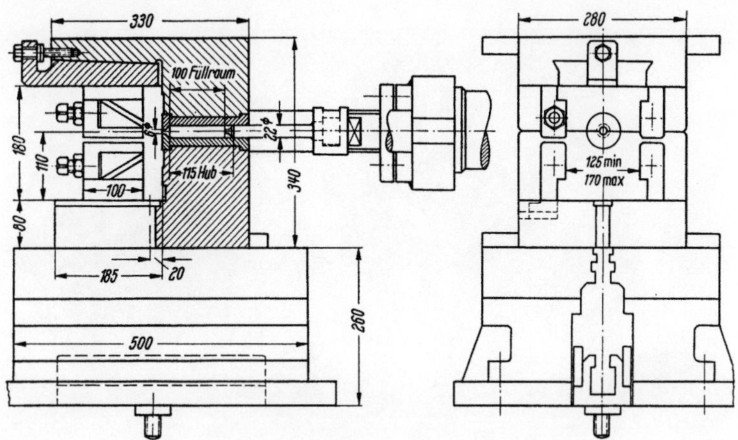

Abb. 141. Querschnitt des Unterbaues für auswechselbare Werkzeuge nach Bild 140
(Werkzeichnung: Siemens-Schuckert-Werke AG)

Tabletten gefahren werden, welche in die untere Formenhälfte eingelegt werden. Die Massekammern lassen sich gut im geöffneten Zustand reinigen. Der Stahlverbrauch ist hoch, da die Länge der Massekammer mit die Blockgröße bestimmt (Abb. 139).

Zur Vereinfachung der Werkzeugherstellung dient ein Unterbau, welcher Massekammer und Spritzhydraulik vereint und wo nur noch die Werkzeuge einzuspannen sind (Abb. 140 u. 141).

Je nach Festlegung der Unterbaugröße ist man dann allerdings an eine bestimmte Formengröße gebunden. Geringe Höhenabweichungen können durch einen Ausgleichskeil korrigiert werden. Seitenunterschiede der

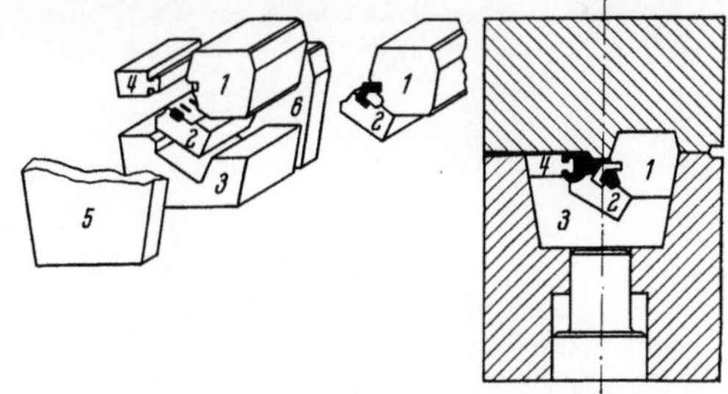

Abb. 142. Horizontal geteilte Preßspritzform mit
mehrteiligem Einsatz und hydraulischer Zuhaltung

Werkzeuge werden durch verschiebbare Spannbacken ausgeglichen. Spritzpreßformen mit mehrteiligen Einsätzen sind auch in dieser Bauform durchaus möglich. Namentlich bei Einbettung vieler Metalle kann ein Formeinsatz aus mehreren Teilen bestehen, welche außerhalb der Presse zusammengefügt werden (Abb. 142 u. 143).

In diesem Falle kann allerdings nur wirtschaftlich gearbeitet werden, wenn durch doppelte Einsätze die Bedienungszeiten ausgeglichen werden. Dabei kann eventuell der zweite Einsatz ein anderes ähnliches Teil

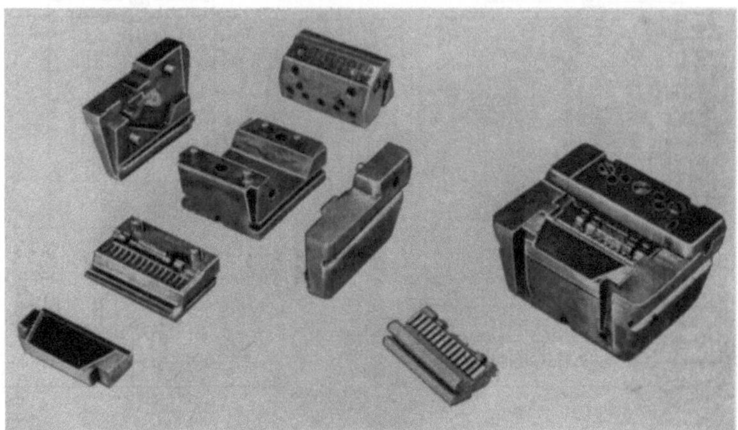

Abb. 143. Mehrteilige Spritzpreßform für Kontaktleiste (Werkbild: Siemens-Schuckert-Werke AG)

Abb. 144. Aufbrechvorrichtung für das Werkzeug nach Abb. 143

aus der gleichen Preßmasse erzeugen. Besondere Sorgfalt ist dem Zerlegen der Einsätze nach dem Pressen zu widmen. Um ein Anreißen der Formteile zu vermeiden, sind Aufbrechvorrichtungen nötig, wie sie Abb. 144 darstellt.

Spritzpreßwerkzeuge mit Massekammer und Spritzkolben in Zuhalterichtung. Dieses Baumuster ist im wesentlichen entstanden aus der Entwicklung der Spritzpressen mit im Untertisch eingebauten Spritzhydrauliken. Die Werkzeuge für diese Pressen bestehen in der Hauptsache aus zwei parallelen Formhälften, von denen eine oder auch beide Hälften die Preßkontur tragen. Die auf dem unteren unbeweglichen Pressentisch aufgespannte Formhälfte enthält zentrisch angeordnet den Füllraum, in welchem der Spritzkolben sich bewegt. Die Formteilung verläuft also senkrecht zur Spritzrichtung. Die obere Formenhälfte ist am Pressenobertisch befestigt. Durch diese Anordnung ist ein leichtes und gefahrloses Einlegen von Metallen oder Kernen in der Unterform möglich. Da die Pressen auch einen großen Hub besitzen, ist eine einwandfreie Reinigung der Form nach jeder Spritzung möglich. Dieser Umstand ist sehr wichtig, da liegenbleibende Gratreste mit dem ganzen Zuhaltedruck der Presse in die Schließflächen der Form eingeprägt werden und dieselbe deformieren. Einige ausgeführte Formen seien als Beispiele aufgeführt.

Abb. 145. 6fache Spritzpreßform für Leisten (Werkbild: Becker & van Hüllen, Krefeld)

6-fach-Form für Leisten (Abb. 145): Diese Form ist in geöffnetem Zustand abgebildet und zeigt die gute Reinigungsmöglichkeit um Spritzkolben und alle Stifte der Form. Die Angußkanäle sind entfernt; sie haften allerdings beim Auffahren der Presse immer noch an den Preßteilen und an dem Spritzrest auf dem Kolben. Die Formeinsätze sind geschachtelt in den Rahmen eingelassen. Einzelheiten darüber zeigt die

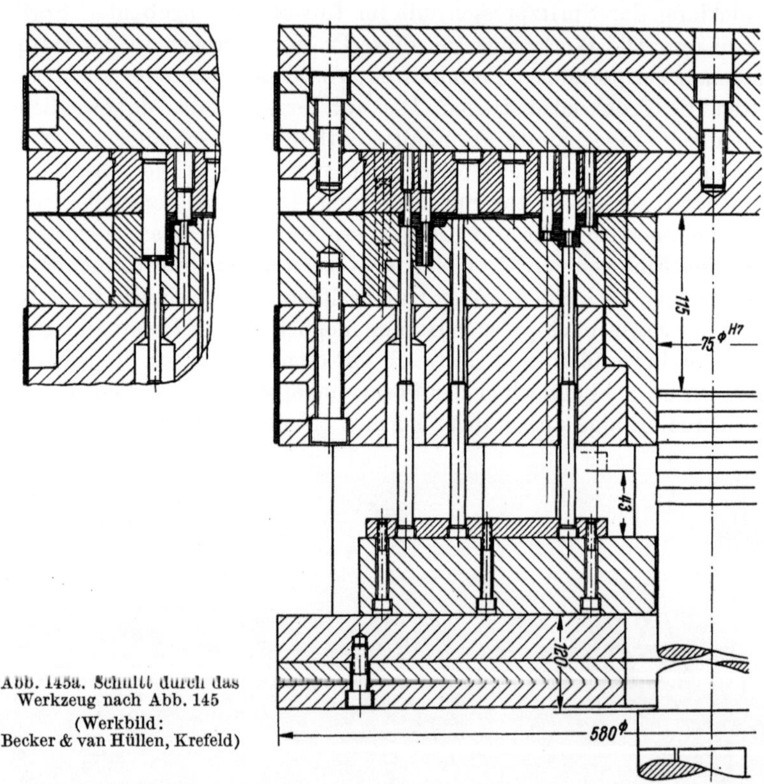

Abb. 145a. Schnitt durch das
Werkzeug nach Abb. 145
(Werkbild:
Becker & van Hüllen, Krefeld)

Schnittzeichnung Abb. 145a. Dabei sind auch mehrere Kernstifte für gepreßte Bohrungen und die Aufnahme für einen eingepreßten Winkel zu erkennen. Heizung durch umgelegte Heizbänder.

24fache Spritzpreßform mit Doppelring-Formplatte (Abb. 146). Die scharfe Schneide einer Schaltklinke macht eine Formteilung nötig, weil die Herstellung in einer massiven Formplatte unmöglich ist. Bei geradliniger Teilung ist die Zuordnung zur Füllraumbuchse umständlich und würde zu langen Massekanälen führen. Aus diesem Grunde wurde in die Formplatte ein zentrischer Ring eingelassen. In Platte und Ring sind die Formnester getrennt eingefräßt und die scharfe Schneide der Klinke ergibt sich nach dem Zusammensetzen beider Teile von selbst. Die notwendige Fugendichte ist durch Aufschrumpfen der Platte auf den Ring, bzw. durch dessen Unterkühlung beim Zusammenbau leicht erzielbar.

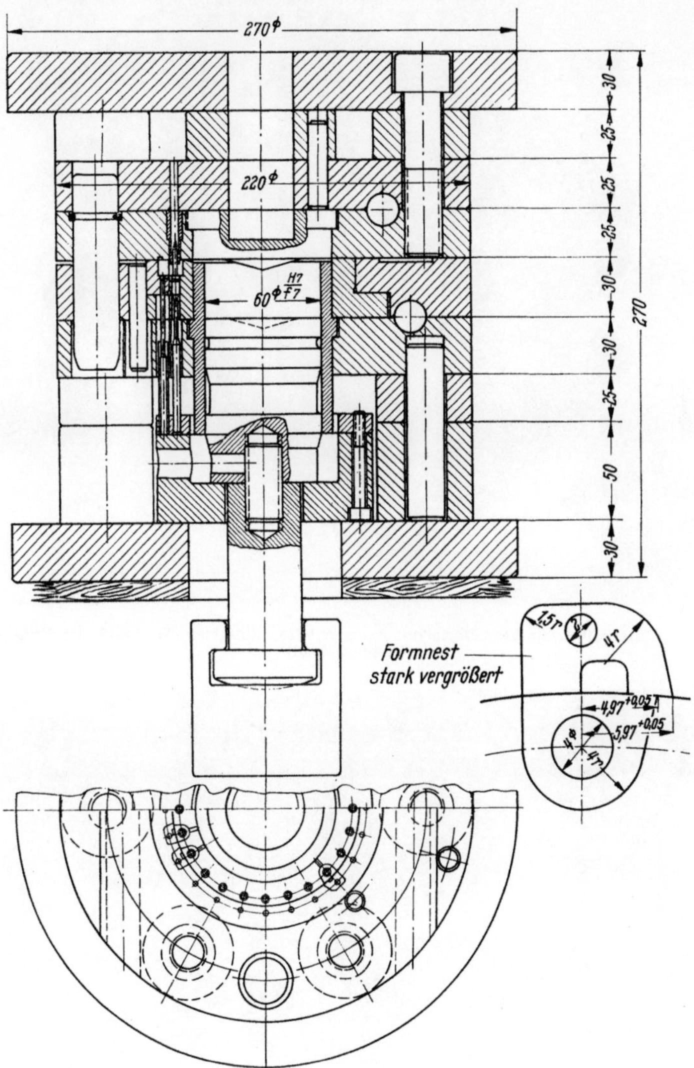

Abb. 146. 24fache Spritzpreßform mit Doppelring-Formplatte (Werkbild: Klöckner-Moeller, Bonn)

2fache Spritzpreßform mit geschachtelten Einsätzen (Abb. 147 u. 148): Die Grundrißaufteilung führt zwangsweise zur rechteckigen Gestalt. Heizung zweckmäßig mit Heizstäben. Die Formteilung in den Einsätzen liegt nicht in einer Ebene, weil das Preßteil Absätze in verschiedenen

Abb. 147. Unterkolben-Spritzpreßform mit geschachtelten Einsätzen (Werkbild: Dr. Fritz Sommer, Lüdenscheid)

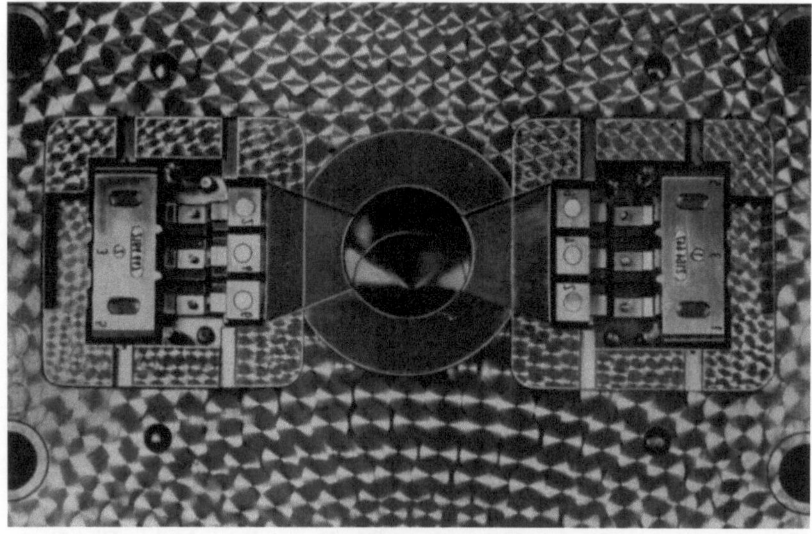

Abb. 148. Draufsicht auf Formteilebene der Form nach Abb. 147 (Werkbild: Dr. Fritz Sommer, Lüdenscheid)

Höhen aufweist. Da dadurch an einigen Stellen das Form-Oberteil in das Unterteil eintaucht, ist auf gute Führung beider Formhälften zueinander zu achten. Das Teil ist richtig mit einer breiten Bandanbindung an der Füllkammer angeschlossen.

Spritzpreßform mit Einlegekernen (*Telefon-Hörer*) (Abb 149): Ein für die Spritztechnik typisches Teil sind die Fernsprechergriffe. Die ersten

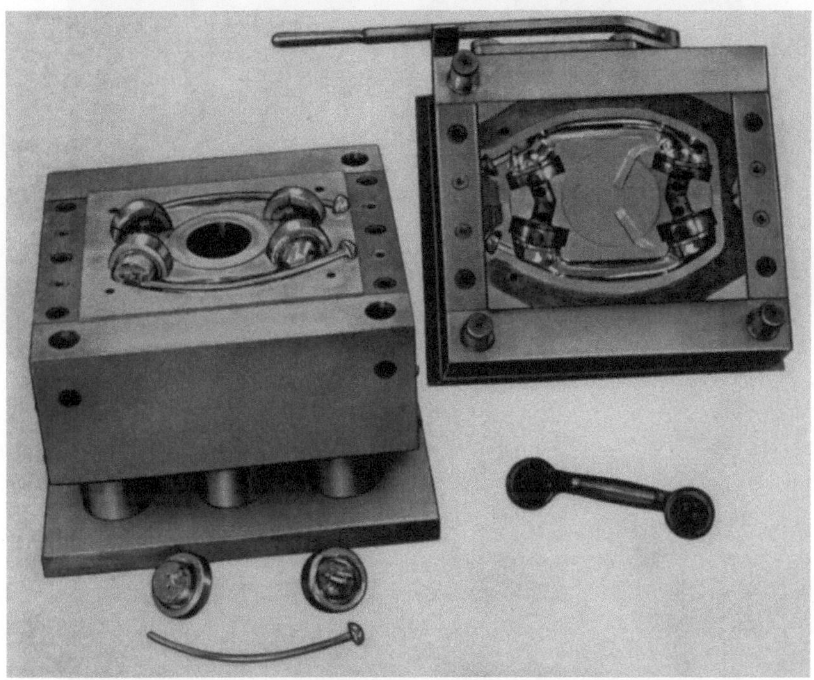

Abb. 149. Spritzpreßform mit Einlegekernen (Werkbild: Becker & van Hüllen, Krefeld)

Anfänge in reiner Preßtechnik führten zu erheblichen Schwierigkeiten und Mißerfolgen. Die ersten Spritzpreßwerkzeuge waren meist Backenwerkzeuge für nur einen Fernsprecher-Griff. Die Unterkolben-Spritzpressen ermöglichten erst eine brauchbare Werkzeug-Konstruktion. Bei der dargestellten Form liegen die Griff-Konturen parallel. Eingelegt werden in die Unterform Gewinderinge mit Kernen und die Nadeln für die Leitungsdurchführungen. Am Oberteil ist eine Abdrückmechanik, damit die Einlegeteile in der Unterform beim Formöffnen verbleiben. Die Zuführkanäle für die Formmasse sind im Oberteil erkennbar. Der Masseflluß geht nur in einer Richtung vonstatten. Nach dem Ausstoßen der Preßteile durch Auswerfer auf die Kerne sind diese und die Nadel aus den Teilen herauszuziehen und die Gewinderinge abzuschrauben.

Spritzpreßform für 2 Fernsprechergriffe (Abb. 150): Dieses Werkzeug erzeugt ebenfalls zwei Telefongriffe. Es liegen die Preßteilkonturen jedoch in der Form in Reihe. Für jeden Griff sind die Kerne mit einem Steg, der als Handgriff dienen kann, verbunden. Dadurch ist man gezwungen, zu geteilten, in der Form festgelegten Gewinderingen zu greifen.

Abb. 150. Spritzpreßform für Sprechhörer-Körper, Bauart B I P Tools Ltd., Birmingham

Da es sich um grobes Rundgewinde handelt, sind Schwierigkeiten nicht zu erwarten. Die Zuführkanäle für die Preßmasse sind bei dieser Bauform sehr kurz. Welcher Konstruktion von beiden Formen-Bauarten der Vorzug zu geben ist, kann schwer entschieden werden, es spielen die Größe des Pressentisches und die Herstellungsart der Form eine gewisse Rolle.

2fache Spritzpreßform mit Doppelkern (Abb. 151): Die horizontalen Hohlräume beider Preßteile werden durch einen gemeinsamen Kern gebildet, welcher nach dem Füllen der Massekammer auf diese gelegt wird. Der Massestrom wird durch den Kern in zwei Stränge zerlegt. In geschlossenem Zustand der Form ist der Kern sicher gegen Verlagerung geschützt. Zum Erzeugen von Muttergewinde sind 2 Gewinderinge um die festen Kerne gelegt. Mit den Gewinderingen, auf welche 3 Ausstoßer drücken, werden die Preßteile ausgestoßen. Die Auswerfertraverse wird

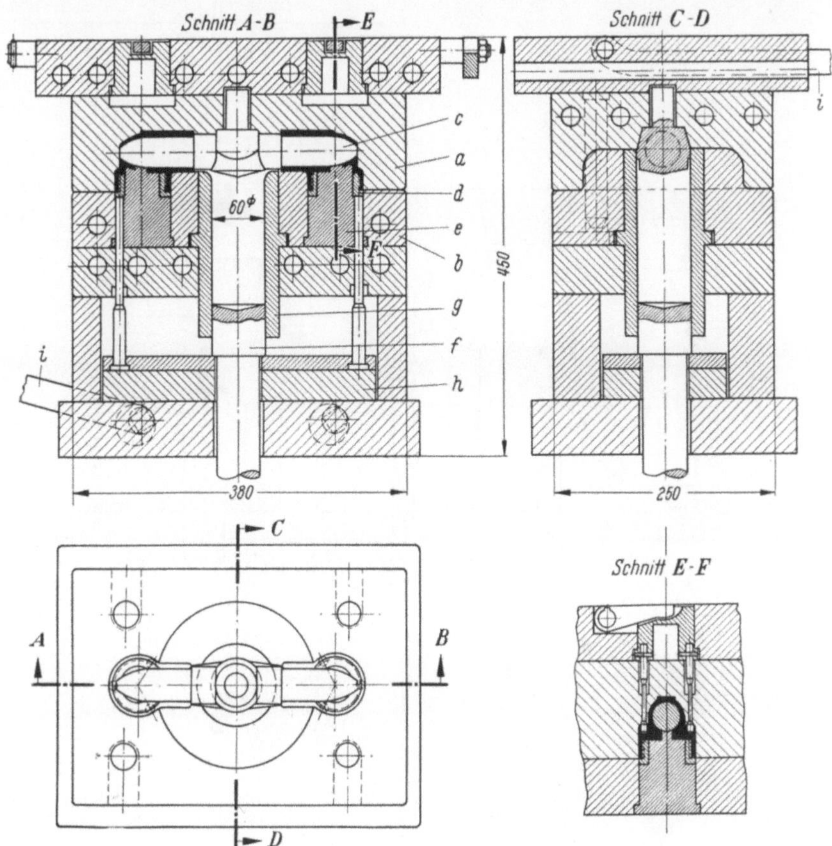

Abb. 151. 2fache Spritzpreßform mit Doppelkern und Gewinderingen (Werkbild: Preßwerk A G, Essen)
a Obere Formplatte, *b* Untere Formplatte, *c* Einlegekern, auswechselbar, *d* Gewinderinge,
e Feste Kerne, *f* Spritzkolben, *g* Spritzbuchse, *h* Auswerfertraverse, *i* Handauswerfer

durch Exzenter-Handauswerfer angehoben. Den Spritzkolben zum Auswerfen zu benutzen ist nicht möglich, weil die Endstellung eines solchen Kolbens nicht immer gleich ist und nur durch Auswerfen in der Formmitte allein die Gewinderinge nicht mitkommen würden. Dies würde zur Rißbildung an den Preßteilen führen. Für je 2 Einpreßmuttern ist ein Abdrücker vorgesehen.

Spritzpreßform mit Zentral-Anbindung (Abb. 152): Eine günstige Anbindung ist die Zentralanbindung, welche den symetrischen Massefluß herbeiführt. Um den Anguß entfernen zu können, ist dann eine 3 teilige Form nötig. Im Spritzkolben muß zum Halten des Angusses eine Schwalbenschwanznut vorgesehen sein. Der Anguß wird aus demselben herausgeschoben.

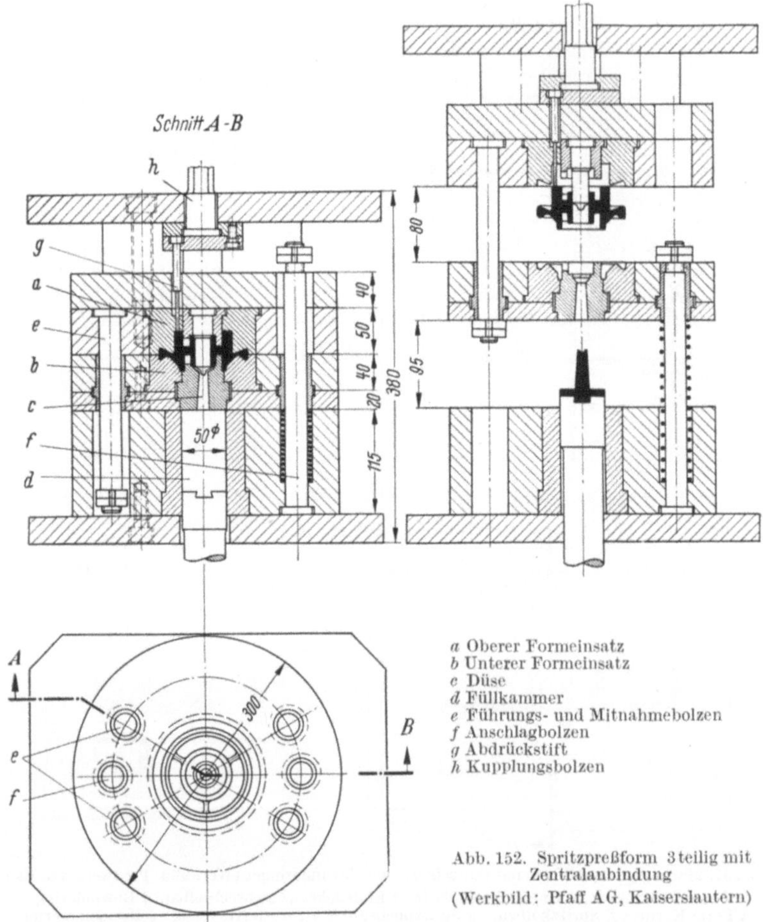

Abb. 152. Spritzpreßform 3 teilig mit Zentralanbindung
(Werkbild: Pfaff AG, Kaiserslautern)

Spritzpreßform mit Backen für hinterschnittene Teile (Abb. 153 u. 153a): 4 Führungsstücke (2 rechts und 2 links) besitzen Hinterschneidungen, welche durch Schrägbacken erzeugt werden, die in T-Nutführungen laufen und durch Ausstoßen der Presse betätigt werden.

Spritzpreßform mit 8 klappfähigen Backeneinsätzen (Abb. 154). Geformt werden 8 kleine Gehäuse, welche außen Bolzengewinde M 33 × 1,5 besitzen. Um von Grat und Anguß nicht das Gewinde beeinflussen zu lassen, sind die Gewinde in den Backen nur einseitig hereingeschlagen.

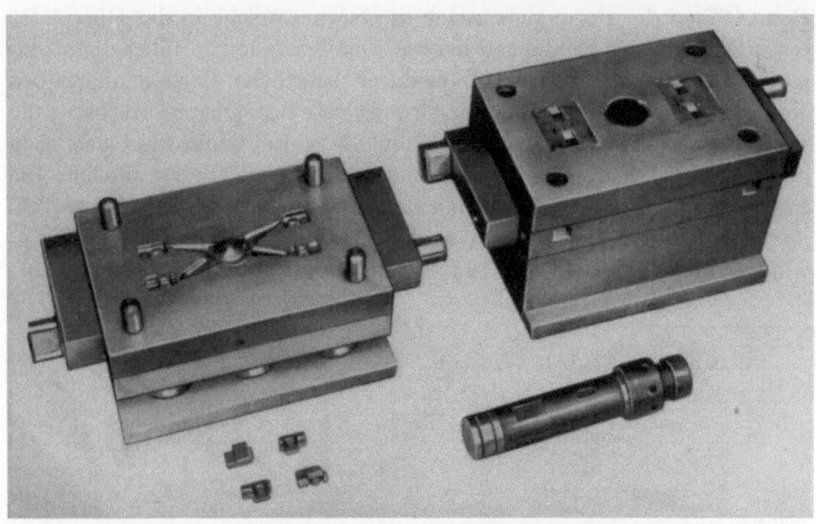

Abb. 153. Unterkolben-Spritzpreßform für hinterschnittene Teile (Werkbild: Werkzeugbau GmbH, Wissenbach)

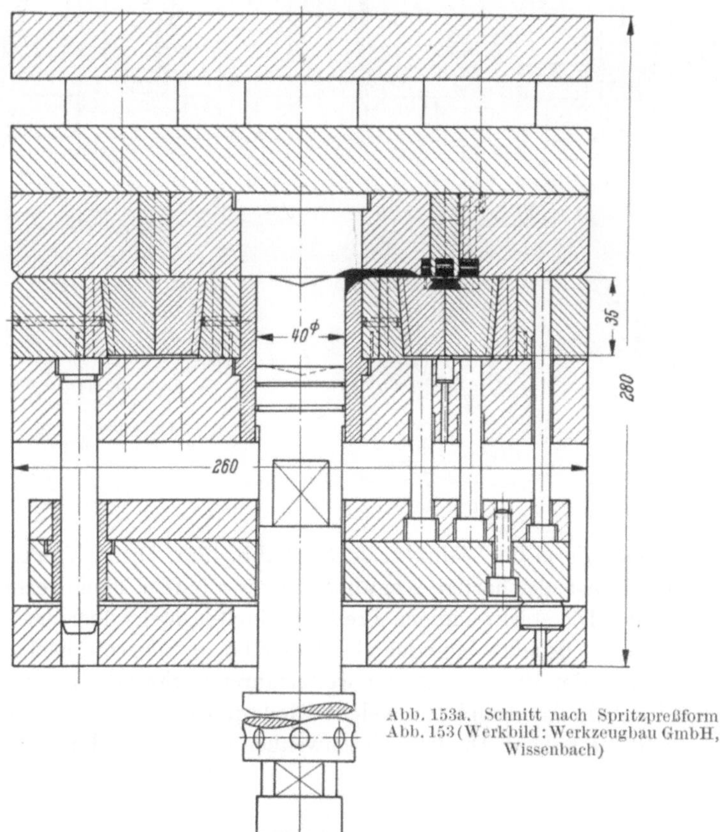

Abb. 153a. Schnitt nach Spritzpreßform Abb. 153 (Werkbild: Werkzeugbau GmbH, Wissenbach)

8*

Beim Öffnen der Form ziehen sich die Kerne, welche in der Oberplatte
festsitzen, aus den Preßlingen heraus. Der Spritzkolben fährt dann weiter gegen die Ausheberplatte, wodurch sämtliche Backen angehoben
werden. Dabei treibt der in der Grundplatte feststehende Kernstift die
Backen auseinander, obwohl die Preßteile weiter senkrecht nach oben
gehen. Sobald der Ausheber die Endstellung erreicht hat, können die
Preßteile mit ihren Angüssen und dem Spritzrest am Spritzkolben entnommen werden. Diese Konstruktion dürfte außer bei Teilen mit Gewinden auch für solche mit Hinterschneidungen interessant sein.

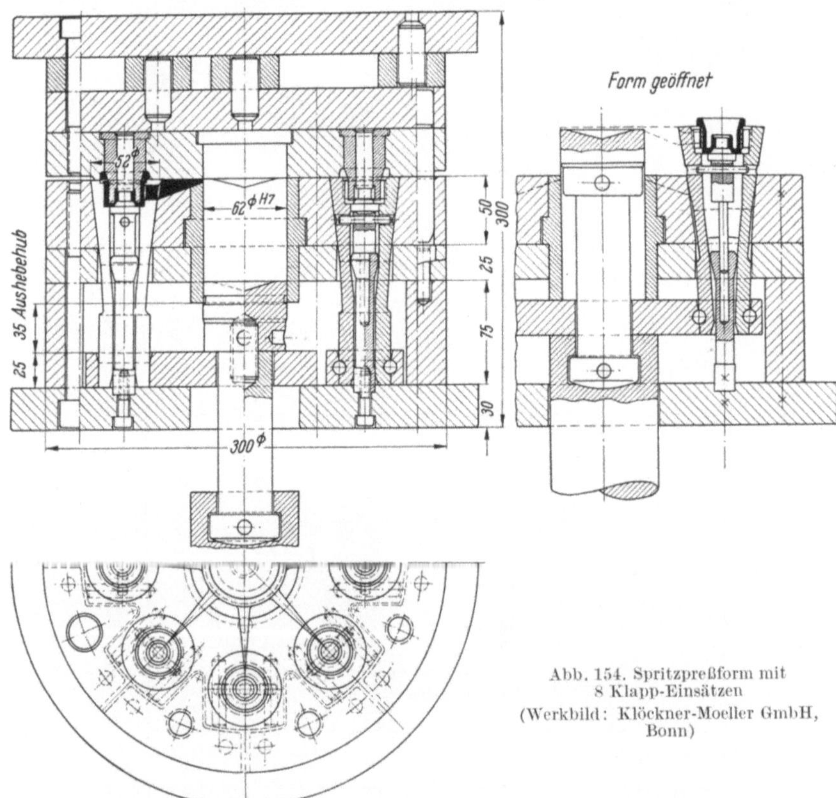

Abb. 154. Spritzpreßform mit
8 Klapp-Einsätzen
(Werkbild: Klöckner-Moeller GmbH,
Bonn)

12-fach-Form für Schraubverschluß (Abb. 155): Dieses Werkzeug hat,
um möglichst gleichartige Angußkanäle zu schaffen, einen rechteckigen
Füllraum. Die starkwandigen Preßteile durften nicht über das Gewinde
geteilt sein, deshalb befindet sich dasselbe in Scharnierbacken. Nach
den Öffnen der Presse stößt der weiterfahrende Spritzkolben mit einem
Bund an die Ausstoßplatte, welche wiederum die Stifte der Umschlag-
vorrichtung anhebt. Die Backen schwenken darauf von der Horizontalen

in die Vertikale. Die senkrecht stehenden Spritzlinge werden gleichzeitig durch eine Entschraubvorrichtung unter der Presse entfernt. Beim Rückfahren des Spritzstempels werden die Backen wieder eingeschwenkt.

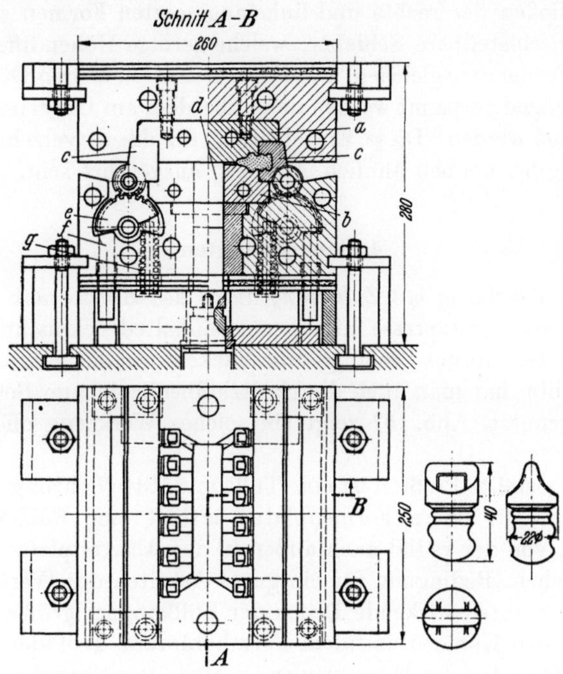

Abb. 155. 12-fach-Werkzeug für Schraubverschluß. Werkzeichn.: Aug. Novack AG (früher Bautzen)
a Obere Formplatte, *b* untere Formplatte, *c* Klappbacke, *d* Füllraum, *e* Zahnsegment,
f Anschlagbolzen, *g* Rückdrückfeder

Aufnahmerahmen für Einzel-Formen auf Spritzpressen. Der zentrisch in der Spritzpresse eingebaute Spritzkolben ist sehr vorteilhaft bei Mehrfach-Formen, da sich die Zuführkanäle sternförmig von innen nach außen anbringen lassen. Einfach-Formen dagegen sind schlecht auf dem Pressentisch zu verteilen, immer wird eine einseitige Belastung der Presse entstehen. Es ist dann besser, zwei verschiedene Formen gemeinsam aufzuspannen. Natürlich müssen beide Preßteile aus dem gleichen Werkstoff gefertigt werden, da nur eine gemeinsame Massekammer zur Verfügung steht. In Abb. 156 ist ein Aufnahmerahmen zum Spannen von zwei Einzelformen

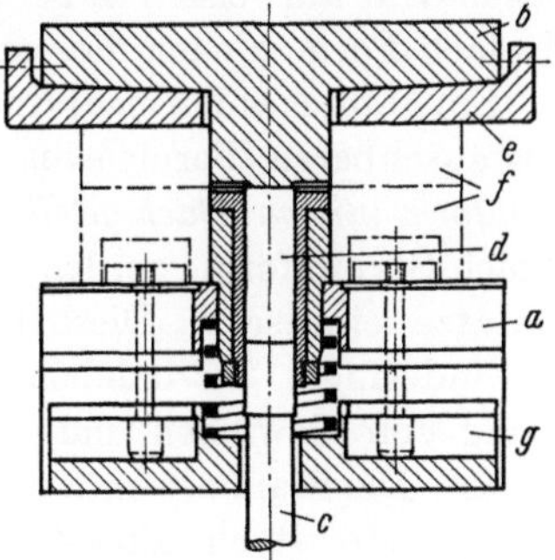

Abb. 156. Aufnahmerahmen für Einzelformen auf Unterkolben-Spritzpressen
a Unterteil, *b* Oberteil, *c* Spritzkolben, *d* Füllraum, *e* Ausgleichkeil, *f* Form, *g* Ausstoßtraverse

schematisch dargestellt. Im Unterteil befindet sich der Füllraum sowie die Ausstoßtraverse, in welche die Formenausstoßer eingeschoben werden können. Das Oberteil schließt beim Aufsetzen den Füllraum ab. Für das dichte Schließen der rechts und links angesetzten Formen sorgen zwei keilförmige, einstellbare Schieber, welche geringe Höhendifferenzen der einzelnen Formen ausgleichen. Die Formen müssen an den Düsen-Mittelblock schließend gespannt werden und außerdem am Ober- und Unterteil gut befestigt werden. Diese Einzelheiten, für die es verschiedene Ausführungen gibt, können ähnlich Abb. 140 ausgeführt sein.

4. Sonderbauarten

Spritzpreßwerkzeug mit Zuhaltung durch den Spritzdruck. In Fällen, wo eine Spezial-Spritzpresse mit eigenem Zuhaltedruck nicht vorhanden war und die Gestalt des Preßlings eine Backenform mit Mantelzuhaltung nicht erlaubte, hat man auch die Spritzkolbenkraft zum Schließen der Form ausgenutzt. Abb. 157 zeigt ein solches Werkzeug offen und geschlossen.

Das dargestellte Preßteil ist eine Tülle mit Mittelbohrung und kleiner Grundfläche. Die obere Formenplatte enthält eine Füllkammer mit einer Düse, von der radial nach außen in der Abstreifplatte die Massekanäle abgehen. Bedingung für ein gutes Arbeiten des Werkzeuges ist, daß der nach unten wirkende Druck der Füllkammer größer ist als der Auftrieb in den Kanälen und dem Formhohlraum. Trotzdem der spezifische Druck hinter der Düse kleiner ist als in der Spritzkammer, wird oft ein leichtes Aufatmen der Form festzustellen sein. Deshalb soll das Formenoberteil gegen Schluß der Spritzstempel-Bewegung noch auf die Abstreifplatte aufsetzen und übergelaufenes Material abquetschen. Die Preßteile werden bei diesem Verfahren daher in der Formteilung immer etwas Grat aufweisen. Außer der dargestellten Mehrfach-Form sind auch Einfach-Formen nach diesem Prinzip gebaut worden.

Ein ähnliches Formenprinzip, jedoch mit rechteckigem Füllraum und austauschbaren Formeneinsätzen ist enthalten in der *Doppel-Spritzpreßform mit mehrfach geteilten Einsätzen* (Abb. 158). In einer geheizten 2-fach-Stammform werden wechselnd für jeden Arbeitshub 2 Formeinsätze eingesetzt. Diese Einsätze enthalten mehrere Einzelteile wie Gewinderinge, Gewindebolzen und Kernlochstifte, welche zur Formung von Gewinden und Bohrungen in und quer zur Spritzrichtung dienen. Die Stammform ist eine 3-Platten-Konstruktion. In der mittelsten Platte ist ein Einsatz mit einem Füllraum rechteckiger Grundgestalt eingelassen. Nach der Beendigung der Aushärtung werden die Einsätze ausgestoßen und durch neue vorbereitete ersetzt. Während des anschließenden Pressens werden die vorher entnommenen Einsätze zerlegt

und die Kunststoffteile entfernt. Diese Wechselarbeit setzt voraus, daß
jeder Einsatz dem anderen gleich ist und ein einwandfreier Schluß der

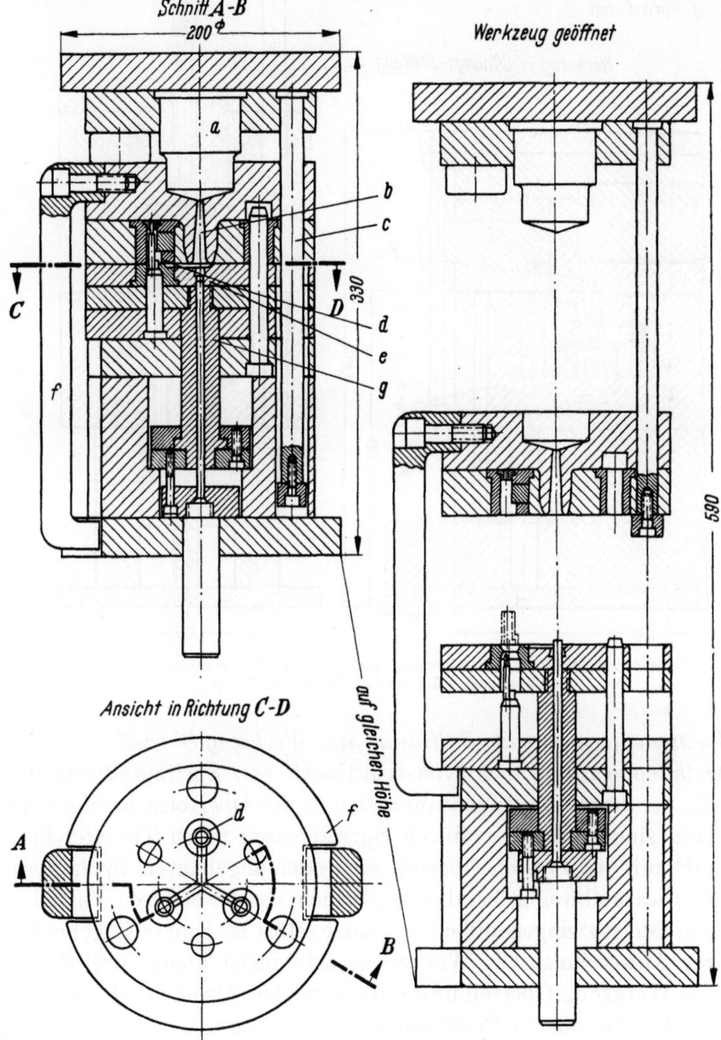

Abb. 157. Spritzpreßwerkzeug mit Zuhaltung durch den Spritzdruck (Werkbild: Hasenclever & Co.,
Lüdenscheid).   a Spritzstempel u. Füllkammer, b Angußkanal, c Mitnahmebolzen, d Formeinsatz,
e Abstreifplatte (2 teilig), f Haltebügel, g Ausstoßkern

Form entsteht. Für das Zerlegen der Einsätze sind zweckentsprechende
Vorrichtungen zu empfehlen, desgleichen Lehren für Kontrolle und Herstellung aller losen Werkzeugteile.

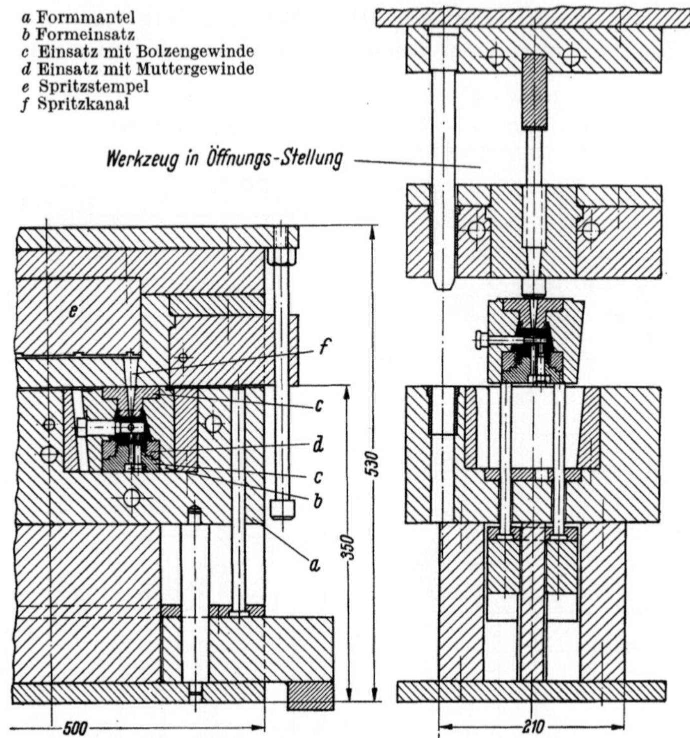

Abb. 158. Doppelspritzpreßform mit mehrfach geteilten Werkzeugeinsätzen (Werkbild: Liberty Tool and Machine Co., Irvington, USA)

Spritzpreßformen mit Füllraum im Werkzeug-Oberteil. In einigen Sonderfällen wurden auch Konstruktionen von Spritzpreßformen entwickelt, bei denen die Füllkammer sich in der Oberform befindet. Diese Bauarten sind entstanden durch Spritzpressen (auch Transfer-Pressen genannt) mit im Pressen-Oberteil ein- oder angebauten Spritzhydrauliken. Es wäre abwegig, bei diesen Formen von besonderen Vorteilen zu sprechen. Meist zwingen außer der Presse selbst besondere Gegebenheiten zu ihrer Anwendung. Die Werkzeuge sind meist höher, weil der Füllraum im Werkzeug-Oberteil unterzubringen ist. Als nachteilig wird empfunden, daß die oberen Preßflächen zum Reinigen schwerer zugänglich sind. Infolge größerer Öffnungswege müssen die Pressen meist mit größeren Einbauhöhen ausgestattet sein. Besonders ist dies aber der Fall, wenn die Spritzhydrauliken nicht ins Pressenoberteil eingelassen sind, sondern sich zwischen Pressenoberteil und Form befinden (Abb. 159). Nachstehend einige Baumuster dieser Formenart:

Spritzpreßform mit oben liegender Füllkammer und verschiebbarem Backeneinsatz (Abb. 160). An dieser Sonderkonstruktion ist die

Füllraumbuchse über ein
Querhaupt und einen Zwi-
schenbau mit dem fest-
stehenden Pressen-Oberteil
verbunden. Die Füllraum-
buchse wird durch eine
Düsenplatte am Boden ge-
schlossen. An dem Zwi-
schenbau ist angehängt eine
verschiebbare Zwischen-
platte, die einen 6teiligen
konischen Formeneinsatz
(bedingt durch Hinter-
schneidungen an einer
Textilspule) aufnimmt, welcher beim Pressenschluß
in den konischen Zu-
haltemantel einfährt. Das
Backenpaket wird zur Ent-
nahme des Spritzlings aus
der Form herausgefahren
und außerhalb zerlegt. Im
gezeichneten Fall wird die

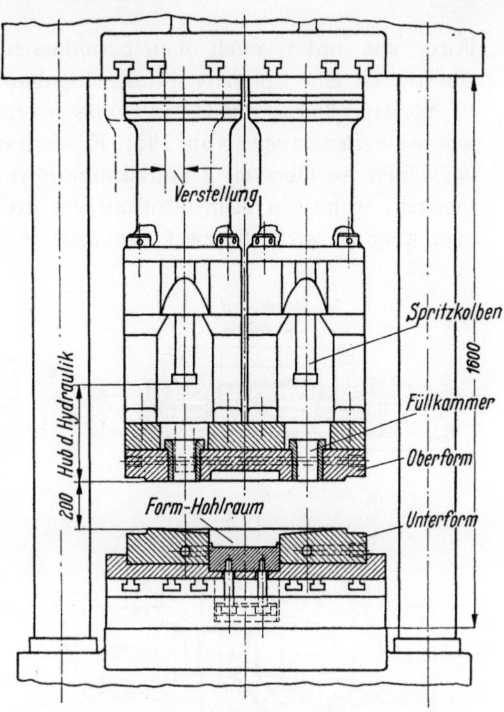

Abb. 159. Spritz-Hydrauliken zwischen Preßtisch und
Pressenbär (Werkbild: Siemens-Schuckert-Werke AG)

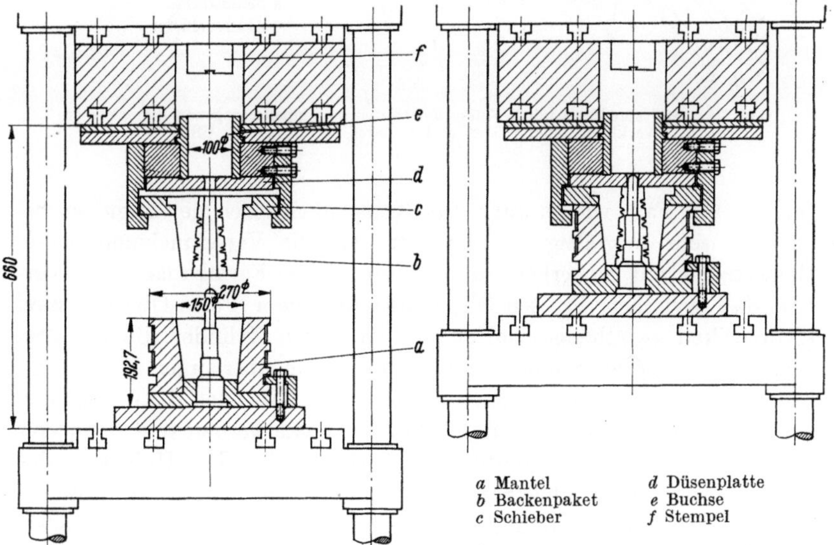

a Mantel 　d Düsenplatte
b Backenpaket 　e Buchse
c Schieber 　f Stempel

Abb. 160. Spritzpreßform mit verschiebbarem Backenpaket (Japan: Die and Tool Manufacturers
Tokio)

Form von unten nach oben geschlossen. Im feststehenden Pressen-Oberteil ist eine Spritzhydraulik eingebaut.

Spritzpreßform mit 2 Füllkammern im Oberteil und maschinell gezogenen Seitenkernen (Abb. 161). Es sind auch Konstruktionen bekannt, bei denen im Oberteil 2 Füllkammern vorgesehen sind. Dies kann geschehen, wenn ein Kunststoffteil ein großes Einsatzgewicht erfordert oder aber es wird für zwei Preßteile je eine Massekammer angesetzt.

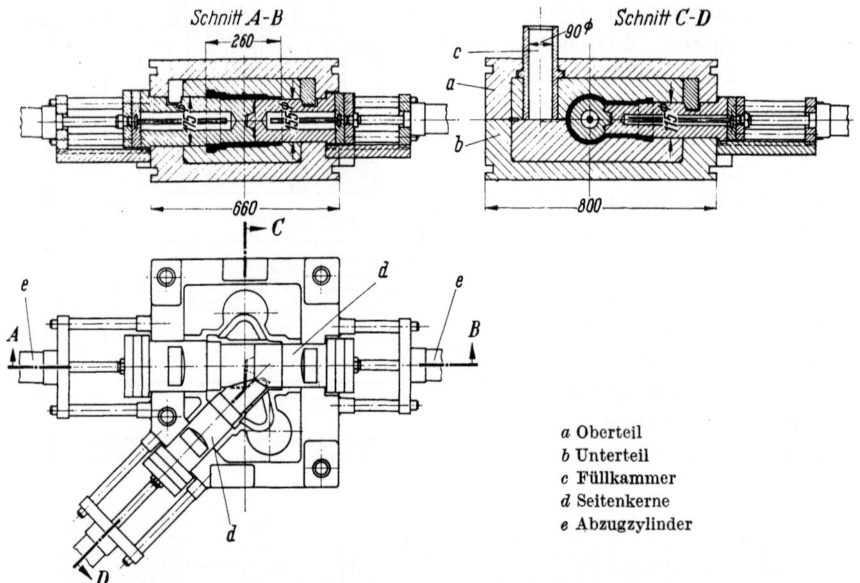

Abb. 161. Spritzpreßform mit 2 Füllkammern und maschinell gezogenen Seitenkernen
(Werkbild: Liberty Tool and Machine Co, Irvington, USA)

Im ersteren Fall, wie es auch das Konstruktionsbeispiel zeigt, ist betrieblich sehr sorgfältig zu verfahren, um die Verschmelzung beider Masseströme mit Sicherheit zu erreichen. Diese Formbauart setzt voraus, daß zwischen Pressen-Oberplatte und dem Form-Oberteil zwei Hydrauliken zwischengeschaltet werden, deren Zylinder die Zuhaltekraft der Presse aufnehmen und auf die Form übertragen (Abb. 159). Die Bedienung des Werkzeuges geschieht so, daß nach dem Schließen der Form die Füllkammern der Form beschickt werden und dann erst die Steuerung der Spritzhydrauliken betätigt wird. Der Hohlraum des Preßteils wird durch 3 heizbare Kerne erzeugt, welche im geschlossenen Zustand der Form sich gegenseitig abstützen. Außerdem werden sie noch durch das Oberteil verklammert. Das Ziehen der Kerne geschieht durch je eine Hydraulik.

5. Formen für Spritzpreßautomaten
Automatische Transferpresse und ihre Werkzeuge

Es sind viele Überlegungen angestellt worden auch das Spritzpressen (Transferpressen) zu automatisieren. Da wegen der schnellen Aushärtung der Duroplaste es nicht möglich ist wie beim Spritzgießen aus einer Vorrats-Schmelze herauszuarbeiten, muß die Formmasse immer jeweils für einen Hub der Massekammer zugeführt werden. Ferner sind der unvermeidliche Preßgrat und die Preßteile nach jedem Cyklus restlos aus der Form zu entfernen.

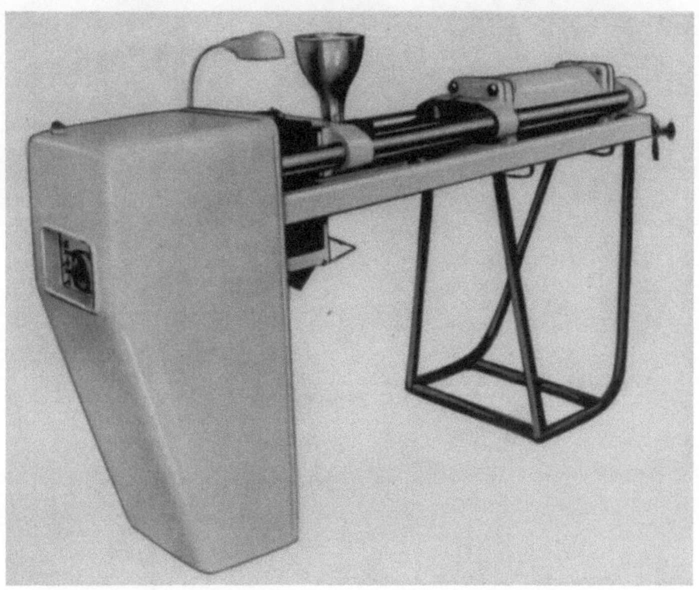

Abb. 162. Automatische Transferpresse (Werkbild: Hull Standard Corp. Abington, USA)

Diese Mindestvoraussetzungen werden von einem in der USA entwickelten Transferautomaten erfüllt wie ihn Abb. 162 u. 163 zeigen. Ehe auf die Werkzeuge eingegangen wird, einige Daten der Maschine:

> Schließdruck 13,5 t
> Spritzkolbendruck 500 kg/cm²
> Preßluft-Zylinder 5,5 kg/cm²
> Hübe 34/Std.

Die einzelnen Arbeitsstellungen zeigt Abb. 164. Die Preßmasse wird zugeführt, nachdem Presse und damit auch das Werkzeug geschlossen sind. Nach der Aushärtezeit werden Angußrest und Preßteile gemeinsam ausgeworfen. Ihr Gesamtgewicht löst eine Fallklappe aus, wodurch der nächste Hub eingeschaltet wird. Abb. 165 zeigt die Werkzeugplatten und die Größen der Werkzeug-Einsätze. Nur die dick gezeichneten Teile sind für die jeweiligen Kunststoffteile anzufertigen.

Abb. 163. Ansicht der Formleisten im geöffneten Hull-Transferautomaten
(Werkbild: Hull Standard Corp., USA)

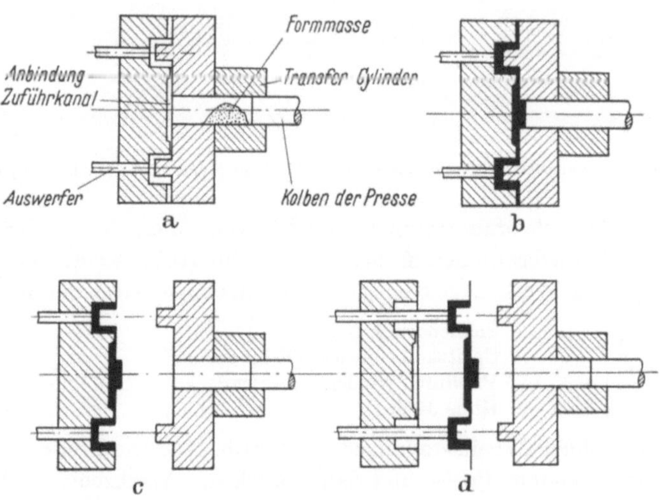

Abb. 164. Arbeitsstellungen des Hull-Transferautomaten (Werkbild: Hull Standard Corp., USA)
a Form geschlossen, *b* Form mit Preßstoff gefüllt, *c* Form geöffnet, *d* Preßteil ausgestoßen

Abb. 166 u. 167 zeigen 2 ausgeführte Werkzeugsätze und die zugehörigen Spritzteile.

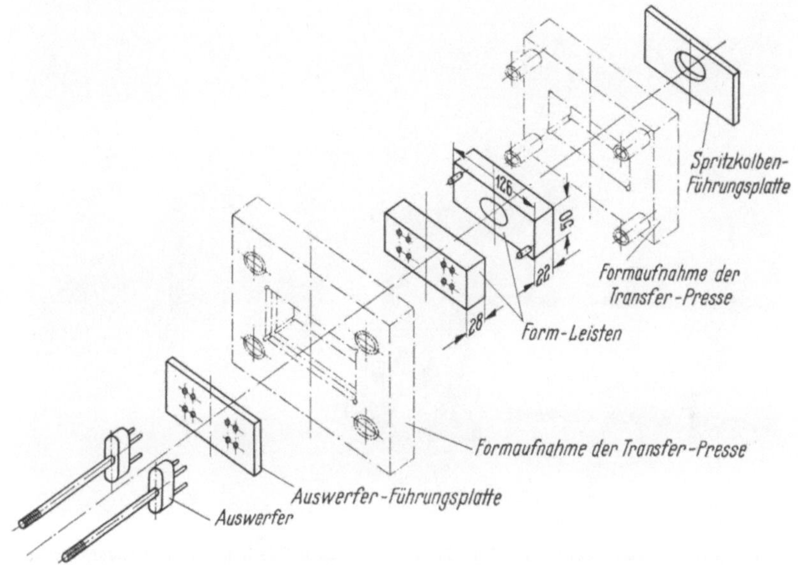

Abb. 165. System einer Automatic-Transferpresse (Werkbild: Hull Standard Corp., Abington, USA)

Preßlinge, welche Einpreßmetalle erfordern, können auf der Presse nicht hergestellt werden. Die Schwierigkeiten bei Formen mit Einpreßmetallen sind hinreichend bekannt, so daß darin Erfolge bei der Automatisierung nur mit Einschränkungen zu erwarten sind. Große Vorteile bringt das beschriebene Verfahren durch die Möglichkeit der Erzeugung

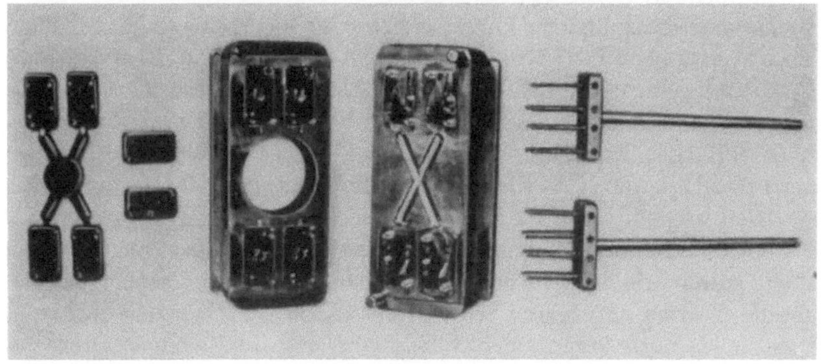

Abb. 166. Werkzeug: Leisten für 4 Sockel auf Hull-Transferpresse (Werkbild: Hull Standard Corp., Abington, USA)

kleiner und eng tolerierter Bohrungen. Die dafür notwendigen Kernstifte würden in einer Preßform unmöglich dem Preßdruck standhalten.

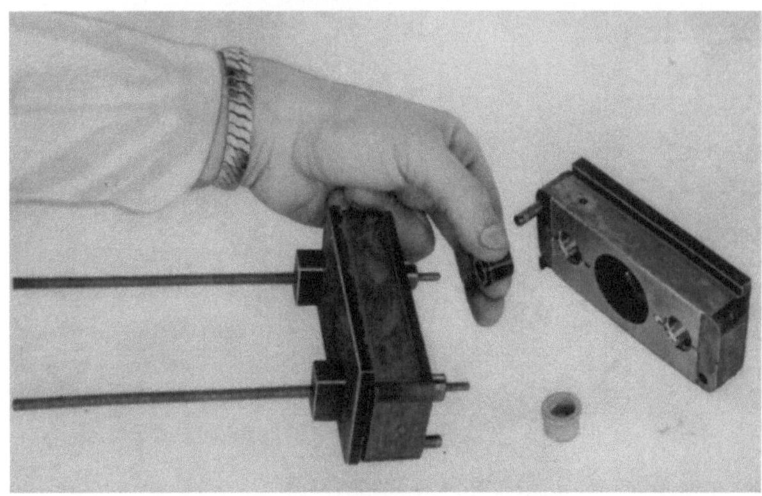

Abb. 167. Werkzeug-Leisten für Hull-Transferautomaten (Werkbild: Hull-Standard Corp., Abington, USA)

6. Ausbildung der Spritzkanäle

Von großer Bedeutung für das einwandfreie Arbeiten von Spritzpreßformen ist die richtige Gestaltung und Lage der Spritzkanäle. Dabei lassen sich über ihre Ausbildung feste Richtlinien nicht aufstellen, da eine ganze Anzahl verschiedener Faktoren Einfluß auf die Ausbildung der Kanäle haben, z. B. Art des zu verarbeitenden Werkstoffes, Volumen des Fertigstückes und Gestalt des Fertigstückes.

In Spritzpreßformen lassen sich alle härtbaren Formmassen verarbeiten, soweit die Füllstoffe kurzfaseriger oder kleinkörniger Natur sind. Es sind dies nach DIN 7708 die Typen: 11, 12, 31, 31,5, 31,9, 51, 51,5, 51,9, 54 (faserig); 74, 131, 131,5, 150, 152. Typ 11 und 12 mit ihren mineralischen Füllstoffen erzeugen einen hohen Verschleiß an den Werkzeugen. Bei den Typen mit langfaserigen Füllstoffen sinken an den Teilen die Festigkeitswerte, da die Fasern beim Durchgang durch die Düsen zerrissen werden. Die Gestalt der Düse selbst wird bestimmt aus der ihr gestellten Aufgabe, nämlich der aus der Spritzkammer austretenden Masse soweit wie möglich bei ihrem Durchgang durch die Düse die benötigte Wärme zuzuführen. Der entsprechend dem Massevolumen des Spritzteiles notwendige Querschnitt wird deshalb in einem breiteren Band geringer Dicke, aber großer Oberfläche untergebracht. Der Spritzdruck in der Massekammer, der bis zu 2000 kg/cm² beträgt, muß den

Werkstoff durch diesen Engpaß treiben. Die dabei sich entwickelnde
innere und äußere Reibungswärme kommt zu der von der Düsenheizung
abgegebenen Wärme hinzu. Die *bandförmige* Gestaltung der Düse
(Abb. 168) bzw. der Anbindung an den Preßling erleichtert außerdem
noch sehr die Entgratarbeit. Allerdings wird nicht bei allen Teilen die
Anbindung sich so ideal ausführen lassen, dann muß eben der Gestalt

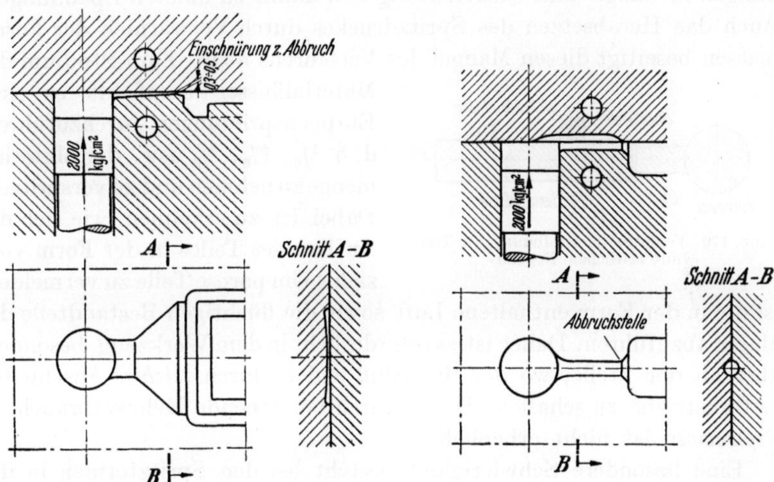

Abb. 168. Spritzkanal bandförmiger Gestalt
für Massen mit pulvrigem Füllstoff

Abb. 169. Spritzkanal mit rundem Querschnitt
für Massen mit fasrigem Füllstoff

bzw. dem Werkstoff des Preßlings Rechnung getragen werden. So muß
z. B. beim Verspritzen von Werkstoffen mit fasrigem Füllstoff die Düse
rund (Abb. 169) und mit geringem Widerstand ausgebildet werden, um
die Faser so wenig wie möglich zu zerkleinern. Die Auswahl der richtigen
Angußstelle erfordert einige Erfahrungen. Fehlschläge haben in dieser
Hinsicht oft zum Umlegen der Spritzkanäle geführt. Falsche Anbindungen können z. B. zum unerwünschten Verzug der Teile oder auch
zu Stellen führen, die nicht fest genug sind. Bei großen Spritzteilen wird
oft der Fehler gemacht, die Masse in mehreren Kanälen dem Formenhohlraum zuzuleiten. Dabei zeigt es sich, daß die einzelnen Masseströme
sich nicht an ihren Stoßstellen restlos miteinander verschweißen. Diese
Stellen sind meist schon äußerlich zu erkennen, und bei Festigkeits-
proben zeigt sich an ihnen der Bruch. Jedes Teil muß sich in *einem* Massestrom von der Düse ausgehend in der Form aufbauen. Bei Teilen mit
seitlichen Nocken, Warzen, Armen usw. ist z. B. oft die Beobachtung
zu machen, daß die Übergangsstellen zum Rumpf des Teiles nicht fest
genug sind (Abb. 170). In solchen Fällen füllt der vordringende Massestrom den Seitenraum aus, fließt dann aber immer weiter und bindet

später nicht mehr mit der Masse im Seitenraum ab. Dieser Vorgang, der auch mit der Orientierung der Masseteilchen durch die Richtwirkung der Düse zu erklären ist, kann auch an jedem anderen Spritzpreßteil festgestellt werden, indem man in und quer zur Fließrichtung verschiedene Festigkeitswerte ermittelt.

Diese Molekülausrichtungen führen auch zu verschiedenen Schwindungen in Längs- und Querrichtung und damit zu inneren Spannungen. Auch das Herabsetzen des Spritzdruckes durch Vorwärmen der Formmassen beseitigt diesen Mangel des Verfahrens nicht. Zum Studium des Materialflusses empfiehlt es sich, Etappenspritzungen durchzuführen, d. h. $^1/_6$, $^2/_6$, $^3/_6$ usw. der Materialmenge zu nehmen und zu verspritzen. Dabei ist zu erkennen, wie sich der Aufbau des Teiles in der Form vollzieht. Um poröse Teile zu vermeiden, ist die in der Form enthaltene Luft sowie die flüchtigen Bestandteile der Masse abzuführen. Daher ist es erforderlich, in dem Werkzeug, besonders aber an der Stelle, wo der Massefluß endet, durch *leichtes* Anschleifen Luftaustriebe zu schaffen. Der dadurch entstehende Mehrverbrauch an Preßmasse ist nicht erheblich.

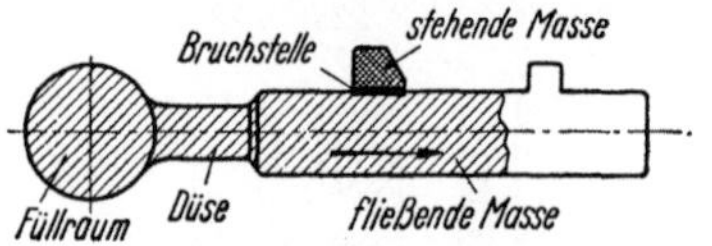

Abb. 170. Fehlerhafte Anbindung an Teilen mit seitlichen Nocken

Eine besondere Schwierigkeit besteht bei den Spritzformen in der Veränderung der Düsen und Anbindungen durch den hohen Verschleiß. Besonders bei der Verarbeitung von Preßstoffen mit mineralischen Füllmitteln, aber auch schon bei großen Stückzahlen aus Preßstoff Typ 31 sind erhebliche Querschnittsvergrößerungen festgestellt worden. Auch die vom Massestrom getroffenen Konturen im Formeninneren leiden in der Spritzform stark unter Maßveränderungen. Abhilfe ist dadurch möglich, daß man diese Formteile auswechselbar gestaltet, besonders verschleißfeste Stähle an diesen Stellen vorsieht, evtl. sogar Hartmetall oder die Konturen hart verchromt. Dauernde Überwachung ist außerdem ratsam[1].

K. Füllraumgestaltung von Preßformen

Füllraum heißt bei einer Preßform derjenige Raum, welcher beim Beschicken des Werkzeuges den benötigten Rohstoff in Gestalt von

---

[1] Siehe auch HESSEN: Spritzpressen härtbarer Kunstharzpreßstoffe. — HAHN: Zur Technik des Spritzpressens härtbarer Kunstharzpreßmassen. Beide in Kunststoffe **31**, (1941) H. 7. München u. Berlin: J. F. Lehmann. — H. DRAEGER und W. WOEBKEN, Pressen und Spritzpressen. C. Hauser-Verlag, München 1955. — W. BUCKSCH: Spritzpreßwerkzeuge für härtbare Kunststoffe. Kunststoffe H. 12 (1953). — W. LOHMANN: Melaminharz-Preßmassen und ihre Anwendungen. Kunststoffe H. 9 (1958).

Pulver, losen Schnitzeln, vorverdichteten Schnitzeln, Wickeln oder Tabletten aufnimmt. Bei Preßteilen kappenförmiger Gestalt reicht der Hohlraum des Formenmantels für die Füllung selbst sperriger Werkstoffe vollkommen aus, so daß sich zusätzlicher Füllraum über die Preßteilhöhe hinausragend erübrigt. Der um die Tauchtiefe des Stempels überhöhte Formenmantel hat nur den Zweck, einen vollkommenen Abschluß des Preßraumes herbeizuführen, um Masseabfluß und dadurch Druckverlust zu verhindern. Bei flachen und besonders starkwandigen Teilen wird dagegen der Mantelhohlraum zur Aufnahme des Rohmaterials allein nicht ausreichen, und es muß daher ein Füllraum zusätzlich aufgestockt werden. Die Größe desselben ist so zu bemessen, daß der Rohstoff in seiner sperrigsten Gestalt vollkommen aufgenommen wird. Zu knapp gehaltener Füllraum macht beim Pressen mehrmaliges, die Fertigungszeiten verlängerndes Zufahren notwendig. Nur bei größeren, besonders gelagerten Teilen geringer Auflage aus Schnitzel oder Faserstoffmassen wird man den Füllraum unter den notwendigen Maßen halten und mehrmaliges Zufahren in Kauf nehmen. Man gelangt sonst zu hohen Formen, die unter der Presse nicht mehr eingebaut werden können. Zu groß gehaltener Füllraum hat auch seine Nachteile. Er führt ebenfalls zu überhöhten Formen, besonders dadurch, daß ein hoher Füllraum auch einen hohen Ausstoßerhub erforderlich macht, wodurch sich lange und betriebsgefährdete Ausdrückstifte ergeben.

Beim sogenannten „Verkehrt"-Pressen (Form nach Abb. 8) ist ein eigentlicher Füllraum nicht vorhanden. Hier muß nur die Grundfläche des Stempels genügend groß sein, um die auf dem Stempel aufgestapelten Tabletten vollkommen aufnehmen zu können. Wegen ihrer Sperrigkeit kommen Schnitzel und Faserstoffmassen auch im vorverdichteten Zustand für diese Formen-Bauart meist nicht in Frage.

Für die Berechnung des Füllraumes muß neben dem zur Verarbeitung gelangenden Werkstoff-Typ auch dessen vorbereiteter Zustand bekannt sein. Falls mehrere Werkstoffe im gleichen Werkzeug zum Verpressen gelangen, ist für die Berechnung die sperrigste Zustandsform zu wählen, welche ja auch den größten Raumbedarf hat. Als Anhalt für die Berechnung des Füllraumvolumens dient nachstehende Tabelle, welche neben der losen Preßmasse auch deren vorbereitete Zustandsformen berücksichtigt.

Die Werte für fasrige bzw. flockige Preßmassen sind gewissen Schwankungen unterworfen, da Schnitzelgröße und Gestalt nicht immer gleichmäßig bei der Rohstoffbereitung anfallen. In kritischen Fällen sollte man vor der Formenkonstruktion einen Probe-Füllraum erstellen, in dem nach dem errechneten Preßteilgewicht der abgewogene Preßstoff eingelegt wird (tablettiert oder geschüttet). Dieser prov. Füllraum braucht nur aus Pappe bestehen. Seine Anfertigung kann aber viel Verdruß ersparen, den ein zu kleiner Füllraum verursacht.

Füllraumfaktoren
Die Zahlenwerte sind bezogen auf das Volumen des fertiggepreßten und
ausgehärteten Kunststoffes

Preßstoff nach DIN 7708 Typ	Fertiggepreßter Werkstoff	Preßmasse im Anlieferungszustand (Pulver, Flocken, Schnitzel)	Vorverdichtete Preßmasse (Tabletten, Preßkuchen, Knäuel, Wickel)
31 31,5 150	1	2,5	1,4
11 12 155 156 157	1	3	1,5
71 153	1	5,5	2
74 154	1	10	3,5
51	1	5,5	2
54 152	1	6	2,5
131 132	1	3	1,4
16	1	13	4
Preßharz	1	2,5	1,3

Besondere Verhältnisse ergeben sich bei der Beschickung von Preßformen mit den Preßmassen Typ 77 und 57 für Preßteile mit besonders
hohen Anforderungen in bezug auf Festigkeit. Beide Massen dürfen beim
Verpressen in ihrer Faser- bzw. Gewebestruktur nicht zerstört werden.
Eine Verdichtung der Masse darf nur in Preßrichtung erfolgen. Bei den
fast ausschließlich flachen Teilen wird daher das Werkzeug mit aus der
Masse ausgestanzten Scheiben, Streifen oder Platten beschickt, die dem
Preßraumgrundriß entsprechen. Bei durchgehenden Stiftnadeln, Domen
für Durchbrüche usw. sind die Stanzlinge mit entsprechenden Ausnehmungen herzustellen. Oftmals lohnt es sich, viele einzelne gestanzte
Scheiben durch Verkleben zu einem Paket zu formen, damit das Beschicken des Preßwerkzeuges beschleunigt wird.

Die Tabletten pulverförmiger Preßmassen werden im allgemeinen als
schwache runde Scheiben ausgeführt. Falls es jedoch für das Füllen der
Form zweckmäßig ist, kommen ebenso Tabletten rechteckigen Querschnitts oder besonders profilierte, z. B. in Gestalt von Halbschalen,
Ringen usw., zur Anwendung. Diese Vorformlinge setzen nicht nur die
Beschickzeit herab, sondern schonen auch durch geringen Massefluß die
Form oder ermöglichen sogar erst schwieriges Einpressen von Metallen.

Die Tabletten für die pulverförmigen Preßmassen werden auf automatisch arbeitenden Maschinen hergestellt. Die dabei anfallenden
Tabletten sind in ihrem Gewicht genau genug, um bei kleinerem Preßteilvolumen ohne Abwiegen auszukommen. Die Preßmassen grober
Struktur (z. B. Typ 74, 54, 16) haben sich bisher mit geringen Gewichtstoleranzen nicht automatisch tablettieren lassen. Meist preßt man in
größeren Plattenformen flache Tafeln, die man je nach Bedarf zerteilt
und abgewogen der Form zuführt. Außer diesem Verfahren ist auch Verdichten in Strangpreßwerkzeugen bekannt mit anschließender Gewichtsdosierung durch den Presser. Alle Tablettierwerkzeuge sind ungeheizt,

Härtung aller Teile und Verwendung guten Stahles ist infolge stark verschleißenden Angriffes des Kunstharzes notwendig.

L. Führungen an Preßformen

Bei jeder Konstruktion einer Preßform ist besonders auf eine gute Führung von Mantel und Stempel zu achten. Beim Preßvorgang treten erhebliche Seitenkräfte auf, welche versuchen, den in die Preßmasse eindringenden Stempel abzudrücken. Dies ist in besonderem Maße der Fall bei sehr hohen Oberstempeln, ferner bei schwachwandigen Preßlingen und beim Verarbeiten von flockigen oder fasrigen Preßstoffen. Nicht immer ist es möglich, die Masse so in die Form einzubringen, daß Seitenschübe ganz wegfallen; es kann jedoch durch entsprechende Verteilung den Schubkräften der Masse entgegengearbeitet werden. Bei Formen mit hoher Tauchtiefe ist die Gefahr des Stempelversatzes etwas geringer. Jedoch ist der Tauchraum stark dem Verschleiß unterlegen, da Stahl auf Stahl ohne besondere Schmierung gleitet, und man tut gut daran, diese Führung nicht als verläßlich und sehr hoch in Rechnung zu stellen. Gute Führungen sichern die Form auch gegen Schaden, falls sich Formbefestigungsschrauben am Pressentisch lösen. Aber nicht nur bei der Arbeit sind Führungen von großem Wert, sondern auch beim Transport; beim Aufspannen und im Lager schützen sie die teueren Werkzeuge vor Beschädigungen.

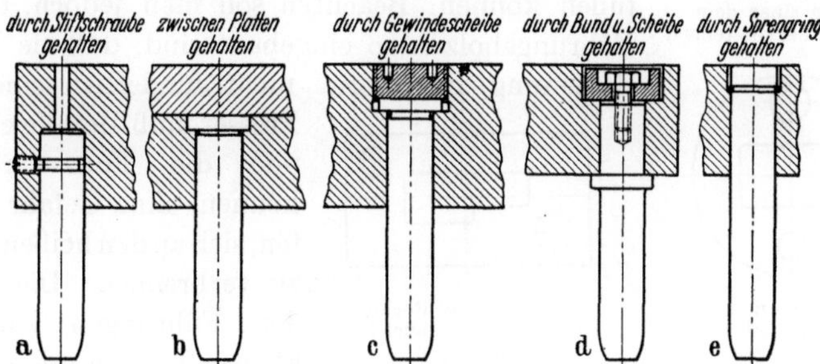

Abb. 171. Verschiedene Bauformen von Führungsbolzen

Die zweckmäßigste Art der Führung ist wie im Schnittbau der runde, gehärtete und geschliffene Führungsbolzen, der entweder im gehärteten Formengegenteil oder bei einem ungehärteten Teil in einer darin eingesetzten harten Buchse läuft. — Abb. 171a bis d stellen einige gebräuchliche Ausführungen dar, die sich im wesentlichen nur durch ihre Sicherungen gegen Herausziehen voneinander unterscheiden. Wichtig ist, daß jeder Bolzen einen genügend langen Festsitz hat, der nicht unter 1,5 d liegen sollte.

9*

In Abb. 172 u. 173 sind die Bolzen in Führungsbüchsen laufend dargestellt, die in ungehärteten Formenrahmen eingesetzt sind (s. auch Abb. 11). Zu beachten ist, daß Bolzen- und Buchsen-Festsitz gleiche Durchmesser haben, damit beide Rahmenteile gemeinsam gebohrt und gerieben werden können. Die Bohrungen, in welche die Bolzen eintreten, müssen nach unten offen sein, damit Gratreste sich nicht festsetzen, die beim Formreinigen hineingeraten. Die Führungsbolzen sollen so lang sein, daß sie über den Stempel hinausstehen (Abb. 174). Dadurch wird der Stempel gegen Beschädigungen beim Ausbauen und Absetzen geschützt, und außerdem sind beim Preßvorgang die Führungen schon ein ganzes Stück im Eingriff, bevor der Stempel auf die Preßmasse aufsetzt. In den meisten Fällen werden die Führungsbolzen an der Oberform angebracht; dies ist jedoch keine feste Regel, sondern man kann dieselben auch in der Unterform festsetzen. Dies hat dann den Vorteil, daß die Buchsen sich nicht mit Gratresten füllen können. Beachten soll man jedoch, daß die Führungsbolzen so eingebaut sind, daß sie bei der Bedienung der Form nicht hinderlich sind. Der Presser muß Metalle einlegen und die Form reinigen können, ohne Gefahr zu laufen, sich an den heißen Bolzen zu verbrennen. Die Anzahl der Führungen kann bei kleinen Formen mit zwei angegeben werden, bei großen Werkzeugen, besonders bei solchen mit großer Grundfläche, sind drei oder vier Führungsbolzen vorzusehen. Um den Stempel nicht falsch in den Mantel einsetzen zu können, sind die Führungen

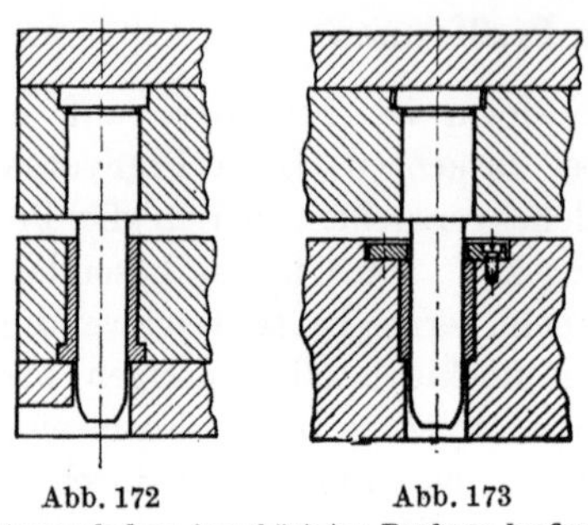

Abb. 172   Abb. 173

Führungsbolzen in gehärteten Buchsen laufend

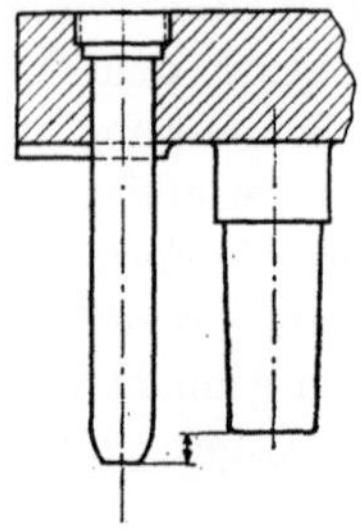

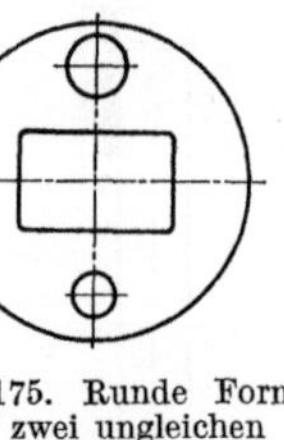

Abb. 174. Führungsbolzen über dem Stempel hervorstehend

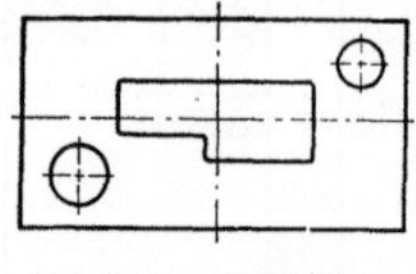

Abb. 175. Runde Form mit zwei ungleichen Führungen

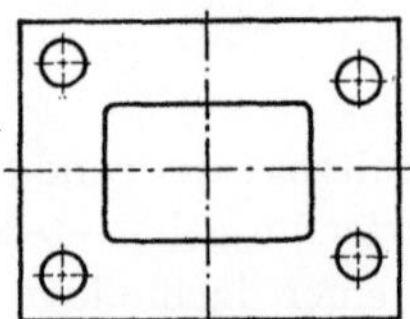

Abb. 176. Rechteckige Form mit zwei ungleichen Führungen

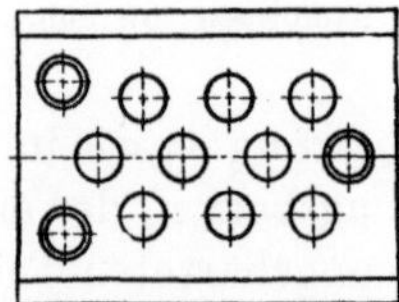

Abb. 177. Rechteckige Form, Führungen unsymmetrisch verteilt

Abb. 178. Mehrfach-Werkzeug mit unsymmetrisch verteilten Führungen

unsymmetrisch anzuordnen, bzw. sind ungleiche Durchmesser zu wählen. Abb. 175 bis 178 zeigen einige gebräuchliche Anordnungen. — Bei

Formen mit großen Abquetschflächen im Innern eines Preßteiles hat man auch Führungen in den Füllraum eingesetzt (Abb. 179). Man nimmt also dort die Schubkräfte auf, wo sie auftreten, ein Umstand, der anscheinend sogar erstrebenswert ist.

Leider dringt beim Pressen die Masse in die Führung ein und läßt diese durch schnellen Verschleiß bald schlecht werden. Dazu kommt, daß nach jeder Pressung die Buchse gründlich gereinigt werden muß. Eine derartige Mittelführung ist aber sehr empfehlenswert beim stehenden Pressen dünnwandiger hoher Rohre (Abb. 180). Der Oberstempel federt ohne eine derartige Führung leicht ab und ergibt Teile mit ungleicher Wanddicke. Bei besonders hohen und

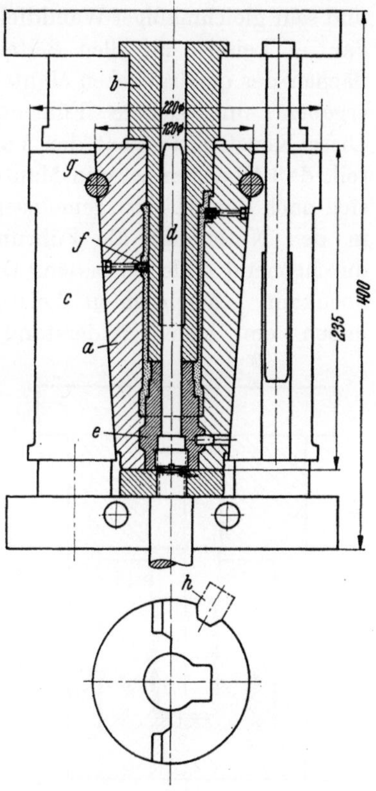

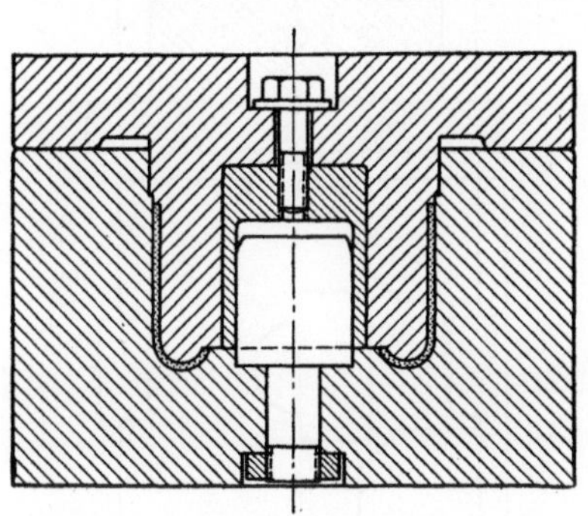

Abb. 179. Preßwerkzeug mit Führungsdom im Füllraum

Abb. 180. Backen-Preßwerkzeug mit Mittelführung (Werkzeichn.: Preßwerk A G, Essen)
a 2teiliges Backenpaket, b Oberstempel, c Zuhaltemantel, d Mittelführung, e Kerneinlage, f Einpreßmutter, g Gabel, h Fixierkeil

dünnwandigen Teilen soll man gegebenenfalls den Oberstempel nicht in eine Platte einsetzen, sondern trotz höheren Stahlverbrauches beide Teile aus einem Stück massiv herstellen (Abb. 49). Im andern Falle würde der Stempel bald locker werden und abweichen, wobei jede Führung zwecklos wäre. Eine besonders hochwertige, wenn auch teure Führung stellt die Glockenführung dar (Abb. 181). Über den runden, geschliffenen Mantel gleitet eine Glocke, die sich allseitig führt, in ihr ist der Oberstempel gut verankert eingelassen. Man muß jedoch beachten, daß auch die Führungsglocke die gleiche Temperatur erhält wie der Formenmantel, da sich sonst die verschiedenen Ausdehnungen unangenehm bemerkbar machen. Bei großen Formen legt man deshalb um die Glocke ein elektrisches Heizband.

Außer Rundführungen sind auch Flachführungen mit gutem Erfolg hergestellt worden. Abb. 182 stellt die Form eines hohen Teiles geringer und sehr gleichmäßiger Wanddicke dar. — Leisten an allen Seitenflächen des quadratischen Mantels ergeben eine sichere Führung. Diese Konstruktion hat den Vorteil, daß Oberstempel und Mantel sich nach dem Härten gemeinsam in den Nuten für die Führung durchgehend schleifen lassen. Die hochkant beanspruchten Leisten haben ein hohes Widerstands-

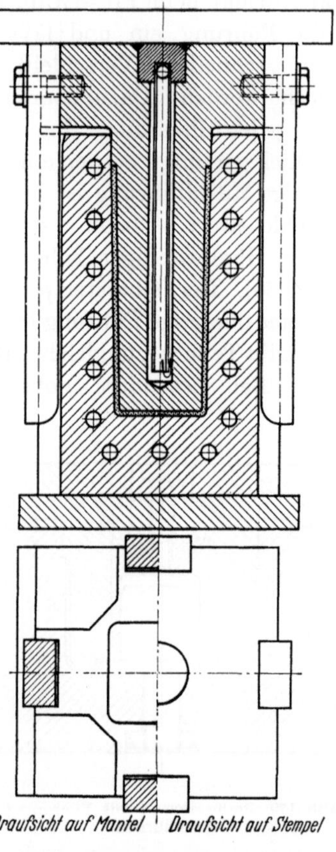

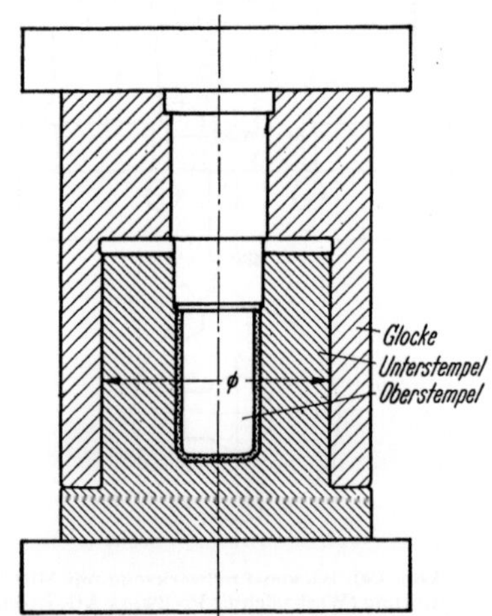
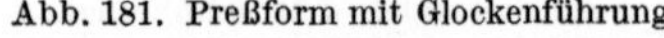

Abb. 181. Preßform mit Glockenführung

Abb. 182. Preßwerkzeug mit Flachführungen

moment. Außerdem ist der Stahlverbrauch für den Mantel der Form geringer als bei Verwendung runder Führungsbolzen, da die Leisten weniger Platz im Grundriß brauchen.

Bei Spritzwerkzeugen für härtbare und nichthärtbare Kunststoffe werden an die Führungen nicht so hohe Ansprüche gestellt, da diese Werkzeuge leer geschlossen werden und die Zuhaltevorrichtungen jede Verschiebung verhindern. Es genügen dann kurze Stellstifte, die gegen falsches Montieren Schutz bieten und das Aufspannen erleichtern. Gegen Versatz der Formhälften wendet man besser eine gute Verfalzung an.

M. Auswerfer an Preßwerkzeugen

Die Auswerfer- oder Drückstifte stellen dasjenige Formelement dar, welches die zum Entformen nötige Kraft auf das Preßteil unmittelbar oder über ein weiteres loses Formteil mittelbar überträgt. Beide Male sind die Stifte in ihren Ausführungen fast gleich. Der unmittelbar auf die Preßfläche wirkende Stift muß sich lediglich dicht gegen Preßharzeinfluß gleitend im Formteil bewegen. Meist gebräuchlich sind folgende Stiftausführungen:

a) Auswerfer mit Bund und Gewinde stellt eine viel angewandte Bauform dar (Abb. 183). Die Befestigung in der Traverse geschieht durch Mutter und Unterlegscheibe. Der Bund, nicht zu knapp gehalten, gibt eine gesunde Auflage. Unter M 3-Gewinde sollte die Mutter jedoch nicht gewählt werden. Kleine Verschiebungen auf der Traverse zwecks Einstellung gegenüber dem Formenhauptteil sind möglich.

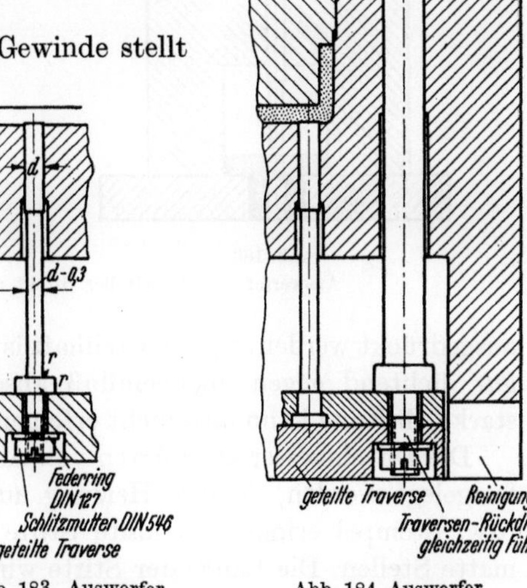

Abb. 183. Auswerfer mit Gewinde

Abb. 184. Auswerfer mit Rundkopf

b) Der Auswerfer mit Rundkopf findet meist dann Anwendung, wenn die Stifte so eng aneinanderstehen, daß für Muttern kein Platz vorhanden ist (Abb. 184). Die Traverse muß bei dieser Stiftart geteilt sein und durch besondere Schrauben zusammengehalten werden. Stifte mit einfachem, nietförmig angestauchtem Kopf, ähnlich wie bei Schnittnadeln, müssen in gehärtete zweiteilige Traversen eingebaut werden, da durch Eindringen von Preßharz zwischen Stift und Stempel ganz erhebliche Haltekräfte auftreten, die Kopf und Traverse stark beanspruchen. Eine empfehlenswerte Verstärkung stellt eine Ausführung mit gehärtetem Ring dar wie ihn Abb. 185

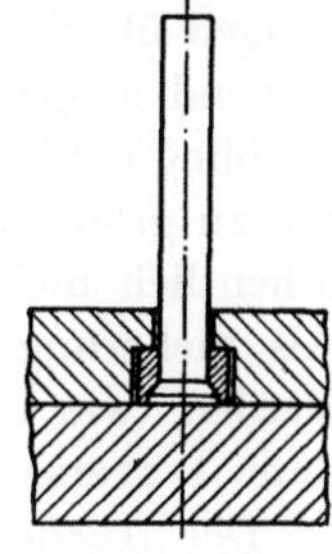

Abb. 185 Senkkopf-Auswerfer mit Hilfsring

zeigt. Dieser Stift gestattet auch eine kleine seitliche Verschiebung.

c) Der Auswerfer mit Kegelteller (Abb. 186 u. 187) findet selten Anwendung, da er am Preßteil eine größere Angriffsfläche braucht als die

bisher beschriebenen Stifte und diese Fläche meist nicht zur Verfügung
steht. Als nachteilig wird außerdem empfunden, daß er nur als lose ein-
gehängter Stift verwendet werden kann oder aber mit Federrückzug
auszuführen ist. Eine Kuppelung mit einer Ausstoßtraverse (zumal bei
mehreren Ausstoßstiften) ist nicht möglich. Die Anwendung von Kegel-
stiften beschränkt sich daher auf Teile, die mit einem Stift allein zentral

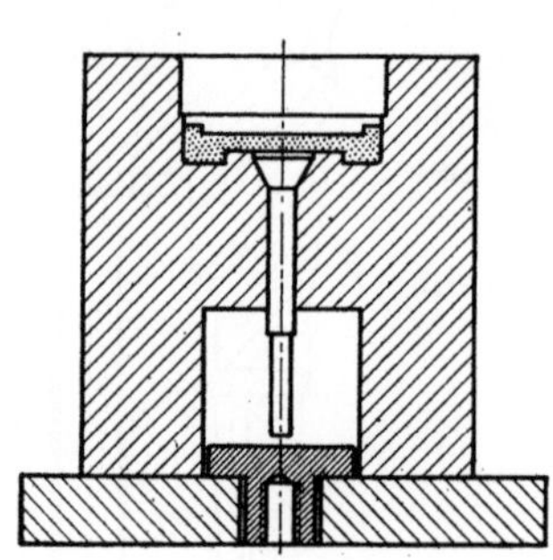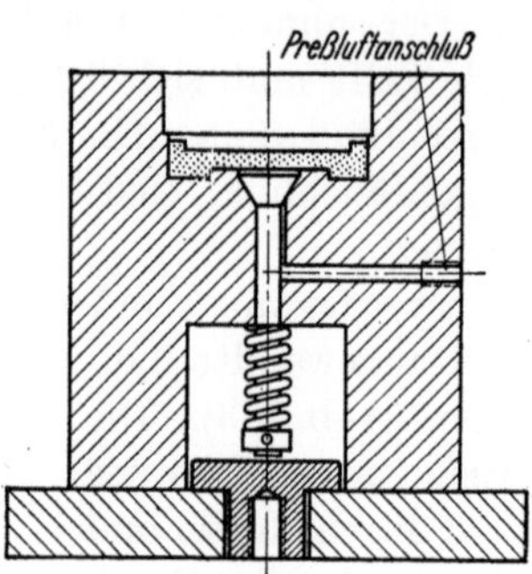

Abb. 186　　　　　　　　　　　Abb. 187
Auswerfer mit Kegelteller direkt und mit Preßluft wirkend

ausgedrückt werden. Sehr vorteilhaft ist es, daß der Kegel wie ein Ventil
gut dichtend gegen Masseeinfluß abschließt. Tiefer Harzeinfluß und
starke Haftung kann also nicht erfolgen.

Die Durchmesser aller Arten von Ausstoßstiften sollen nicht zu groß
festgelegt werden, da ihre Heizung nur indirekt durch Formenmantel
bzw. Stempel erfolgt. Zu kalte Stifte hinterlassen an den Preßteilen
matte Stellen. Die Länge der Stifte wird zweckmäßig so bemessen, daß
sie 0,2 bis 0,5 mm in die Preßmasse hineinstehen. Die Markierungen
wirken so selbst an Auflageflächen am wenigsten störend. Wo Markierungen überhaupt nicht tragbar sind, muß der Stift natürlich zurück-
stehend ausgeführt und der stehenbleibende Butzen nachträglich am
Preßling entfernt werden. — Oftmals sind die Auswerferstifte auch Anlaß zu größeren Formschäden, wenn nämlich die Ausstoßtraverse ver-
sehentlich nicht zurückgezogen und die Form erneut geschlossen wird.
Als Sicherung dagegen können Traversen-Rückdrückstifte eingebaut
werden, wie in Abb. 184 dargestellt. Das schließende Formteil wird
dann Traverse und Stifte in die Preßstellung zurückdrücken.

Der *Ausführung aller Ausstoßstifte* ist größte Sorgfalt zu widmen.
Gute Härte an den gleitenden Flächen bei zähem Kern muß vorhanden
sein. Die Bohrungen, in welchen die Stifte sich bewegen, sind sauber
und glatt herzustellen, damit einwandfreies Gleiten bei Preßtemperatur
ohne Gratbildung erfolgen kann.

Die *Ausstoßertraversen* in den Formen sind ebenfalls konstruktiv
und ausführungsmäßig sorgfältig zu behandeln. Ihre Grundfläche ist

nicht zu knapp zu bemessen, da die Ausstoßerrückzugkraft der Presse aufzunehmen ist. Härtung ist zu empfehlen, damit sich die Stiftbunde nicht eindrücken. Besonders empfehlenswert ist eine gute Führung der Traverse. Formen mit Grundplatte werden am besten mit gehärteter Führungsbuchse für den Pressenausstoßer ausgerüstet (Abb. 22). An Werkzeugen ohne Grundplatte haben sich Führungsleisten gut bewährt (Abb. 38). Bei Traversen großer linearer Ausdehnung ist es außerdem ratsam, die darunterliegende Formengrundplatte zu heizen, um der Traverse die gleiche Längenausdehnung durch Wärme zu geben, wie sie der Formenmantel hat. Die Unterschiede in den Stift-Mittenabständen können sonst so groß sein, daß die Stifte klemmen. Bei derartig großen Formen ist es außerdem vorteilhaft, die Pressenausstoßkraft mit mehreren Ausstoßbolzen auf die Traverse der Form zu übertragen. Die Gefahr der Durchbiegung wird dadurch herabgesetzt. Zum Entfernen eingedrungener Gratreste sind im Traversenhubraum Ausblasenuten vorzusehen. Besonders vorteilhaft ist für das Reinigen der auf Säulen gesetzte Mantel, da die Traverse von allen Seiten gut zugänglich ist (Abb. 69). Um durch Gratreste die Endlage der Traverse nicht zu beeinflussen, hat man in der Grundplatte Butzen eingelassen, auf denen die Traverse ruht (Abb. 33). Dadurch ist natürlich eine evtl. Heizung von der Grundplatte her nicht möglich. Der Presser ist zum öfteren, sorgfältigen Reinigen des Traversenraumes anzuhalten. Bei sich ansammelndem Grat stellt sich sonst die Traverse schief, und verbogene Stifte sind die Folge. — Die Hübe der Formentraversen und damit auch die Länge der Auswerfer sind so zu bemessen, daß das Preßteil leicht an der heißen Form ergriffen und abgenommen werden kann. Es ist falsch, aus unangebrachter Sparsamkeit den Traversenhub knapp zu halten. Die Ausbringung der Form wird dann durch erschwerte Bedienung nur ungünstig beeinflußt.

Die *Lage der Ausstoßstifte* ist allgemein nicht festlegbar. Hier kann nur von Preßteil zu Preßteil eine Entscheidung getroffen werden. Ausstoßstifte müssen unter Einpreßmetalle bzw. deren Aufnahmehilfskörper gesetzt werden. Desgleichen unter alle losen Formteile, wie Backen, Kerne, Gewinderinge usw. Diese Teile sitzen nach jeder Pressung äußerst fest, da das Einschießen von leichtflüssigem Harz in die unvermeidbaren Fugen nicht verhindert werden kann. Sonst müssen die Ausstoßstifte angesetzt werden in der Nähe von Teilungen an geschachtelte Formen, da auch hier erhöhte Haftung vorliegt. Dasselbe ist zu sagen von Preßkonturen, die ohne Verjüngung auszuführen sind. Das Drücken auf schwachwandige Böden ist zu umgehen. Bei starker Haftung der Teile werden die Böden sonst leicht durchstoßen. Starke Stellen an den Preßteilen sind daher vorteilhafter für das Unterbringen von Ausstoßstiften. Bei hohen Kappen soll man am besten die Ausstoßer auf die

Wände wirken lassen. Meist sind Rippen vorhanden, die dies ermöglichen und welche dafür besonders günstig sind. Bei sehr tiefen Nocken
(Senkungen im Formmantel) haben Ausstoßstifte auch den Vorteil, daß
sie als Luftabzug wirken. Poröse Stellen werden dadurch vermieden.
Bei besonderen Preßteilen ist es manchmal überhaupt nicht möglich,
infolge des Konturenreichtums Ausstoß-
stifte auf das Teil selbst wirken zu lassen.
Hier hilft dann das seitliche Mitpressen
einer verlorenen Platte, auf welche der
Ausstoßer wirkt und die später ab-
getrennt wird. Eine solche Form zeigt
Abb. 188.

Stiftloses Entformen. Bei einfachen
Preßteilen ohne besonders stark haftende
Konturen kann man auf jedes mechanische Auswerfen verzichten. Durch Ein-
blasen von Preßluft in die Form schwin-
det das Teil, löst sich von der Formenwand und wird von der Luft mit
herausgerissen. So wird man z. B. Löffel,
Eierbecher, Brotkörbe, Trinkbecher
immer entformen. Infolge günstiger Gestaltung des Preßteils hat diese Ent-
formmethode selbst an Großformen gute

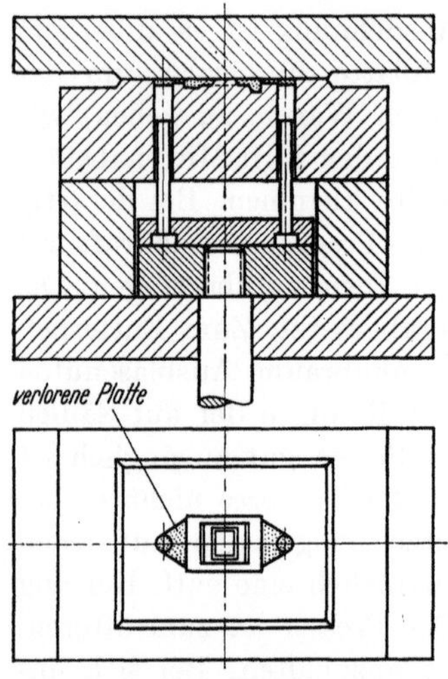

Abb. 188. Überlauf- oder Abquetschform
mit verlorener Platte

Betriebsergebnisse gezeigt. Durch das Wegfallen jeder Mechanik arbeiten
diese Werkzeuge fast störungsfrei und besitzen außerdem niedrige Bauhöhen. Ähnliche Verhältnisse zeigen solche Formen, bei denen man zum
Lösen des Teiles aus dem Mantel den Stempel mit einigen Gängen
Hilfsgewinde versieht. Der Formling wird zwangläufig mit nach oben
genommen und dann abgeschraubt. Um die Handgriffe auf ein Minimum
zu beschränken, empfiehlt sich mehrgängiges Rundgewinde, ähnlich
wie man es bei Salbendosen und Behältern für kosmetische Zwecke
antrifft. Eine Viertelumdrehung des Preßlings muß zu seinem Lösen
führen (s. auch ähnliche Form nach Abb. 96).

Weiter ist das Entformen der Preßteile durch Abdrückstifte nicht
möglich bei flachen und verzugsempfindlichen Teilen oder wenn wenig
verjüngte Konturen so eng aneinanderliegen, daß dazwischen kein Platz
für Stifte ist. In solchen Fällen wird besser der ganze Formenboden als
Ausstoßer ausgebildet, wie es z. B. eine Form nach Abb. 99 zeigt. Bei
diesem Entformen wird gleichzeitig das Preßteil von den Stiftnadeln
abgezogen, welche die durchgehend gepreßten Bohrungen erzeugen. Bei
Formen dieser Art ist es sehr schwierig, den fahrenden Unterstempel ausreichend zu heizen. Direkte Heizung desselben ist nur bei sehr großen

Werkzeugen möglich, indirekte Heizung ist oft nicht genügend. Ähnliche Entformbedingungen findet man auch an losen Formteilen, wie sie z. B. bei Spritzpreßformen viel anzutreffen sind. Abb. 189 stellt eine Stiftbrücke dar, die zusätzlich mit einer Abstreifplatte versehen ist. Dieses Werkzeugteil wird mit dem Preßling der Form entnommen und in eine Vorrichtung eingelegt, in welcher Abstreifplatte und Stiftbrücke voneinander getrennt werden. Der Preßling wird dadurch sicher und verzugsfrei von den langen Stiften gelöst.

Neigungen der Preßflächen. Um ein leichtes Lösen der Preßteile von den Formwänden herbeizuführen, ist es ratsam, dieselben leicht geneigt auszuführen. In der Praxis haben sich für Innen- und Außenflächen folgende Werte als brauchbar erwiesen[1]:

Höhe der Preßkontur	Neigung
Bis 10 mm	1 : 10
10 bis 100 mm	1 : 40
100 bis 200 mm	1 : 100
über 200 mm	1 : 200

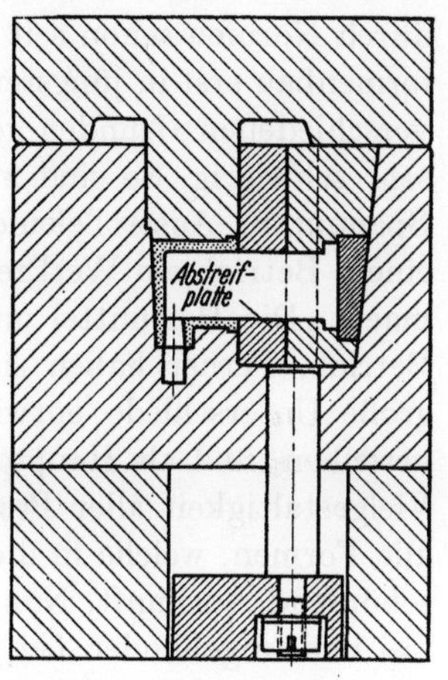

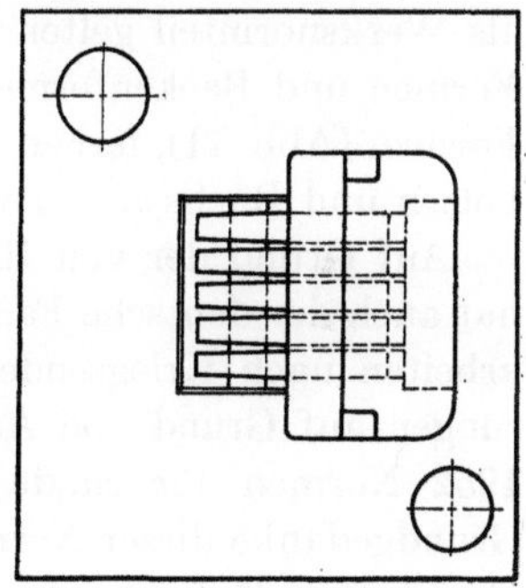

Abb. 189. Preßwerkzeug mit einer Abstreifplatte

Man kann natürlich diese Neigungen noch erhöhen und wird davon gern bei besonders dickwandigen Teilen Gebrauch machen, da diese beim Öffnen der Form nicht sehr rasch abkühlen und deshalb auch die Schwindung nicht sehr schnell in Erscheinung tritt. Anderseits kann man diese Werte auch stark unterschreiten, wenn die bereits erwähnten Abstreifringe oder Leisten angewandt werden oder auch die Ausstoßer so günstig liegen, daß die volle Ausstoßkraft angewendet werden kann, ohne daß es zu einem Verbiegen oder Verdrücken der Preßteile kommt. Bei Präzisionsteilen aus der Elektrotechnik und der Feinmechanik mit engen Toleranzen tritt oft die Forderung auf, nahezu unverjüngte Formenkonturen auszuführen. Meist liegt die Möglichkeit des Verjüngens dann nur im Bereich der einzutragenden Preßkonturen-Toleranzen. Natürlich sind in solchen Fällen die Ausführungsmöglichkeiten an die saubere und präzise

---

[1] MEHDORN, W.: Kunstharzpreßstoffe und andere Kunststoffe. 3. Aufl. Berlin, Göttingen, Heidelberg: Springer 1949.

Herstellung der Form gebunden. Gute Politur in Preß- und Abzugsrichtung ist erste Voraussetzung für störungsfreies Entformen.

N. Normung der Preßformen

Die Schnitt- und Stanzwerkzeuge sind fast in ihrem ganzen Umfange
durch Normen schon seit vielen Jahren erfaßt, während man im Preßformenbau erst in jüngster Zeit einige Fortschritte feststellen kann. Aus
verschiedenen Gründen gestaltet sich die Normung der Preßwerkzeuge
sehr schwierig. So sind z. B. schon an allen Pressen die Einbaumaße,
Spannuten, Ausstoßelemente usw. verschieden, so daß schon oft in
einem Betrieb ein Werkzeugumbau von einer Presse zur anderen Mühe
macht. Die Heizmittel und ihre Regelorgane wechseln von Betrieb zu
Betrieb. Ferner haben sich durch die Werkzeugherstellungsverfahren
große Unterschiede entwickelt, die den Formen ihre besondere Note
verleihen, und als Hauptgrund aller Normungsschwierigkeiten muß die
Vielgestaltigkeit aller Preßteile angeführt werden. Die Übersicht über
alle Formen, welche in diesem Werk beschrieben sind, gibt darüber er-
schöpfend Auskunft. Nun ist es aber nicht so, daß in allen Pressereien
frei und ungebunden bei jeder Form neu konstruiert wird. Es hat sich
vielmehr überall eine interne Norm kerauskristallisiert. So werden z. B.
als Werksnormteil gelten: die konischen Mäntel für zusammengesetzte
Formen und Backenformen (Abb. 30 u. 61), die Rahmen für Mehrfach-
Formen (Abb. 11), ferner verschiedene Formeneinzelteile, wie Führungsbolzen und Buchsen, Auswerferstifte, Spannlappen usw.

Auf Grund der von H. TURNWALD entwickelten Preßform-Normen[1]
hat auch der deutsche Fachnormenausschuß Kunststoffe die Normungs-
arbeiten nach Kriegsende wieder aufgegriffen und nach einigen Änderungen auf Grund von Anregungen aus den Verbraucherkreisen Mitte
1952 Normen für runde Preßwerkzeuge neu herausgegeben. — Der
Grundgedanke dieser Normen ist die Verwendung runder, größenmäßig
abgestufter Formeneinheiten (Gesenkaufsatz, Stempelaufsatz), die je
nach Bedarf einfach oder mehrfach auf runde Aufspanngestelle auf-
geschraubt werden. Die runde Ausführung aller Normteile findet ihre
Begründung durch die einfache Stahlbeschaffung, die billige Herstellung
der Außenkontur durch Drehen, bequeme Heizung durch umgelegte
Heizbänder und Schönheit der äußeren Gestaltung.

Normengestelle DIN 16702:

Die Gestelle sind zunächst festgelegt in den drei Größen 200 Durchmesser, 250 Durchmesser und 320 Durchmesser. Darauf aufgespannt

---

[1] TURNWALD, H.: Das Normensystem im Preßformenbau. Frankfurt a. M.:
Heinrich Reinhardt.

werden können Stempel- und Gesenkaufsätze von 100, 160 und 200 Durchmesser verschieden festgelegter Höhen. Die Anzahl dieser Formeinheiten, die auf jedes Gestell aufgespannt werden können, ist gegeben

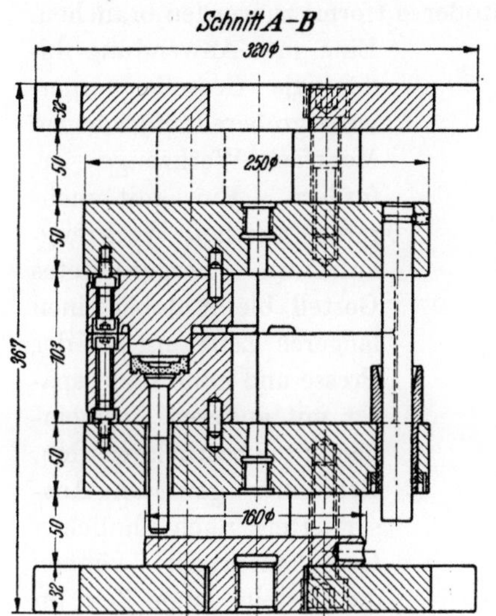

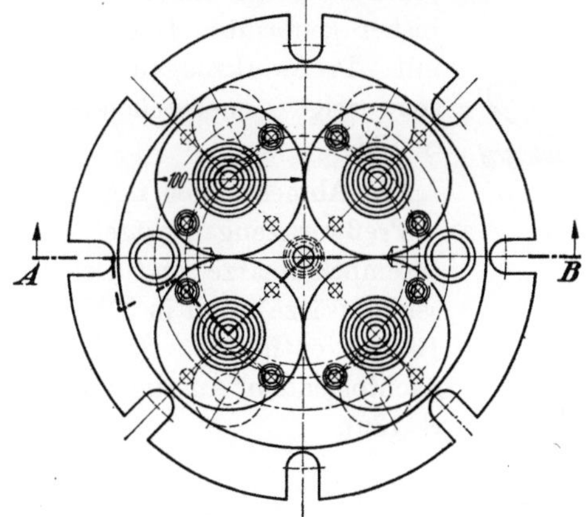

Abb. 190. Preßwerkzeugaufsätze auf Gestell DIN 16702 mit nicht rückziehbaren Auswerfern (Drückstifte)

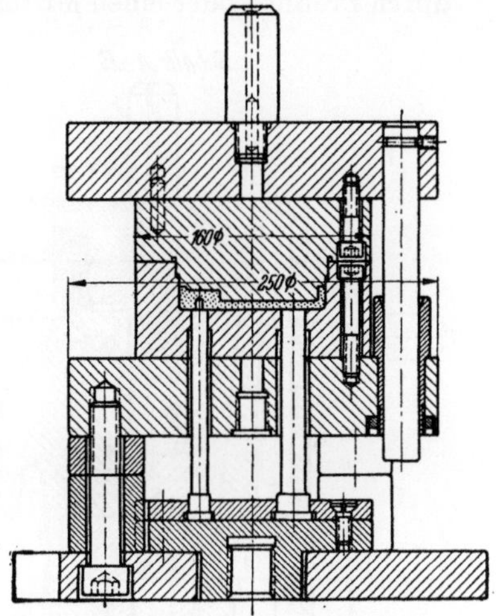

Abb. 191. Preßwerkzeugaufsatz (Stempelaufsatz und Gesenkaufsatz) auf Gestell mit rückziehbaren Drückstiften

durch einen zu jedem Gestell zugehörigen Aufspannplan. Die Konstruktion dieser Gestelle ist aus den Abb. 190 (DIN 16701 Abb. 1 u. 2) ersichtlich. Die Stempel- und Gesenkaufsätze werden durch Schrauben auf Säulen bzw. Buchsenplatte festgespannt, zwischen denen auch die Führungssäulen für die Ausrichtung des Werkzeuges sorgen. Zwischen Buchsenplatte und unterer Aufspannplatte gleitet eine Drückplatte, die auf die Drückstifte wirkt. Das Auswechseln der Gesenkaufsätze ist sehr einfach, soweit es sich um Aufsätze ohne Drückstifte handelt. Falls das Preßteil Drückstifte erfordert, muß die Buchsenplatte an diesen Stellen durchbohrt werden. Leider liegen nun nicht immer die Auswerfer in der Mitte des Preßteiles, so daß man mit einer zentralen Bohrung oft nicht auskommt. Wenn dazu statt kegliger Drückstifte auch noch rückziehbare Stifte verwendet werden müssen und damit eine geteilte Traverse (Abb. 191) notwendig wird, gestaltet sich das Auswechseln schwieriger. Der Vorteil des Systems ist deshalb am größten bei Preßteilen, die nur durch Preßluft oder einen Mittelausstoßer entformt zu werden brauchen.

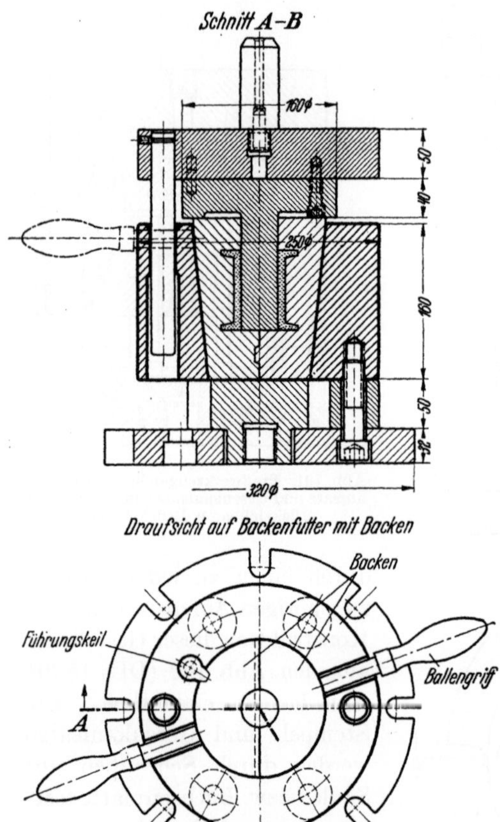

Backenfutter DIN 16706 mit Einsatz

Eine gute Anwendung finden die Gestelle ferner, wenn größere Liefermengen Mehrfach - Werkzeuge erfordern. Ein mit mehreren gleichen Werkzeugaufsätzen hergerichtetes Gestell bleibt dabei einen längeren Zeitraum auf der Presse und kann dann später mit anderen Formeinheiten neu bestückt werden. Bei einer gewissen Aussortierung nach ähnlichen Gesenkaufsätzen können die Gestelle lange Zeit im Gebrauch sein. Die Bestückungsmöglichkeit der bisher genormten Gestelle mit Preßwerkzeugaufsätzen zeigt nachstehende S. 138.

Die Abmessungen der Preßwerkzeugaufsätze (Stempelaufsätze und Gesenkaufsätze) sind in DIN 16704 enthalten (siehe nachfolgenden Auszug auf S. 139).

Abmessungen der Backenfutter

Bezeichnung	Außendurchmesser	Höhe	Kegeldurchmesser
BF 160 × 100	160	100	80
BF 200 × 100	200	100	100
BF 200 × 160	200	160	100
BF 250 × 160	250	160	140
BF 250 × 250	250	250	140

Backenfutter DIN 16706. Die Konstruktion der Backenfutter trägt einem großen Bedürfnis der Pressereien Rechnung. Die bisher festgelegten fünf Größen erfassen Backeneinsätze, welche für viele Zwecke vollauf genügend sind (s. S. 134).

Abb. 192. Gestell nach DIN 16702 (Werkbild: Nassovia Maschinenfabrik Langen, Bez. Frankfurt/M.

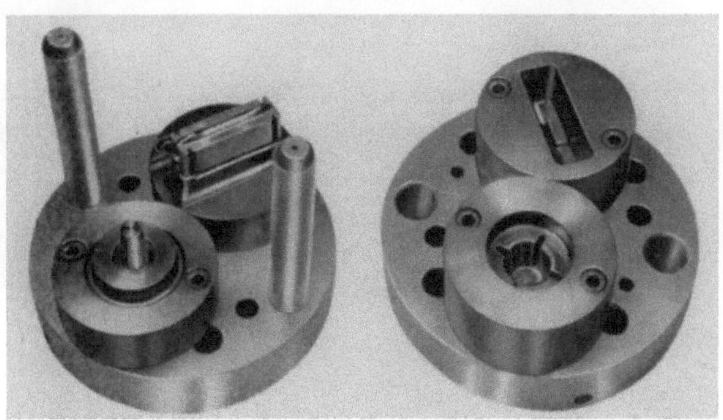

Abb. 193. Säulen- und Buchsenplatte nach DIN 16708 mit 2 Preßwerkzeugaufsätzen
(Werkbild: Turnwald G. m. b. H., Lockweiler/Saar)

Alle nötigen Konstruktionseinzelheiten sind im Normblatt festgelegt. Ein Anwendungsbeispiel zeigen DIN 16706 auf S. 134.

Gesenkblöcke DIN 16701. Die genormten Aufspannplatten (DIN 16710) gestatten auch die Verwendung von Gesenkblöcken (DIN 16701). Abb. 196 zeigt ein Anwendungsbeispiel (DIN 16701 Abb. 3).

Abb. 194. Gestell nach DIN 16702 mit 4 Preßwerkzeugaufsätzen
(Werkbild: Nassovia Maschinenfabrik Hanns Fickert G. m. b. H., Langen, Bez. Frankfurt/M.)

Abb. 195. Preßwerkzeugaufsätze nach DIN 16704. (Werkbild: Turnwald G. m. b. H., Lockweiler/Saar

Bisher sind folgende Normen erschienen:

DIN 16701   Runde Preßwerkzeuge. Übersicht, Anwendungsrichtlinie
DIN 16702   Gestelle
DIN 16703   Runde Preßwerkzeuge, Hauptabmessungen
DIN 16704   Preßwerkzeugaufsätze, Abmessungen
DIN 16706   Backenfutter
DIN 16707   Befestigungsschrauben

DIN 16708   Säulenplatten, Buchsenplatten
DIN 16709   Stützen
DIN 16710   Aufspannplatten
DIN 16713   Wärmeschutzplatten
DIN 16716   Führungsbuchsen, Befestigungsmuttern
DIN 16717   Druckscheiben, Druckleisten
DIN 16718   Schriftstifte
DIN 16719   Kernlochstifte
DIN 16721   Haltestifte bei Einpreßmuttern, Gewindestifte
DIN 16722   Drückplatten
DIN 53465   Preßform zur Bestimmung der Schließzeit bei härtbaren Preßmassen
DIN 53470   Preßwerkzeug zur Herstellung von genormten Proben aus härtbaren Preßmassen.

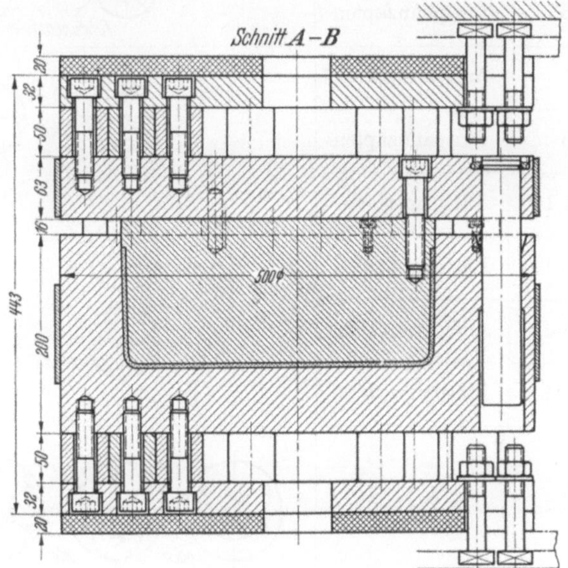

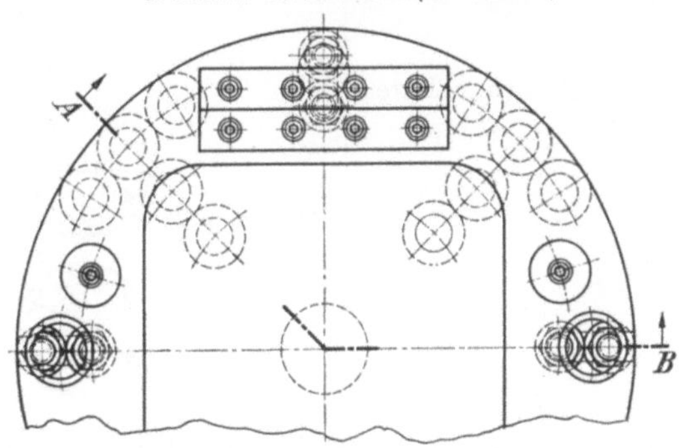

Abb. 196. Preßwerkzeugblock nach DIN 16701

Juli 1952

Gestelle

DIN 16702

Maße in mm

1 Übersicht und Anwendung

Gestell	Zusammenstellung	Für Befestigung an der oberen Aufspannfläche der Presse mit:	Für Aufspannmöglichkeit von Preßwerkzeugaufsätzen nach DIN 16 704 und Backenfuttern nach DIN 16 706
200	A	Aufspannplatte	
	B	Einspannzapfen	
250	A	Aufspannplatte	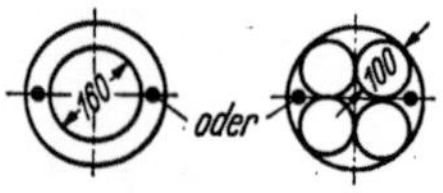
	B	Einspannzapfen	
	A 1	Aufspannplatte	
	B 1	Einspannzapfen	
	A 4	Aufspannplatte	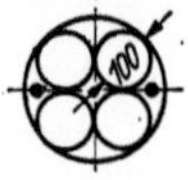
	B 4	Einspannzapfen	
320	A	Aufspannplatte	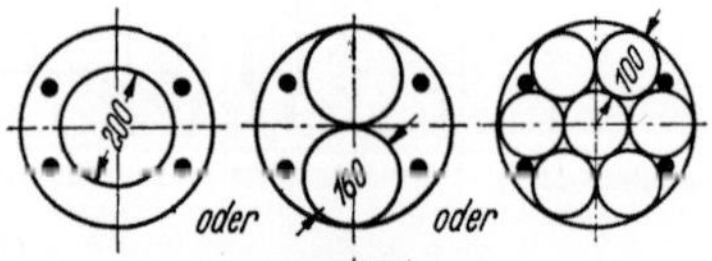
	A 1		
	A 2		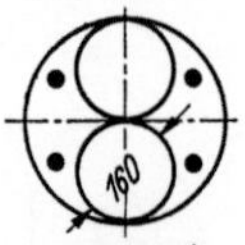
	A 7		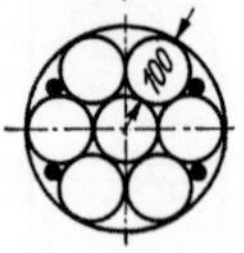

Die Normenblattangaben erfolgen mit Genehmigung des Deutschen Normenausschusses. Maßgebend ist die jeweils neueste Ausgabe des Normenblattes im Normformat A 4, die bei der Beuth-Vertrieb GmbH, Berlin W 15 und Köln erhältlich ist.

Juli 1952

Preßwerkzeugaufsätze
(Stempelaufsätze, Gesenkaufsätze)

DIN 16704

Maße in mm

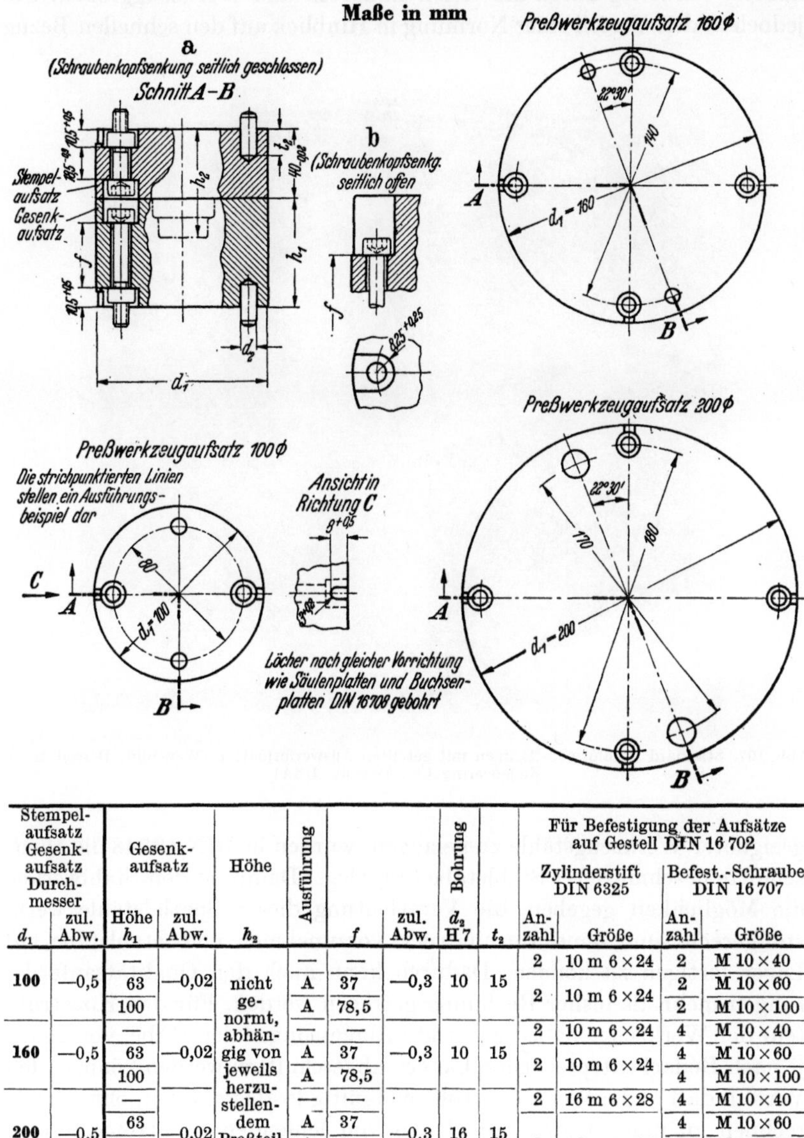

| Stempel-aufsatz Gesenk-aufsatz Durch-messer | | Gesenk-aufsatz | | Höhe | Ausführung | | | Bohrung | | Für Befestigung der Aufsätze auf Gestell DIN 16 702 | | | |
| | | | | | | | | | | Zylinderstift DIN 6325 | | Befest.-Schraube DIN 16 707 | |
d_1	zul. Abw.	Höhe h_1	zul. Abw.	h_2		f	zul. Abw.	d_2 H7	t_2	An-zahl	Größe	An-zahl	Größe
100	—0,5	—		nicht ge-normt, abhän-gig von jeweils herzu-stellen-dem Preßteil	—	—	—0,3	10	15	2	10 m 6 × 24	2	M 10 × 40
		63	—0,02		A	37				2	10 m 6 × 24	2	M 10 × 60
		100			A	78,5						2	M 10 × 100
160	—0,5	—			—	—	—0,3	10	15	2	10 m 6 × 24	4	M 10 × 40
		63	—0,02		A	37				2	10 m 6 × 24	4	M 10 × 60
		100			A	78,5						4	M 10 × 100
200	—0,5	—			—	—	—0,3	16	15	2	16 m 6 × 28	4	M 10 × 40
		63	—0,02		A	37						4	M 10 × 60
		100			A	78,5				2	16 m 6 × 28	4	M 10 × 100
		160			B	78,5						4	M 10 × 100

Maßgebend ist die jeweils neueste Ausgabe des Normenblattes im Normformat A 4, das bei der Beuth-Vertrieb GmbH, Berlin W 15 und Köln, erhältlich ist

10*

Die Normung von Formen eckiger Gestalt ist im Deutschen Normen-ausschuß des öfteren zur Diskussion gestellt. Wie aber alle Konstruktionen im Rahmen dieses Buches erkennen lassen, ist eine Normung äußerst schwierig durch die vielen Bauarten und Werkzeuggrößen. Um jedoch in den Vorteil einer Normung in Hinblick auf den schnellen Bezug

Abb. 197. Standard Preßformen-Rahmen mit geteilten Auswerferplatten (Werkbild: Detroit Mold Engeneering Co., Detroit, USA)

geeigneter Werkzeugstähle zu gelangen, wurden in DIN 16748 die Querschnitte geschmiedeter Stahlstäbe festgelegt. Damit ist den Stahlwerken die Möglichkeit gegeben, die Verarbeitung dieser Spezialstähle werkstoffgerecht und ohne Termindruck vorzunehmen und Stahlstäbe auf Lager fertigen zu können. Dadurch kann auch den Qualitätsanforderungen mehr als bisher Rechnung getragen werden. Für den Konstrukteur der Werkzeuge haben genormte Abmessungen der Stäbe, von denen je nach Bedarf entsprechende Längen abgeschnitten werden können, den Vorteil, daß er die Werkzeuggröße endgültig festlegen kann, ohne damit rechnen zu müssen, daß auf Grund von fehlenden Stahlabmessungen die Konstruktion des Werkzeuges nachträglich geändert werden muß. Von der Normung kleinerer Stababmessungen (auch quadratisch), wie sie für Einsätze, Backen, Kerne usw. in den Werkzeugen benötigt werden, wurde Abstand genommen, weil hierfür immer Reste von den Stäben und Abschnitten übrigbleiben. Außerdem gestatten die festgelegten Stababmessungen eine Aufteilung, die allen vorgezeichneten Bedürfnissen gerecht wird.

Abb. 198. Standard Preßformen-Rahmen (Werkbild: Detroit Mold Engeneering Co., Detroit, USA)

Abb. 199. Standard Preßformen-Rahmen mit 4 Werkzeug-Einsätzen ausgestattet
(Werkbild: Antico Mfg. Co., New York, USA)

Juli 1960

**DIN
16 748**

Stäbe aus geschmiedetem Stahl für eckige Preßwerkzeuge und Spritzgußwerkzeuge für Kunstoff-Formmassen
(Rohmaße)

Vorbemerkung

Diese Norm wurde im Hinblick auf vorliegende Wünsche und Bedürfnisse des Preß-werkzeug- und Spritzgußwerkzeugbaues herausgegeben. Sie soll überprüft werden, so-bald die Überarbeitung von DIN 7529 über geschmiedete Stäbe für Gesenkblöcke durch den Fachnormenausschuß Schmiedetechnik abgeschlossen ist.

Aus geschmiedeten Stäben nach dieser Norm werden Werkzeuge und ihre Teile zum Herstellen von Preßteilen und Spritzgußteilen aus Kunststoff-Formmassen angefertigt.

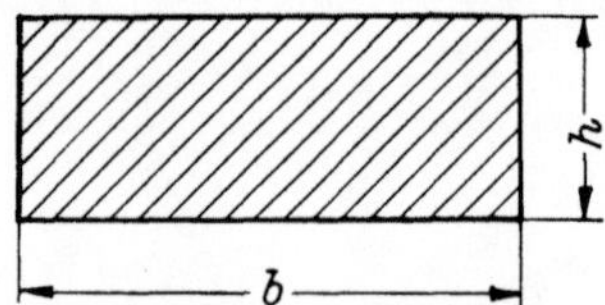

Bezeichnungsbeispiel (veränderliche Angaben betreffend Maße und Werkstoff sind den entsprechenden Festlegungen dieser Norm zu entnehmen) für einen geschmie-deten Stab für Rohmaße $b = 100$ mm und $h = 40$ mm in Herstellänge aus Stahl 21 MnCr 5:

Stab 100×40 DIN 16 748–21 MnCr 5

Bezeichnung des gleichen Stabes, jedoch in fester Länge von 800 mm:

Stab $100 \times 40 \times 800$ DIN 16 748–21 MnCr 5

b	Rohmaße h								
100	32	40	50	63	80	100	—	—	—	—
160	32	40	—	63	80	—	160	—	—	—
200	—	40	—	63	80	100	—	200	—	—
250	—	—	50	—	80	100	160	—	250	—
315	—	—	50	—	80	100	160	—	—	315

Werkstoff (bei Bestellung angeben), z. B.:
  21 MnCr 5, Werkstoffnummer 2162 (nach Stahl-Eisen-Werkstoffblatt 200)

Ausführung:
  Bearbeitungszugabe und zulässige Abweichungen nach DIN 7527 Blatt 6 (als Richtwert)

Lieferart:
  Stäbe in Herstellängen von 2 bis 4 m, je nach Querschnitt. Stäbe in festen Längen und deren zulässige Abweichungen nach Vereinbarung.

Zu einer echten Rationalisierung gehört auch eine Beschränkung der Stahltypen, und es ist deshalb als Beispiel nur der im Preßwerkzeug- und Spritzgußwerkzeugbau in den meisten Fällen verwendbare Stahl 21 MnCr 5 angezogen. Die genormten Stababmessungen gelten aber auch für Sonderstähle (z. B. nichtrostenden Stahl).

Sehr interessant ist die Entwicklung der „Detroit Mold Engeneering Co., Detroit, USA". Für Preßformen (und auch für Spritzgußformen) Standard Formen-Rahmen zu schaffen und für den Verbraucher greifbar zu halten. Die Rahmen (Abb. 197 u. 198) sind mit Abdrücker- und Auswerfertraversen sowie Führungssäulen ausgerüstet. Zum Einsetzen von Formmänteln und -stempeln sind die entsprechenden Platten nur noch auszubohren. Eine entsprechend fertiggestellte Vierfachpreßform zeigt Abb. 199.

O. Die Heizung der Preßwerkzeuge

Die plastische Verformung warmhärtender Kunstharz-Preßmassen erfolgt unter Druck und Hitze. Die Werkzeuge müssen daher geheizt werden. Dies wird erreicht durch die Anwendung der nachstehend beschriebenen Heizungsarten und Heizmittel. Dabei sind zwei Aufgabenstellungen von allen Heizmethoden zu lösen:

1. Erreichung der richtigen Formtemperatur,
2. ihre gleichbleibende dauernde Erhaltung während der Fertigung.

Besonders die letzte Bedingung ist von überragender Bedeutung für den Anfall einwandfreier Preßteile. Falsche Formentemperaturen führen leicht zu Ausschuß, z. B. nicht ausgeformte Teile, Blasenbildung, Verfärbung usw. Automatisch arbeitende Temperaturregelung ist daher von großem Wert. Leider ist dieselbe nicht bei allen Heizungsarten absolut zuverlässig arbeitend zu erreichen. Die Härtungstemperaturen der meisten Kunstharzpreßstoffe liegen zwischen 135° und 180 °C. Die Temperaturregelung muß so elastisch sein, daß ein schneller Wechsel um einige Grade nicht zu lange Umstellungszeiten erfordert. Änderungen der Preßtemperatur werden oft notwendig durch Verschiedenheiten der Preßmassen innerhalb des gleichen Massetyps.

Man unterscheidet der Anwendung nach die *indirekte* und die *direkte* Heizung.

Indirekte Heizung. Die Werkzeuge haben selbst keine eigene Heizung, sondern werden auf Heizplatten festgespannt. Dieses Verfahren eignet sich nur für Formen mit größeren Grundflächen und kleineren Bauhöhen, da sonst die Wärmeübertragung zu gering ist. 200 mm Formenhöhe sollte dabei nicht überschritten werden. Die genaue Einhaltung der Preßtemperaturen ist bei indirekter Heizung der Formen schwierig, so daß bei temperaturempfindlichen Preßmassen ihre Anwendung nicht ratsam erscheint. Der Wärmeverbrauch ist infolge großer Ableitungs- und Abstrahlungsverluste sehr hoch. Ein Vorteil ist lediglich die einfache Gestaltung der Preßform, da Heizkanäle, Reglerbohrungen usw. wegfallen. Anwendung findet sie außerdem gern bei Aufspannung von mehreren Werkzeugen auf einer Presse.

Direkte Heizung. Die Formen selbst tragen das Heizmedium. Dies ist notwendig bei allen größeren und besonders höheren Formen und bei Werkzeugen, die evtl. wechselnd geheizt und gekühlt werden müssen, z. B. bei den selten im Preßverfahren verarbeiteten Thermoplasten.

Als *Heizmittel* finden Verwendung: Gas, heißes Öl, heißes Wasser, Dampf und Elektrizität.

1. Gas-Heizung

Gas-Heizung wird im allgemeinen wenig angewendet. Meist wird nicht reines Gas verbrannt, sondern ein Gas-Luft-Gemisch wird den Heizkörpern zugeführt. Die Gas-Heizung wird nicht nur bei kleineren Formen gebraucht, sondern auch solche für Rundfunkgehäuse sind damit erfolgreich betrieben worden. Der Hauptgrund ihrer geringen Beliebtheit ist das erhöhte Gefahrenmoment durch unkontrollierbares Ausströmen von Gas und die Luftverschlechterung im Arbeitsraum durch Sauerstoffverbrauch. Ferner benötigen die Formen eine lange Anheizzeit und leiden stark unter der Gefahr örtlicher Überhitzungen. Die Temperaturregelung wird meistens nur durch Korrektur durch den Presser ausgeübt. Automatisch arbeitende Regler sind allerdings auch bekannt. Von einem Temperaturfühler ähnlich demjenigen der elektrischen Heizung wird die Gaszufuhr gesteuert.

2. Heißwasser-Heizung

Heißwasser-Heizung findet meist nur in größeren Pressereien Anwendung, da sie eine größere unter Druck arbeitende Kesselanlage mit einem ausgedehnten Rohrnetz erfordert. Trotz dessen guter Isolierung sind Leitungsverluste durch Abstrahlung unvermeidlich. Damit verbunden ist eine unangenehme Temperaturerhöhung des Arbeitsplatzes, die sich besonders leistungsmindernd in der heißen Jahreszeit und in niedrigen Arbeitsräumen auswirkt. Die Werkzeugtemperatur ist an allen Pressen fast gleichliegend, wenige Grade unter Wassertemperatur. Die Regelung erfolgt von Hand, sie ist jedoch schwierig bei besonderen Anforderungen, die stark von der Leitungstemperatur abweichen. Die Anheizzeiten der Formen sind sehr kurz, natürlich unter der Voraussetzung, daß die Heizkanäle im Werkzeug genügend groß und gleichmäßig verteilt sind. Es empfiehlt sich, mit zunehmender Größe der Formen mehrere Anschlüsse vorzunehmen, um zu lange Wege des Wassers zu

vermeiden. Von parallelgeführten Kanälen ist abzuraten, da die Wasser-
führung unkontrollierbar ist und ungleiche Temperaturen in der Form
auftreten können. Besonders wichtig sind diese Dinge in Werkzeugen,
die wechselnd geheizt und gekühlt werden müssen, wie sie z. B. die Verarbeitung der nichthärtbaren Kunststoffe in Preßformen erfordert.

3. Dampf-Heizung

Die Dampf-Heizung weist fast die gleichen Betriebsbedingungen auf
wie die Warmwasser-Heizung. Die Anheizzeiten der Werkzeuge sind
etwas länger. Durch Bildung von Kondenswasser entstehen sehr leicht
ungleiche Formtemperaturen. Bei der Linienführung der Heizkanäle in
den Werkzeugen muß dieser Umstand besonders beachtet werden.

4. Heißöl-Heizung

Die Heißöl-Heizung hat dieselben Vorteile wie die Heißwasser-
Heizung. Infolge des hochliegenden Siedepunktes bei Öl ist Erhitzung in
Gefäßen ohne Druck möglich, es genügt daher eine einfache Umlauf-
pumpe. Trotzdem ist diese Heizungsart nicht beliebt, da Werkzeuge und
Arbeitsräume durch Tropföl unangenehm verschmutzen.

5. Elektrische Heizung

Die elektrische Heizung ist wohl die am meisten angewandte Heizungsart, da sie sauber, einfach im Betrieb und überall anwendbar ist.
Leitungsverluste und Abstrahlungen in den Arbeitsraum fallen fort.
Desgleichen die dauernde Inbetriebhaltung eines Energieerzeugers, der
nicht immer voll ausgenutzt wird. Je nach der Beschäftigungslage können die Heizelemente beliebig zu- oder abgeschaltet werden. Dieser Umstand ist besonders für die Wirtschaftlichkeit und die Elastizität eines
Betriebes von Bedeutung. Die Temperaturregelung kann durch automatisch arbeitende Instrumente erfolgen, die keine hohen Anlagekosten
erfordern und durchaus als betriebssicher anzusprechen sind. Die zu er-
reichende Höchsttemperatur ist nicht an den Maximalwert einer Er-
zeugungsanlage gebunden, sondern kann bis an die Grenze gesteigert
werden, die durch die Baustoffe der Werkzeuge gegeben ist. Einige
wenige Nachteile haften allerdings auch der elektrischen Heizung an.
Die Anheizzeiten sind länger als bei der Warmwasser-Heizung, da die
Wärmeeinheiten langsamer zugeführt werden. Durch besonders stark
installierte Heizleistung könnte diesem Nachteil begegnet werden; man
macht davon aber meist keinen Gebrauch, da dann leicht örtliche Überhitzungen eintreten, die Temperaturregelung sprunghaft anspricht und
die Temperaturkurve stark schwankend verläuft. Außerdem müßten

die elektrischen Schaltapparate entsprechend der Höchstbeanspruchung dimensioniert werden. Ein weiterer Nachteil ist der Fortfall der Kühlmöglichkeit. Nur mit elektrischer Heizung arbeitende Betriebe müssen daher auf das Verarbeiten von thermoplastischen Kunststoffen in Preßformen verzichten.

Die elektrische Heizung wird im Preßformenbau als Widerstandsheizung und als induktive Heizung angewendet. Die *Widerstandsheizung* hat die größte Verbreitung gefunden, sie eignet sich für Formen aller Größenordnungen und Ausführungsarten. Die in ihrem Aufbau als bekannt vorausgesetzten Heizkörper werden in Gestalt von Heizstäben, Heizstreifen, rechteckigen Heizrahmen oder ringförmigen Heizbändern zur Formenerhitzung angewendet. Die größte Verbreitung haben davon die beiden letztgenannten Ausführungen gefunden, da sie einfach um die rechteckigen oder runden Werkzeuge außen herum gespannt werden. Ihre Anwendung ist auf die kleineren und mittleren Werkzeuge beschränkt, da zu große Stahlblöcke im Inneren nicht mehr gleichmäßig erwärmt würden. Außerdem besteht die Gefahr des Durchbrennens der Heizkörper, falls diese nicht gut an der Werkzeugfläche anliegen. Große Heizrahmen erfordern deshalb unter Umständen einen außen übergezogenen Spannrahmen, welcher durch Anpreßschrauben und Leisten eine satte Anlage des Heizkörpers an der Formenwand herbeiführt. Die Heizbänder werden von 50 mm Durchmesser bis zu 500 mm Durchmesser ausgeführt (Abmessungen s. DIN 44924). Die Heizleistung wird bis zu 3 Watt/cm² der Anlagefläche der Heizbänder oder Heizrahmen installiert. Die gleichen Leistungen und Einbaubedingungen liegen bei den Heizstreifen vor. Angewendet werden dieselben bei flachen, niedrigen Formen großer Grundfläche und können in der Grundplatte der Form eingebettet werden. Auch bei diesen Heizelementen ist vor allem für gute Anlage zu sorgen, möglichst unter Anpreßdruck.

Für die gleichen Preßwerkzeuge werden aber besser ebenso wie für größere Formen Heizstäbe angewendet. Diese Stäbe werden einfach in Bohrungen der Form eingeschoben, wo sie gut geschützt gegen Stoß und Schlag liegen. Die Durchmesser der Stäbe betragen 12,5, 16, 20, 24 und 32 mm (Abmessungen s. DIN 44921). Die Heizleistung, welche in den Stäben untergebracht werden kann, beträgt im Mittel 2,5 Watt/cm² ihrer Oberfläche. Die Anschlußdrähte der Stäbe liegen meist einseitig. Heizstäbe mit doppelseitigen Anschlüssen sind ebenfalls bekannt. Der Einbau aller Heizstäbe in die Formen muß ebenfalls im Hinblick auf gute Wärmeabführung erfolgen. Der Stab muß sich leicht in kaltem Zustand in seine Bohrung einschieben. Das Spiel soll jedoch 0,5 mm nicht überschreiten. Bei der Ausdehnung durch Wärme wird dann der Körper gut an der Formenwand anliegen. Falls durch höhere Betriebstemperaturen oder anderer Einflüsse eine Verzunderung zu befürchten ist, so empfiehlt es sich, Heizstäbe mit Messingmantel zu verwenden. Alle Bohrungen in den Formen sollte man durchgehend ausführen, um bei erforderlichen Stabwechsel dieselben auch rückseitig herausdrücken zu können. Die Verteilung der Heizstäbe in den Werkzeugen erfordert einige Erfahrung. Die Anordnung soll möglichst gleichmäßig in den Stahlblöcken erfolgen, um Wärmestauungen zu vermeiden. Besser ist es, einige Heizstäbe mehr und geringer belastet einzubauen, als wenige hochbelastete. Der Ausbildung der Anschlüsse ist besonders bei größeren Formen gute Aufmerksamkeit zu widmen. Steckeranschlüsse oder Kabelklemmverbindungen müssen ihrer Belastung entsprechend dimensioniert werden, wobei auch die erhöhte Temperatur aller Formteile in Rechnung zu stellen ist. Nötig ist es, alle Sammelleitungen und Anschlußteile frei von Wärmeeinfluß zu verlegen. Dies allein verbürgt störungsfreien Betrieb. Berührungsschutz aller stromführenden Teile ist selbstver-

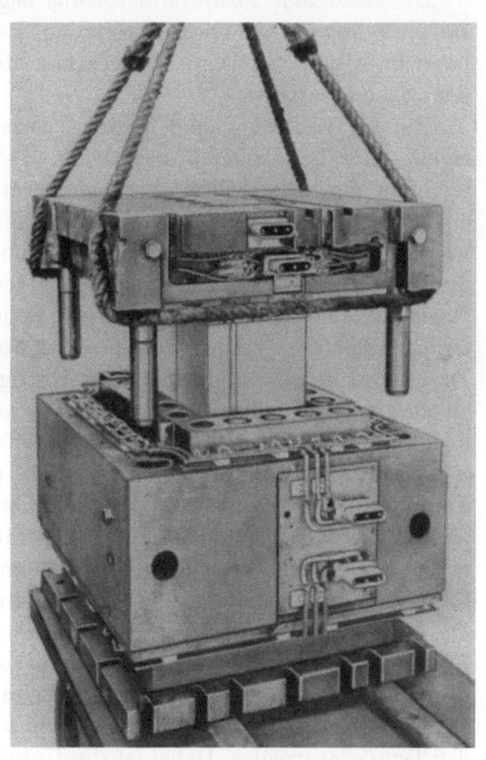

Abb. 200. Rundfunkgehäuseform mit Widerstandsheizung
(Werkbild: Siemens-Schuckert-Werke AG)

ständlich. Alle der Berührung ausgesetzten nicht stromführenden Teile sind zu erden. Als Betriebsspannung sämtlicher Widerstandsheizkörper wird meist die Normalspannung 220 oder 110 Volt vorgesehen. Durch Zwischenschaltung eines Transformators setzen einige Pressereien ihre Betriebsspannung auf 20 bis 40 Volt herab. Diese weit weniger gefährliche Niederspannung erschwert infolge der auftretenden höheren Stromstärken leider die automatische Temperaturregelung.

Eine größere Preßform mit Widerstandsheizung zeigt Abb. 200. Je 2 Heizkreise sind für Unter- und Oberform vorgesehen: Im Unterteil ein Heizkreis für die Seitenwände und einer für den Boden, im Oberteil ein Heizkreis für den Stempel und einer für die Kopfplatte. Die Heizpatronen haben Anschluß an Sammelschienen, welche auf Porzellansockel verlegt sind. Diese etwas aufwendige Konstruktion macht sich aber durch große Betriebssicherheit mehrfach bezahlt. Die Berührungsschutz bietende Verkleidung ist an der Form abgenommen, ebenso die Wärmeisolierung.

Die selbsttätige Temperaturregelung begründet in der Hauptsache die Bevorzugung der elektrischen Heizung. Es gibt eine ganze Reihe brauchbarer Fabrikate von Temperaturreglern, die im wesentlichen nach folgendem Schema arbeiten.

Ein im Werkzeug eingebauter Temperaturfühler schaltet über ein Relais oder bei größeren Leistungen über Relais und Schütz bei Erreichung der eingestellten Formtemperatur die Heizleistung aus bzw. ein bei Absinken der Temperatur. Die Arbeitstoleranz beträgt nur wenige Grade, sofern der Temperaturfühler richtig eingebaut ist. Von diesen Fühlern gibt es mehrere Bauarten, die infolge ihres günstigen Regelbereiches auch in anderen Techniken Verwendung finden. Der *einstellbare Fühler* besitzt an dem aus der Form herausragenden Teil einen Drehknopf mit Skala, welcher jederzeitige Verstellung und Anpassung an veränderte Preßbedingungen zuläßt, aber auch der unbefugten Betätigung ausgesetzt ist. Dieses letzte Gefahrenmoment schaltet der auf eine bestimmte Temperatur festgelegte *unverstellbare Fühler* aus. Bei Temperaturumstellungen muß der Fühler gegen einen anderen ausgewechselt werden. Die modernere Temperaturregelung arbeitet allerdings mit einem in der Form fest eingebetteten unverstellbaren Temperaturfühler, der auf einen in einem Schaltschrank installierten Regler arbeitet. Die Einstellung desselben ist verschlossen bzw. kann sie nur mit einem Spezialschlüssel bedient werden und ist damit nur dem dafür verantwortlichen Personal zugänglich. Die Lage der Fühler ist besonders bei größeren Werkzeugen von großem Einfluß auf das einwandfreie Arbeiten der Temperaturregler. Dabei ist die Unterteilung der gesamten Heizung in mehrere einzeln geregelte Stromkreise von ausschlaggebender Bedeutung. Eine große Form empfiehlt es, sich in folgende Kreise zu zerlegen: Oberstempel, Oberstempelplatte, äußerer Formenmantel, Mantelboden bzw. Grundplatte. So ist es allein möglich, diejenigen Formteile, die einem großen Wärmeverlust durch Ableitung ausgesetzt sind (also Grundplatte und Oberstempelplatte), entsprechend zu heizen, ohne daß eine schädliche Überheizung der anderen Formteile entsteht.

Die Anbringung des Fühlers soll ferner in demjenigen Formteil erfolgen, welches die von ihm gesteuerten Heizorgane beherbergt und soll auch nicht von denselben weit entfernt liegen. Große Abstände zwischen Temperaturfühler und Heizelement, evtl. sogar über eine trennende Fläche hinweg, bewirken ein verzögertes Ansprechen des Fühlers und eine stark schwankende Temperatur an der Preßfläche. So hat auch bei indirekter Formenheizung die Temperaturregelung in der Heizplatte und nicht in der Form zu erfolgen. Eine konstant auf Temperatur gehaltene Heizplatte hält in gleicher Weise auch die Formentemperatur. Es ist daher in vielen Fällen unangebracht, den Temperaturfühler in unmittelbarer Nähe der Preßfläche vorzusehen.

Für die einfacheren Betriebsverhältnisse an kleineren Formen werden die Fühler auch als Anpreßbügel oder Klemmstück ausgebildet und nur von außen an das zu regelnde Werkzeugteil angedrückt. Bei dieser Bauart ist natürlich die Regelung stark von äußeren Einflüssen abhängig.

Die *Heizleistung*, welche in einer Form zu installieren ist, wird im wesentlichen nach dem Formgewicht berechnet. 25 Watt/kg Stahlgewicht kann als obere Grenze gelten. Außer dem Werkzeuggewicht spielen aber Ableitungs- und Abstrahlungsverluste eine große Rolle. Praktische Erfahrung, besonders bei großen Formen, müssen daher bei der Installierung zu Rate gezogen werden. Der Anwendung der elektrischen Heizung ist durch die Größe der Form keine Grenzen gesetzt. Es finden sich Formen von 40 kW Heizleistung und höher neben solchen von 0,5 kW Anschlußwert. Die elektrischen Heizelemente sind in ihren Abmessungen genormt unter folgenden Titeln:

DIN 44921   Patronenheizkörper
    Die im Formenbau bevorzugten Durchmesser sind:
           12,5 mm   16 mm   20 mm   (24 mm)
    Ausführung: Nahtloses Präzisionsstahlrohr nach DIN 2385 oder geschweißtes Präzisionsstahlrohr nach DIN 2393.
    Bewegliche Anschlußenden durch Keramikperlen isoliert.
DIN 44923   Bandheizkörper (flache Form).
    Anwendung im Formenbau sehr gering, nur in Sonderfällen.
DIN 44924   Ringheizkörper.
    Bei runden Formen viel benutzt.
DIN 44920   Leistungsaufnahme elektrischer Heizelemente.

Die *induktive Heizung* wird neben der Widerstandsheizung vereinzelt bei mittleren und größeren Werkzeugen angewandt. In die Stahlmassen der Form werden Leiter aus Kupfer oder Aluminium von starkem Durchmesser isoliert eingebettet. Hindurchgeleitete Wechselströme von 50 ~, einigen hundert Ampere und bis zu 20 Volt Spannung erzeugen im Stahl der Form Wirbelströme, die eine Erhitzung der Eisenmassen zur Folge haben. Die niedrige Betriebsspannung macht die Heizung ungefährlich. Infolge der Kosten für die benötigte Apparatur (je ein Transformator für jeden Stromkreis) und deren Platzbedarf an der Presse hat sich diese Heizung nur bei einigen Großfirmen eingeführt. Automatische Temperaturregelung ist auch hier möglich. Ein Fühler steuert über Relais und Schaltschütz den Hochspannungskreis des Trafos. Abb. 201 zeigt ein Preßwerkzeug mit einem durch Wirbelstrom geheizten Formmantel. Auch hier mehrere Heizkreise und zwar je einen für die Seitenwände, den Boden der Form und die Bodenplatte. Für die großen Stromstärken sind kräftige Schraubanschlüsse vorgesehen. Die Kabelverbindungen zwischen der Form und dem Steuerschrank, der auch die Transformatoren enthält, veranschaulicht Abb. 202.

Abb. 201. Gehäuseform mit Wirbelstrom-Heizung (Werkbild: Siemens-Schuckert-Werke AG)

Abb. 202. Preßform mit Wirbelstrom-Heizung auf 1500 t-Presse (Werkbild: Siemens-Schuckert-Werke AG)

Isolierung der Formen gegen Wärmeverlust. Große Wärmeverluste entstehen bei allen Heizungen durch Ableitung der Pressentische und durch Ausstrahlung. Dem ersteren begegnet man durch zwischen Form und Tisch gelegte Dämmstoffplatten von rund 20 mm Dicke, von denen mehrere brauchbare Fabrikate im Handel sind. Leider ist deren Verschleiß durch Druck und Hitze sehr hoch. Laufende Kontrolle der Platten auf Planparallelität ist notwendig, um die Form nicht zu gefährden. Die Ausstrahlung der Form kann gut durch Umlegen mit einem Isoliermantel aus Asbestpappe oder Schlackenwolle herabgemindert werden. Gute Ableitungsisolierung erspart bis 60% und gute Abstrahlungsisolierung rund 10% der Heizleistung. Daher haben auch Formen mit größerer Grundfläche einen größeren spezifischen Heizbedarf als Formen mit kleiner Grundfläche[1].

P. Die Bedienung der Formen

Die Güte der Kunststoffpreßteile ist nicht nur von der Ausführung und Konstruktionen der Formen abhängig, sondern auch die Bedienung der Werkzeuge muß den Werkstoff-Verarbeitungsbedingungen entsprechen. Dazu gehören z. B. Einhaltung von Formentemperatur und Härtungszeit bzw. bei thermischen Wechselprozessen genauer Ablauf der Heiz- und Kühlperioden. Von gleicher Bedeutung ist die zweckentsprechende Handhabung der Bedienungselemente an den Werkzeugen, ferner die richtige Einbringung von Einpreßmetallen und Rohstoff sowie die gründliche Reinigung der Werkzeuge nach jedem Arbeitshub.

1. Das *Reinigen der Formen* von Grat und Masseresten nach jeder Pressung ist sehr wichtig. Abgesehen davon, daß in den Werkzeugen verbliebene Massereste an den Preßteiloberflächen zu schadhaften Stellen und im Preßteilinnern zu Stellen mangelnder Festigkeit führen, gefährden sie außerdem die Werkzeuge, und zwar dann, wenn sie an Abquetsch- oder Schließflächen haften bleiben. Besonders bei Backenformen und noch mehr bei hydraulisch geschlossenen Werkzeugen drücken sich Gratreste in die Schließflächen ein und können an den kantigen Übergängen in die Preßflächen zum Abbröckeln der besonders harten Einsatzschicht führen. Konstruktiv wird der Forderung guter Formenreinigung dadurch Rechnung getragen, daß Ausblasekanäle, Reinigungsnuten und Bohrungen usw. vorgesehen werden. Damit ferner eine zu feste Haftung des Grates das Reinigen nicht erschwert, sollten alle die Flächen möglichst glatt und eventuell poliert ausgeführt werden, an denen Massereste hängenbleiben. Preßluft wird dann allein zum Entfernen des Grates

---

[1] Prof. Dr.-Ing. Th. Gast u. Dr.-Ing. C. M. Frhr. von Meysenbug: Temperatur- und elektrische Messungen an Kunstharzpreßmassen beim Erwärmen in Vorwärmgeräten und Preßformen. VDI-Z. **100**, Aug. 1958.

genügen. Diese Hilfsmittel sind jedoch ohne Wert, wenn der Presser das Reinigen der Form nicht mit Sorgfalt ausführt. Dauernde Belehrung ist hier, besonders bei frisch angelernten Kräften, notwendig.

2. Das *Beschicken* der Formen mit Masse hat entsprechend des vorgegebenen Gewichtes zu erfolgen. Soweit nicht Tabletten mit genauem Stückgewicht verwendet werden, ist die Preßmasse vor dem Einfüllen abzuwiegen oder bei pulverförmigem Charakter vermittels eines Streichmaßes volumenmäßig zu dosieren. Zuwenig Rohmaterial ergibt poröse Preßstücke, Masseüberschuß dagegen zu hohe Teile und kann außerdem in besonders krassen Fällen zu Formenbeschädigungen führen. Kleine Überdosierungen gleichen sich durch Abfließen über Austriebsnuten und Stempelspiel aus. Außer der Massemenge ist beim Beschicken auch die Masseverteilung zu beachten. Dort, wo das Fertigteil den größeren Massebedarf erfordert, ist, um großen Massefluß zu vermeiden, auch der Rohstoff in der Form unterzubringen. Großer Massefluß ergibt schnellere Formenabnutzung durch Verschleiß, erfordert höheren Preßdruck, führt leicht zur Verlagerung von Einpreßmetallen, zerstört eventuell die Faserstruktur gewisser Preßmassen und kann auch zu nicht ausgeformten Teilen führen, wenn das Material schon erhärtet, bevor es seine Endstellung erreicht. — Jedem Preßtechniker sind aber auch Fälle bekannt, wo die Preßmasse trotz der eben geschilderten Nachteile bewußt ungleich und einseitig der Preßform zugeführt wird. Von dieser Beschickung macht man dann Gebrauch, wenn ein stark unsymmetrisch abgeschrägter Stempel zum Abwandern neigt bzw. von der Masse abgedrückt wird, so daß stark ungleiche Wandstärken entstehen können. Die dann auf einer Seite angehäufte Preßmasse wirkt der Seitenschubkraft des Stempels entgegen. — Bei dem mit Abb. 8 beschriebenen Verkehrtpressen kann nur mit Tabletten beschickt werden. Genaues Auflegen derselben auf den Stempel ist notwendig. Damit ist natürlich eine Erhöhung der Beschickzeit verbunden. Mit den wenigsten Schwierigkeiten verbunden ist die Beschickung der Spritzpreßformen. Bei ihnen wird dem Füllraum ziemlich wahllos der Rohstoff zugeführt, allerdings auch dosiert.

Zum Beschicken der Formen gehört auch das Einbringen von Einpreßmetallen und losen Formteilen, wie Backen, Gewindebolzen und -ringen, Nadeln, Einlagen für hinterschnittene Konturen usw. Zu beachten sind bei diesen Einsätzen genaue Lage und eventuell Stellung der Teile. Nachlässigkeit kann zu schweren Formenbeschädigungen führen. Für die Konstruktion besteht die Aufgabe, die Form so auszubilden, daß Fehlgriffe nicht möglich sind, also eine Backe z. B. sich an einer falschen Stelle gar nicht in einen Formmantel einsetzen läßt. Trotzdem wird man in besonderen Fällen an den Presser doch die Forderung an sorgsames Arbeiten stellen müssen. Es ist nicht immer möglich, lose Formenteile narrensicher einlegbar auszubilden. Besonders gefährdet sind erfahrungsgemäß Werkzeuge, deren lose Teile unter der Presse einzusetzen sind. Soweit es möglich ist, sollten diese Handgriffe daher außerhalb auf dem Arbeitstisch erfolgen.

Ein wichtiger Faktor der Formenbedienung ist das Schließen der Form unter Pressendruck. Hier spielt natürlich auch die Eigenart der zur Verwendung gelangenden Presse eine große Rolle. Die Zweckmäßigkeit dieser oder jener Pressenart einschließlich ihrer Steuerungen soll in diesem Rahmen nicht erörtert werden. Erwünscht ist für alle Werkzeuge ein sanfter Formenschluß, um dem Werkstoff Zeit zum Fließen zu geben und die Formen besonders in ihren Preßflächen und ihren empfindlichen Konturen zu schonen. Diese Forderung gilt für Spritzpreßwerkzeuge ebenso wie für Preßformen, wobei einem gedämpften Massefluß bei den Spritzpreßwerkzeugen besondere Bedeutung in bezug auf die Wärmezufuhr in der Düse zukommt.

3. Die *Einhaltung der Härtungszeiten* ist neben der Festlegung der genauen Formentemperatur ein besonders wichtiger Faktor der Formenbedienung. Nur völlig ausgehärtete Preßteile entsprechen den vorgeschriebenen elektrischen und mechanischen Prüfwerten. Zur Einhaltung der Formenschließzeiten werden dem Presser Sanduhren oder Zeigeruhren mit Feder und Läutewerk beigegeben. Leider sind dies alle keine Kontrollorgane, denn ihre Bedienung ist der Willkür des Pressers preisgegeben. Die Akkordarbeit verführt allzu leicht zu den bekannten Korrekturen. Nur die völlige Mechanisierung der Presse vom Zufahren bis zum Öffnen derselben beseitigt die Gefahren zu kurzer Härtungszeiten. Bei den motorisch angetriebenen Pressen wird dies leicht erreicht durch ein zwischengeschaltetes elektrisches automatisch arbeitendes Zeitrelais. Dasselbe wird einmalig eingestellt und eventuell durch Plombierung gegen unbefugte Änderungen gesichert. Bei modernen hydraulischen Pressen ist ein zwangläufig geregelter Arbeitsablauf ebenfalls einstellbar. Eine bekannte Bauart dieser Steuerungen ist die motorisch angetriebene Nockensteuerung. Diese halbautomatisch arbeitenden Pressen finden ihre Weiterentwicklung in den vollautomatisch arbeitenden Pressen, wie sie für nichthärtbare und härtbare Kunststoffe bekannt sind. Diese für Massenartikel entwickelten Maschinen schalten den Presser vollkommen aus und bieten die Gewähr für gleichbleibende Verarbeitungsbedingungen und damit auch für die Gleichmäßigkeit der Fabrikate.

4. Das *Entfernen der Teile aus den Preß- und Spritzformen* muß unmittelbar nach dem Öffnen der Werkzeuge erfolgen. Diese Forderung ist nicht nur wirtschaftlicher Natur, sondern auch die thermischen Verhältnisse bei der Verarbeitung der Kunststoffe verlangen eine möglichst pausenlose Arbeitsgangfolge. Beim Öffnen der Form dringt Luft von Raumtemperatur in den Formenhohlraum ein und bewirkt eine Abkühlung des Preßlings, die wiederum eine Schrumpfung der Preßmasse

zur Folge hat. Diese Schrumpfung kann nun zu einem Lösen (Abschwinden) des Teiles aus der Form führen, wenn z. B. ein Becher in seinem Mantel hängenbleibt, und sie wird zum Haften (Aufschrumpfen) führen, wenn dieser Becher zuerst auf seinem Stempel verbleibt. Man wird nun bestrebt sein, für die Entformung den günstigen Fall zu nutzen. So einfach wie im Beispiel aufgezeigt liegen nun die Verhältnisse im allgemeinen nicht. Je nach der Preßlingsgestalt, Formenkonstruktion und Preßflächenbeschaffenheit oder auch Formentemperatur wird das Teil beim Öffnen des Werkzeuges im Mantel verbleiben oder auch am Stempel haften. *Einflüsse der Preßlingsgestalt* wirken sich folgendermaßen aus: starke Haftung der Preßteile tritt ein bei nicht verjüngt gehaltenen Preßkonturen, ferner bei großem Konturenreichtum (z. B. viele Stifte und besonders durchgehende Stiftnadeln) und vor allem bei Einpreßmetallen in Gestalt von Muttern, Stiften oder flachen Stanzteilen. Dazu gehören auch alle die Teile, welche eine zwangsweise Festhaltung erfahren durch Einsatzbacken für hinterschnittene Konturen oder auch Einlagen für Bolzen- oder Muttergewinde. *Formenkonstruktion und Beschaffenheit* lassen folgende Eigenschaften erkennen:

Ein festes Haften der Teile tritt ein bei stark zusammengesetzten bzw. geschachtelten Werkzeugteilen. Dabei können die Teilungen in oder quer zur Preß- oder Ausstoßrichtung verlaufen. Besonders bei härtbaren Kunststoffen dringt das leichtflüssige Harz in die Teilfugen und ist ein Hemmnis für das Entformen. Die gleiche schlechte Eigenschaft besitzen ungenügend polierte Preßflächen. Bei manchen lang durchgehenden und wenig konisch gehaltenen Flächen hat es sich oft als notwendig erwiesen, Strichpolitur in Preß- und Ausstoßrichtung anzuwenden. Die Einwirkung der Formentemperatur ist folgende: Die stärkere Haftung tritt an dem kälteren Formteil ein. Durch entsprechende Temperaturregelung kann man diesen Umstand als Hilfe für das Entformen benutzen, sofern nicht die erstgenannten und unbedingt stärkeren Einflüsse vorherrschend sind.

Je nachdem nun ein Teil am Stempel oder Mantel hängenbleibt, muß es nun abgedrückt oder ausgestoßen werden. Um den Ausstoßer der Presse zu benutzen, wird man vor allem versuchen, den Preßling auf dem Formteil zu halten, welches auf dem unteren Pressentisch aufgespannt ist. Wie aus den Konstruktionsbeispielen ersichtlich, kann dies sowohl Stempel als auch Mantel sein. Das Abdrücken vom oberen Formteil geschieht dagegen von Hand durch einfachen Hebel (Abb. 2), Exzenter (Abb. 121), Zahnritzel und Zahnstange (Abb. 62) oder durch Abstreifen vermittels Zugstangen (Abb. 39). Moderne hydraulische Pressen haben auch im oberen Pressenbär eingebaute Abdrückzylinder. Dies vereinfacht natürlich sehr die Formenkonstruktion. In besonderen Fällen ist man auch dazu übergegangen, Entformmöglichkeiten in beiden Formteilen anzubringen, und zwar dann, wenn das Festhalten infolge durchgehender Einpreßteile am Stempel oder am Mantel erfolgen kann. Meist dient dann die Abdrückmechanik am Oberstempel als Niederhalter (s. Form nach Abb. 121), da man es nicht dem Zufall überläßt, wo man zuletzt das Teil entnehmen kann. In solchem Falle besteht außerdem die Gefahr, daß durch teilweise Haftung an Ober- und Unterstempel der Preßling beim Öffnen der Form zerrissen wird oder mindestens kleine Beschädigungen davonträgt.

Q. Bestimmung der Preßkonturenmaße

Bei der Festlegung der Form für ein bestimmtes Preßteil ist die Konstruktionsarbeit noch nicht mit dem Aufriß des Werkzeuges beendet. Eine besondere Aufgabe ist es, die Preßkonturen maßlich festzulegen. Dabei sind folgende Faktoren zu beachten und in die Berechnung einzubeziehen:

1. die *Schwindung* der zur Verarbeitung gelangenden Preßmasse,

2. *die am Preßteil* im ganzen oder an einzelnen wenigen Konturen *geforderte besondere Maßgenauigkeit,*

3. die Toleranzen, welche für die Herstellung des *Preßwerkzeuges* notwendig sind.

In dieser Reihenfolge, die keine Rangstufenordnung bedeutet, soll auf die Eigenart der einzelnen Punkte eingegangen werden:

Zu 1. *Die Schwindung*

Die härtbaren sowie die nichthärtbaren Kunststoffe haben die Eigenschaft, bei der an dem Härtungsprozeß sich anschließenden Abkühlung an den Fertigteilen zu schrumpfen. Dieser Vorgang, auch Schwindung genannt, ist bei den einzelnen Preßmassetypen ganz verschieden. — Als Unterlage für die Berechnung der Schwindung gilt nach DIN 53464 der Maßunterschied zwischen der kalten Form und dem kalten Preßteil am Tage nach der Pressung (Maße auf 20 °C) bezogen. Die Schwindung wird in Prozent des Maßes des kalten Preßwerkzeuges angegeben. Die absolute Schwindung liegt natürlich um so viel höher, als wie die lineare Ausdehnung der auf Preßtemperatur gebrachten Form ausmacht. In der Praxis haben sich folgende Werte für die Schwindung ergeben:

Schwindmaße verschiedener härtbarer Kunststofftypen
(Schwindung in %)

11	11,2	12	16	31	31,5	32	51	54	71	74	131	150	152	153	154	156	Phenol-harz
$\frac{0,1}{0,3}$	$\frac{0,2}{0,4}$	$\frac{0,15}{0,3}$	$\frac{0}{0,15}$	$\frac{0,6}{0,8}$	$\frac{0,6}{0,8}$	0,6	$\frac{0,3}{0,5}$	$\frac{0,2}{0,3}$	$\frac{0,3}{0,4}$	$\frac{0,3}{0,4}$	$\frac{0,5}{0,6}$	$\frac{0,5}{0,6}$	$\frac{0,4}{0,5}$	0,3	0,3	0,3	$\frac{0,9}{1,3}$

11*

Wie die Tabelle erkennen läßt, sind die Schwindmaße bei den einzelnen Typen nicht konstant, sondern sind mit gewissen Schwankungen behaftet. Diese Erscheinung ist nicht nur auf die Fertigung dieser oder jener Preßmasse-Lieferfirmen beschränkt, sondern tritt allgemein zutage. Selbst innerhalb einer Lieferung sind Schwindungsunterschiede oftmals festzustellen. Von Einfluß auf die Schrumpfung ist besonders der Härtegrad der Massen. Die Schwindung ist um so größer, je weicher die Masse ist. So kann z. B. bei Typ 31 eine harte Masse 0,6% Schwindung und eine extra weiche Masse 1% Schwindung besitzen.

Außer der Schwindung der Preßstoffe spricht der Preßfachmann aber auch noch von der Nachschwindung. Dieser Vorgang, welcher den Werkzeugkonstrukteur allerdings nicht betrifft, soll nicht unerwähnt sein. Die Preßstoffe haben die Eigenart, bei zusätzlichen Wärmebeanspruchungen, die klimatisch oder technisch bedingt sein können, nochmals zu schwinden. In DIN 53464 ist ein Prüftest für die Nachschwindung für verschiedene Preßstoffe festgelegt. Die darin genannten harten Prüfbedingungen kommen in der Praxis wohl nur selten vor, trotzdem zeigen die damit erhaltenen Werte an, wie hoch prozentual Maßabweichungen bei entsprechend thermischen Beanspruchungen sein könnten und oft genug auch sind.

Siehe H. TEIPELKE: Schwindung und Nachschwindung von Preßstoffen. Kunststoffe **48**, 395 (1958). − Dr.-Ing. W. WOEBCKEN: Bestimmung der Schwindung, Nachschwindung und Quellung von Preßstoffen. Kunststoffe Aug. 59/49, H. 8. − Dr. W. BAUER u. W. GRUBER, Redwitz: Schwindung und Nachschwindung von Melaminharzpreßmassen. Kunststoff-Praxis, Juni 59, H. 6.

Zu 2. *Die am Preßteil geforderte Maßgenauigkeit*

In DIN 7710, Bl. 1 sind Toleranzen und zulässige Abweichungen für Kunststofformteile festgelegt. In groben Zügen erläutert, ist das Blatt nach Formmassetypen aufgeteilt und in folgende Abschnitte zergliedert:

A. Formgebundene Maße.

a) Maße, ohne Toleranzangabe (allgemeine Baumaße),

b) Maße mit Toleranzangabe (wichtige Einbau -und Anschlußmaße),

c) Sonderfälle für Maße mit Toleranzangabe (besonders hohe notwendige Maßgenauigkeit).

B. Nicht formgebundene Maße:

a) Maße ohne Toleranzangabe (allgemeine Baumaße),

b) Maße mit Toleranzangabe (wichtige Einbaumaße).

Für Maße *ohne* Toleranzangabe nennt das Blatt zulässige ± Abweichungen, während bei größeren geforderten Maßgenauigkeiten also Maßen *mit* Toleranzangabe nur Toleranzen genannt werden, die vom Preßteilkonstrukteur je nach gewünschten Erfordernissen als + − oder ± Abweichungen aufgeteilt am Preßteilmaß einzutragen sind. Durch diesen Zwang soll einmal verhindert werden, daß aus einem falschen Sicherheitsbedürfnis des Preßteilkonstrukteurs heraus alle Maße mit zu großen Genauigkeiten versehen werden und zum anderen ist gleich am Teil an den eingetragenen zulässigen Abweichungen erkenntlich, daß es sich um ein wichtiges Funktionsmaß handelt. Gerade der letzte Umstand ist für den Formenbau wichtig, denn in diesem Fall muß auch der Formenbauer sich genau das entsprechende Maß für das Werkzeug errechnen.

Über die Anwendung von DIN 7710 bestehen sehr oft irrige Auffassungen, weil man sich nicht über den Aufbau und die Zusammensetzung der Toleranzfelder im klaren ist. Die Toleranzfelder zergliedern sich immer in die von der *Presserei* benötigten Werte und diejenigen, welche der *Werkzeugbau* erfordert.

1. Presserei (Gesamtteil etwa 60%):

a) Schwindungsunterschiede in den einzelnen Preßmasselieferungen,

b) Fertigungsschwankungen z. B. Unterschiede in der Formen- und Vorwärmtemperatur, Unter- oder Überschreitung der Härtezeit, Einfluß von Richtvorrichtungen und ganz besonders der Schwankungen, welchen die nicht formgebundenen Maße unterliegen,

c) Formenverschleiß.

2. Werkzeugfertigung (Gesamtteil etwa 40%):

a) maschinelle Bearbeitung, darin enthalten sind Drehen, Fräsen, Glätten der Preßflächen und Polieren vor und nach dem Härten,

b) Härteverzug.

Abb. 203 zeigt die Aufteilung an einem formgebundenen Maß im Bereich von 120 bis 180 mm für Maße *mit* und *ohne* Toleranzangabe. Daß die darin angegebenen Werte in den beiden Hauptgruppen sich oftmals gegeneinander verschieben ist durchaus möglich, aber die Anteile von Formenbau und Presserei dürfen gegenseitig nicht in

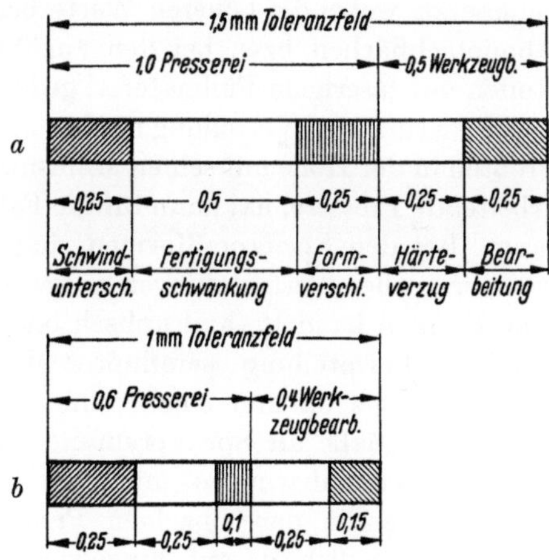

Abb. 203. Toleranzfeld-Aufteilung an einem formgebundenen Maß im Bereich von 120—180 mm
a ohne Toleranzangabe, *b* mit Toleranzangabe

Anspruch genommen werden. Eine Fertigung ohne Toleranzen ist in keiner der beiden Gruppen denkbar.

Bei *nicht* formgebundenen Maßen, deren Werte stark in die laufende Fertigung eingreifen, sind die Berechnungsgrundlagen nicht so einfach darstellbar. In DIN 7710 Bl. 1 sind sie mit lfd. Nr. 6—10 für die verschiedenen Formmassetypen erfaßt. Bei nicht formgebundenen Maßen handelt es sich hauptsächlich um solche, die durch Formenoberteil und -unterteil gebildet werden, also bei jedem Preßteil das Gesamthöhenmaß, und um Maße, die durch lose Formteile, wie Beilagen, Schieber, Einsätze usw., zu erzeugen sind.

Bei den Höhenmaßen spielt die Veränderung durch nicht ganz einwandfreien Formenschluß, hervorgerufen durch Masseüberschuß, Druckmangel, schweren Massefluß usw., eine bedeutende Rolle. Ungenaue Höhenmaße an den Preßteilen treten auch auf, wenn mehrere Formen gemeinsam auf einen Pressentisch aufgespannt werden. Die Verteilung des Pressendruckes erfolgt dabei leicht ungleichmäßig, da die Formen sich untereinander durch verschieden große Preßflächen, Abquetschflächen, unterschiedliche Formenhöhen usw. ungünstig beeinflussen. Stark veränderliche Maße in den Preßhöhen zeigen sich besonders bei Formen mit großen Abquetschflächen. Die Preßmasse erhärtet beim Schließen der Formen sehr schnell in den schwachen Querschnitten und fließt daher nicht restlos ab. Drucksteigerung bringt keine volle Abhilfe, gefährdet höchstens noch die Form. Die voraussichtliche Gratdicke ist bei Höhenmaßen in solchen Formen entsprechend den vorliegenden Erfahrungen mit in Rechnung zu stellen. Sie ist in DIN 7710 mit 0,2 bis 0,5 eingesetzt, wobei die höheren Werte bei größeren Formen und größeren Abquetschflächen bzw. bei den zur Verarbeitung gelangenden Werkstoffen mit faserigem Füllmaterial gedacht sind. Bei sorgfältigster Werkstoffdosierung und Verteilung muß es möglich sein, bei der Musterung ein Preßteil in der Höhe mit seinen Minusmaßen herzustellen. Die im Akkord arbeitende Presserei hat dann für die Fabrikation den notwendigen Spielraum. Bei den Spritzpreßformen sind die nichtformgebundenen Maße weniger großen Veränderungen ausgesetzt, da es sich um leer geschlossene Formen handelt (hydraulisch oder durch Zuhaltemäntel). Bei den durch die Formteilung beeinflußten Maßen genügt es dann, für das Aufatmen 0,1 bis 0,2 mm einzurechnen. DIN 7710 gibt für nicht formgebundene Maße an Spritzpreßteilen jedoch keine Werte an, sondern empfiehlt Vereinbarungen mit dem Lieferer, weil die Fabrikationseinrichtungen in den einzelnen Pressereien verschieden sind. Es soll aber ausdrücklich darauf hingewiesen sein, daß die höheren Toleranzen für *nicht* formgebundene Preßteilmaße allein für die Erfordernisse der Presserei gelten. Der Formenbau darf davon keinen Gebrauch machen.

Als Erläuterung der Ausführungen über die Berechnung von Formenmaßen sollen einige Beispiele dienen, welche Preßteilmaße *mit* Toleranzangaben betreffen, also wichtige Einbau- bzw. Anschlußmaße.

1. Formgebundenes Maß an einem Stempel (Abb. 204a):

Preßteilmaß .... $= 168\,^{+0,6}_{-0,4}$
$+$ 0,7% Schwindung (Typ 31) .... $=$ 1,2
$+$ Zuschlag für die vorgeschriebene Abweichung ...... $=$ 0,4

$$169,6\,^{+0,1}_{-0,3}$$

Von der zulässigen Abweichung $+$ 0,6 mm sind 0,5 in Anspruch genommen, da sonst die gestattete $+$ Abweichung für das Preßteil nicht
genutzt wäre. Außerdem kann ein solches nach $+$ gehaltene Stempelmaß

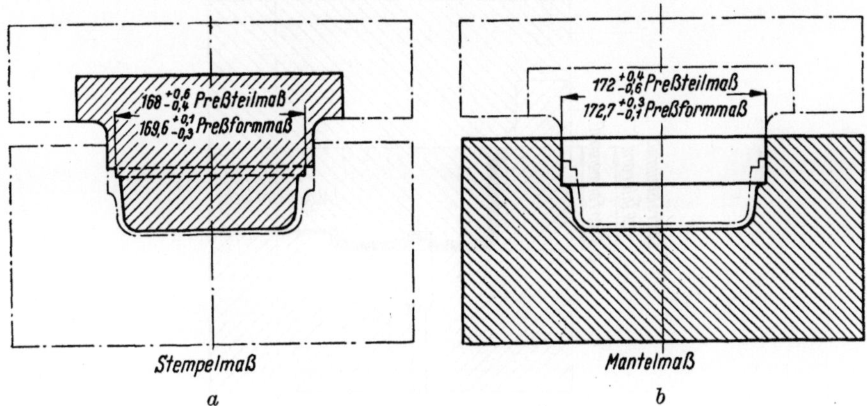

Abb. 204 a u. b. Formgebundene Werkzeugmaße

nachgearbeitet werden, falls die Musterung eine geringere Schwindung
ergibt als vorgesehen. Für die Werkzeugfertigung sind $^{+0,1}_{-0,3}$ mm vorgesehen, dies sind 40% der Gesamttoleranz. Mit $+$ 0,1 wird der Größtwert erreicht, damit kann der Toleranzrest mit $-$ 0,3 festgelegt werden.

2 Formgebundenes Maß an einem Mantel (Abb. 204b):

Preßteilmaß .... $= 172\,^{+0,4}_{-0,6}$
$+$ 0,7% Schwindung (Typ 31) .... $=$ 1,2

$$173,2$$

$-$ 0,5 der vorgeschriebenen $-$ Abweichung .... $=$ 0,5

$$172,7\,^{+0,3}_{-0,1}$$

Von der zulässigen Preßteilabweichung sind $-$ 0,5 in Anspruch genommen. Auch an diesem Beispiel kann der kleiner gehaltene Mantel
gegebenenfalls nachgearbeitet werden. Die Abweichungen von $^{+0,3}_{-0,1}$
für die Form sind ebenfalls so gelegt, daß eine Korrektur möglich ist.

3. Nicht formgebundenes Maß nach DIN 7710, lfd. Nr. 7 (Abb. 205):

Preßteilmaß .... = 62   −0,9
+ 0,7% Schwindung (Typ 31)................. =   0,4
                                              ─────
                                               62,4
− 0,8 der vorgeschriebenen zulässigen Abweichung =   0,8
                                              ─────
                                               61,6 ± 0,1

Von der vorgeschriebenen Abweichung von − 0,9 mm sind 0,8 mm
in Anspruch genommen, weil der Preßboden in der Abquetschfläche nur

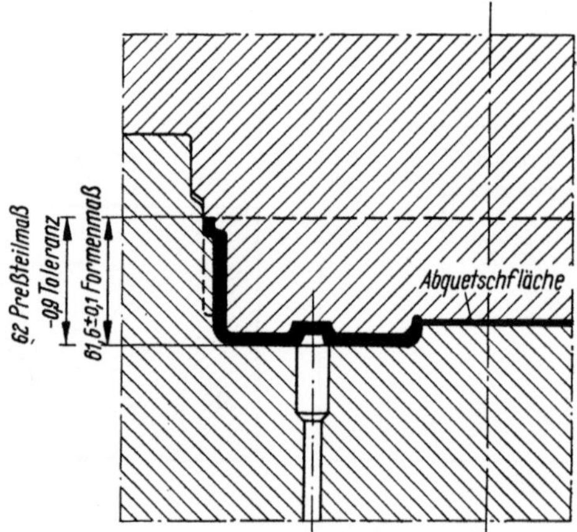

Abb. 205c. Nicht formgebundenes Werkzeugmaß

stärker werden kann. Bei Formmassetypen mit grober und faseriger
Struktur des Füllstoffes (Typ 54, 74) kann die ganze −Toleranz und
evtl. noch mehr abgezogen werden, da die Gratdicke 0,2 mm bestimmt
nicht unterschreitet. Die angeführten Beispiele zeigen, daß die Berechnung der Formenmaße eine sehr heikle Angelegenheit ist. Dafür
feste Richtlinien aufzustellen ist sehr schwer. Einen ausführlichen Bei-
trag über Berechnung der Schwindmaße lieferte B. WEPREK: Die Ver-
maßung der Werkzeichnungen für Kunststoffpreßformen und Spritzpreßformen. Kunststoff-Techn. 12 (1942) H. 6. Bei der Berechnung nach
dieser Anweisung würde jedoch ein Anfänger in Verwirrung geraten.
Erfahrene Kräfte kommen dagegen ohne diese komplizierten Darstellungen aus und benötigen auch sicher weniger Zeit. Abgesehen von den
Kosten einer Konstruktionszeichnung ist der Bau von Preßwerkzeugen
immer mit einer Terminjagd verbunden gewesen, so daß schnelles und
sicheres Arbeiten Voraussetzung ist.

Schwindmaßzeichnung oder Detailzeichnung. Die Maße der Preßteilkonturen werden in der Praxis auf verschiedenen Wegen festgelegt.

Entweder es wird eine Schwindmaßzeichnung angefertigt, dann ist dies eine Preßteilzeichnung, in welcher die Maße um den Schwindbetrag erhöht sind, oder es wird eine Formenzeichnung erstellt, in die alle Maße mit Schwindung eingetragen werden. Dabei sind, außer bei einfachsten Teilen, meist ausführliche Detailzeichnungen notwendig. Das letzte Verfahren ist natürlich zeitraubend und teuer, es macht sich aber bei der Herstellung der Form schnell bezahlt. Der Werkzeugmacher braucht dann vor allem nicht erst die Konturen ins Negativ umzudenken. Dieser Vorgang stellt bekanntlich eine große Belastung für den Werkzeugbauer dar und verlangt selbst von den Konstrukteuren bei sehr komplizierten Formen eine große Gedankenarbeit, die oft dazu führt, daß einzelne Konturen aus Knetmasse oder Schnitzstoffen behelfsmäßig modelliert werden.

Über die Einhaltung der in der Formenzeichnung eingetragenen nicht tolerierten Maße bestehen seit jeher Differenzen zwischen den Preßwerken und den Werkzeugherstellern, wobei außer acht gelassen werden kann, ob die Presserei die Formen im Eigenbau erzeugt oder nicht. Die Preßwerke verlangen, daß ihre Maße genau in der Form ausfallen; dies ist jedoch technisch unmöglich. Die Formenbauer wiederum möchten die Toleranzen von DIN 7710 am liebsten ganz für sich in Anspruch nehmen. Von dieser Einstellung wird sehr oft Gebrauch gemacht, wenn ein Preßwerk dem Werkzeughersteller nur die Zeichnung des Preßteiles übergibt und ihm damit die Genauigkeit der Form allein überläßt. Der Werkzeugfabrikant glaubt im allgemeinen eine einwandfreie Form hergestellt zu haben, wenn ein von ihm auf der eigenen Musterpresse erzeugtes Teil den Maßen der Stückzeichnung entspricht. Dies kann aber allein nicht als Maßstab für eine brauchbare Form gelten. Es ist bekannt, daß sich durch verschiedene Maßnahmen, die etwas abwegig von einer normalen Fabrikation liegen und durch Auswahl besonderer Massen, die Maße der Preßteile beeinflussen lassen. So kann z. B. durch Vorwärmung der Preßmasse, lange Härtezeiten und evtl. Abkühlung in der Form die Schwindung stark vermindert werden. Man erhält auf diese Weise natürlich nur Teile, die an der Grenze der Toleranzwerte liegen, die aber in der laufenden Fertigung nicht gehalten werden können. In gewissen Fällen wird jeder Preßteilabnehmer zu Zugeständnissen bereit sein, wenn ihm die Maßabweichungen bei der Verwendung der Teile keine Schwierigkeiten bereiten. Bei wichtigen Einbau- und Anschlußmaßen dürfte das allerdings kaum der Fall sein.

Um nun die gegensätzlichen Meinungen über die Maßgenauigkeit vorgeschriebener Schwindmaße im Formenbau auszuschalten, ist vom Fachnormenausschuß Kunststoffe das nachstehende Blatt DIN 16749 (Aug. 1959) entwickelt worden, welches alle Maße der Preßwerkzeuge erfaßt.

August 1959

Werkzeuge für Kunststoff-Formteile
Toleranzen und zulässige Abweichungen
für Preßwerkzeuge

DIN
16 749

Maße in mm

Allgemeines

Zu den Umständen, welche die in DIN 7710 Blatt 1 (Ausgabe 5. 59) für Preßteile[1] festgelegten Toleranzen beeinflussen[2], gehören auch die Herstelltoleranzen für die Preßwerkzeuge[1], die in dieser Norm festgelegt werden.

Maßabweichungen entstehen bei der spanenden Bearbeitung und beim Härten (Härteverzug) der Werkzeuge. Die in dieser Norm angegebenen Toleranzen[3] bzw. zulässigen Abweichungen[3] schließen den Härteverzug ein.

Von den Toleranzen und zulässigen Abweichungen für Preßteile in DIN 7710 Blatt 1, sind für die Herstellung der Konturen[4] der Preßteile im Werkzeug rund 30% vorgesehen[2], während der Rest für den Werkzeugverschleiß und alle Schwankungen in der Fertigung benötigt wird.

Nichtformgebundene Maße, wie in DIN 7710 Blatt 1 (lfd. Nr 6 bis 11) für Preßteile angegeben, kommen an Preßwerkzeugen nicht vor, d. h. diese Maße an einem geschlossenen Werkzeug (Druckleiste und Druckscheibe aufliegend) sind wie formgebundene Maße zu behandeln. Dies gilt sinngemäß auch für Maße, die durch lose Werkzeug-Einsätze (s. DIN 7710 Blatt 1, Bild 6) oder durch Beilagen (s. DIN 7710 Blatt 1, Bild 7) gebildet werden.

Unter Berücksichtigung vorstehender Gesichtspunkte werden für die auf etwaigen Verschleiß und jeweilige Schwindung berechneten Werkzeugmaße folgende für Preßwerkzeuge zulässige Abweichungen bzw. Toleranzen festgelegt.

1. Geltungsbereich

1.1 Diese Norm gilt für Preßwerkzeuge, die zur Herstellung von Preßteilen im Sinne von DIN 7708 Blatt 1 bestimmt sind.

1.2 Wenn in Fertigungsunterlagen, Bestellunterlagen usw. die zulässige Abweichung nach dieser Norm nicht an der Maßzahl angegeben ist (Maße ohne Toleranzangabe) und statt dessen ein allgemeiner Hinweis gegeben werden soll, daß die Toleranzen nach dieser Norm DIN 16 749 Blatt 1 (Ausgabe 8. 59) gelten sollen, ist auf diese Norm durch die Angabe „A DIN 16 749" hinzuweisen, z. B. ist auf Zeichnungen im Schriftfeld unter „Maße ohne Toleranzangabe nach:" zu vermerken: „A DIN 16 749".

Anmerkung; Tragen z. B. Zeichnungen einen Hinweis auf DIN 16 749 ohne den Buchstaben „A", so bezieht sich dieser Hinweis auf die überholte Ausgabe April 1951 von DIN 16 749. Es ist zu prüfen, ob statt dessen die zulässigen Abweichungen nach DIN 16 749 Blatt 1 (Ausgabe 8.59) angewendet werden können.

---

[1] Begriffsbestimmungen für Preßteil s. DIN 7708 Blatt 1, für Preßwerkzeug s. DIN 16 700.

[2] Vgl. W. Bucksch, Toleranzen für die Herstellung von Preßformen. Kunststoffe Bd. 39 (1949), S. 135/136.

[3] Toleranz ist der Unterschied zwischen dem zugelassenen Größt- und Kleinstwert eines Maßes. Die zulässigen Abweichungen sind das zugelassene obere und das zugelassene untere Abmaß vom Nennmaß. Der Absolutwert der Differenz der beiden zugelassenen Abmaße ist gleich der Toleranz.

[4] Konturen werden in dieser Norm die Begrenzungen der in das Werkzeug eingearbeiteten Form des Preßteiles genannt.

2. Toleranzen und zulässige Abweichungen der Preßwerkzeuge

Für die Angaben der Toleranzen und zulässigen Abweichungen in der Tabelle auf S. 3 gilt folgendes:

Zu lfd. Nr 1

Diese zulässigen Abweichungen gelten für alle Werkzeugmaße für Konturen, die den Preßteilmaßen ohne Toleranzangabe mit zulässigen Abweichungen nach DIN 7710 Blatt 1 (Ausgabe 5. 59), lfd. Nr 1; Nr 4, Zeile 1 und lfd. Nr 5, Zeile 1, entsprechen.

Die den Preßteilmaßen ohne Toleranzangabe entsprechenden Werkzeugmaße werden in der Werkzeugzeichnung auch ohne Toleranzangabe eingetragen.

Zu lfd. Nr 2

Diese Toleranzen gelten für Werkzeugmaße für Konturen, die den Preßteilmaßen mit Toleranzangabe mit Toleranzen nach DIN 7710 Blatt 1 (Ausgabe 5. 59), lfd. Nr 2; lfd. Nr 4, Zeile 2 und lfd. Nr 5, Zeile 2, entsprechen.

Die Toleranzen sind Gesamtwerte; die den Toleranzen entsprechenden zulässigen Abweichungen sind je nach den gestellten Forderungen am Preßteil als Plus-Abweichungen oder als Minus-Abweichungen oder als Plus-Minus-Abweichungen an der Maßzahl in der Werkzeugzeichnung einzutragen.

Zu lfd. Nr 3

Diese Toleranzen gelten in Sonderfällen für Werkzeugmaße für Konturen, wenn für die Toleranzen für Preßteilmaße die Toleranzangaben nach DIN 7710 Blatt 1 (Ausgabe 5. 59), lfd. Nr 3, gelten und wenn diese ohne spanende Nacharbeit einzuhalten sind.

Die Toleranzen sind Gesamtwerte; die den Toleranzen entsprechenden zulässigen Abweichungen sind je nach den gestellten Forderungen am Preßteil als Plus-Abweichungen oder als Minus-Abweichungen oder als Plus-Minus-Abweichungen an der Maßzahl in der Werkzeugzeichnung einzutragen.

Können die Toleranzen nur mit spanender Nacharbeit eingehalten werden, so erhält das Preßteil an den betreffenden Stellen eine Bearbeitungszugabe. Für das Preßteilmaß einschließlich Bearbeitungszugabe gelten die Werkzeugtoleranzen nach lfd. Nr 1. Die notwendigen Bearbeitungszugaben lassen sich nicht allgemein angeben, da sie von der vorgesehenen Bearbeitungsart abhängen. In besonderen Fällen sollte eine Rohteilzeichnung angefertigt werden.

Zu lfd. Nr 4 und 5 der Tabelle

Allgemeine Baumaße der Werkzeuge sind Maße, welche die Konturen der Preßteile im Werkzeug nicht beeinflussen.

Zu lfd. Nr 4

Diese zulässigen Abweichungen und Toleranzen gelten für alle allgemeinen Baumaße der Werkzeuge ohne Toleranzangabe.

Zu lfd. Nr 5

Für allgemeine Baumaße der Werkzeuge mit Toleranzangabe sind die Toleranzen den besonderen Bedingungen entsprechend zu wählen.

Hinweise auf weitere Normen

Werkzeuge für Kunststoff-Formteile. Toleranzen und zulässige Abweichungen für Spritzgußwerkzeuge s. DIN 16749 Blatt 2

Kunststoff-Formteile. Toleranzen und zulässige Abweichungen für Preßteile s. DIN 7710 Blatt 1

Kunststoffe. Formmasse-Typen. Begriffe, Allgemeines s. DIN 7708 Blatt 1

Formtechnik der Formmassen. Arbeitsverfahren und Arbeitsmittel, Begriffe s. DIN 16700.

Toleranzen und zulässige Abweichungen für Werkzeugmaße für Konturen[4]

Lfd. Nr			Maßbereich										
			bis 6	über 6 bis 18	über 18 bis 30	über 30 bis 50	über 50 bis 80	über 80 bis 120	über 120 bis 180	über 180 bis 250	über 250 bis 315	über 315 bis 400	über 400 bis 500
1	Werkzeugmaße *ohne* Toleranzangabe bei Preßteilmaßen ohne Toleranzangabe entsprechend A DIN 7710	Zulässige Abweichungen	± 0,05	± 0,05	± 0,08	± 0,1	± 0,15	± 0,2	± 0,25	± 0,35	± 0,45	± 0,6	± 0,75
2	Werkzeugmaße *mit* Toleranzangabe bei Preßteilmaßen mit Toleranzangabe entsprechend A DIN 7710	Toleranzen	0,05	0,08	0,1	0,15	0,2	0,3	0,4	0,5	0,6	0,8	1
3	*Sonderfälle* der Werkzeuge *mit* Toleranzangabe bei unbearbeiteten Preßteilmaßen außer Mittenabständen entsprechend A DIN 7710, lfd. Nr. 3	Toleranzen	0,03	0,04	0,05	0,07	0,1	0,15	0,2	0,25	0,3	0,4	0,5

Allgemeine Baumaße der Preßwerkzeuge

4	Werkzeugmaße *ohne* Toleranzangabe	Längenmaße	Zulässige Abweichungen	Maßbereich: bis 500 ± ½ IT 16 nach DIN 7151			
		Mittenabstände von Löchern (s. Abb. 1)		bei Lochdurchmesser d	bis 6	über 6 bis 10	über 10 bis 18	über 18 bis 30
					± 0,2	± 0,4	± 1	± 1,5
		Winkel, deren Größe angegeben ist (s. Abb. 2)		bei Schenkellänge l	bis 18	über 18 bis 80	über 80
					± 1°	± 20′	± 10′
		Rechte Winkel ohne Angabe 90° (Prismen)	Zulässige Abweichungen	dürfen innerhalb der für die beiden Schenkellängen a und b gegebenen Toleranzfelder auf Kosten dieser liegen (s. Abb. 3). Dabei ist es gleichgültig, ob das Toleranzfeld auf der Zeichnung angegeben ist, oder ob es sich bei untolerierten Maßen aus dieser Norm ergibt.			

4	Werkzeugmaße *ohne* Toleranzangabe	Außermittigkeit (s. Abb.4)	Toleranzen	$\dfrac{T}{2}$ = Hälfte der für das größere der beiden geltenden Toleranz (s. Abb. 4). Dabei ist es gleichgültig, ob die Toleranz T für das größere der beiden Maße auf der Zeichnung angegeben ist, oder ob sie sich bei einem untolerierten Maß aus dieser Norm ergibt
5	Werkzeugmaße *mit* Toleranzangabe	Maße, für die besondere Bedingungen vorliegen, z. B. bei Werkzeugen, die gleiche Höhe haben und gemeinsam (z. B. auf Gestell DIN 16702) aufgespannt werden müssen usw.	Zulässige Abweichungen	sind je nach den vorliegenden Bedingungen vom Konstrukteur festzulegen und in die Werkzeugzeichnungen einzutragen

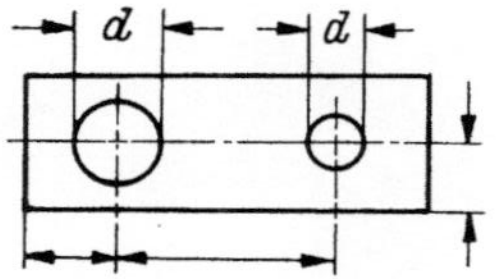

Abb. 1

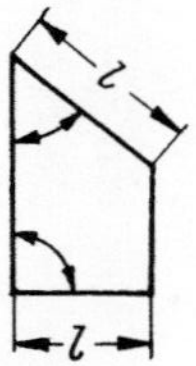

Abb. 2

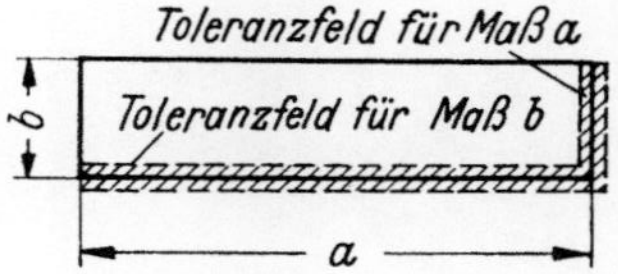

Abb. 3

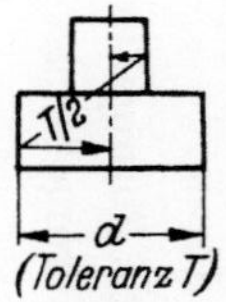

Abb. 4

R. Die Herstellung der Preßformen

Die Erzeugung der Preßkonturen in den verschiedensten Formen kann geschehen durch:

a) zerspanende Formgebung,
b) spanlose Formgebung.

Abb. 206. Horizontales Fräsen eines Preßformstempels (Werkbild: Fr. Deckel, München)

Abb. 207. Vertikales Fräsen eines Preßformstempels
(Werkbild: Fr. Deckel, München)

Bei beiden Verfahren folgt nach der maschinellen Operation bzw. nach dem Guß die nicht auszuschließende Handarbeit des Werkzeugmachers, wie Ausführung der notwendigen Abstimmungen, Paß- und Polierarbeiten, welche durch Maschinen nicht abgenommen werden können.

1. Die zerspanende Formung

Diese kann als die meist angewandte gelten. Sie ist in der Hauptsache eine Arbeit der Fräsmaschine, soweit die Preßlinge nicht Rotationskörper sind, die eine Fertigung ihrer Konturen auf der Drehbank gestatten. Die zur Ver-

wendung gelangenden Fräsmaschinen müssen im weitgehendsten Sinne
Universalmaschinen sein, da die Fülle der Konturen einer Form den
Angriff der Werkzeuge in allen möglichen Stellungen, horizontal, ver-
tikal und im Winkel erfordern. Dabei muß angestrebt sein, daß die
Maschine die Konturen bis auf die noch notwendige Polierarbeit fertig-
stellt, damit die Handzeiten des Werkzeugmachers auf das äußerste

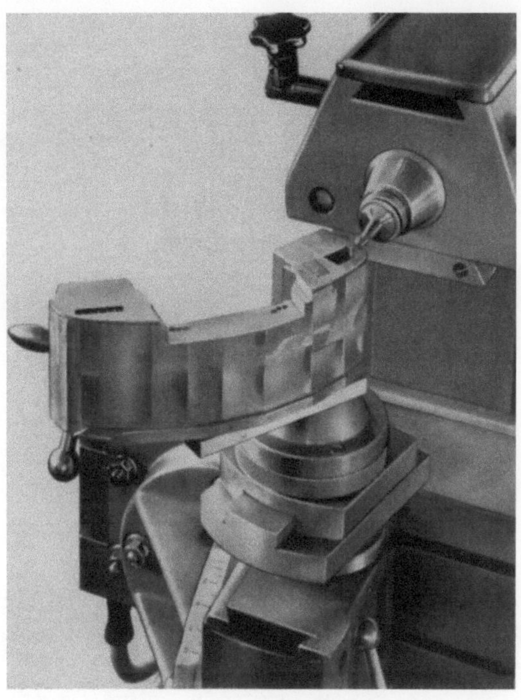

Abb. 208. Horizontales Fräsen eines Stempels auf einer Universal-Fräsmaschine
(Werkbild: Fr. Deckel, München)

Kleinstmaß herabgesetzt werden. Außer dem Preis der Form werden
dadurch günstig beeinflußt: Leistungskapazität des Werkzeugbauers
und Maßgenauigkeit der Formen. Bei Innenkonturen von Einbauteilen
sollte der Preßteilkonstrukteur seine Konturen nur so festlegen, wie
sie durch die zerspanenden Werkzeuge entstehen. Bei Preßlings-Außen-
konturen dagegen ist es gerechtfertigt, der Schönheit und dem Wert
des Teiles voll und ganz Rechnung zu tragen und die einmalige und
teure Anfertigung eines ungeteilten Formmantels z. B. in Kauf zu
nehmen. Es soll dabei auch auf eine Teilung der Form zwecks ein-
facherer Herstellung verzichtet werden. Abb. 206 u. 207 zeigen Fräs-
operationen an Formstempeln auf einer Universal-Werkzeugfräsmaschine.

Die für den Formenbau wichtigste spanabhebende Werkzeugmaschine ist jedoch die Kopierfräsmaschine. 2 Hauptbauarten sind zu nennen: Die mechanisch abtastende Nachformfräsmaschine und die durch einen elektrischen Fühler gesteuerte automatische Kopiermaschine. Beide Maschinenarten können für Stempel- und Mantelherstellung benutzt werden. Ob der einen oder der anderen Bauart der Vorzug gegeben

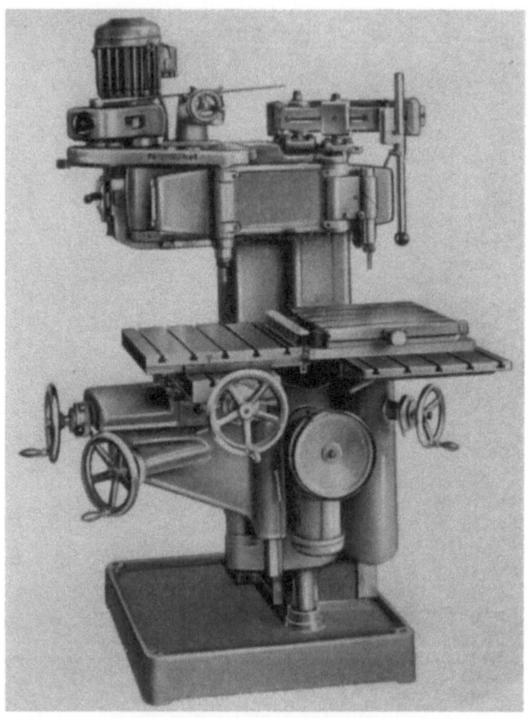

Abb. 209. Universal-Nachformfräsmaschine
(Werkbild: Fr. Deckel, München)

werden soll, kann nicht die Aufgabe dieser Zeilen sein. Dies hängt vielmehr von den Gegebenheiten des jeweiligen Betriebes ab. Alle Kopiermaschinen arbeiten nach Modell-Körpern, die dem gewünschten Original entsprechen. Sie sind deshalb um das Schwindmaß größer, welches der in dem Werkzeug später zu verpressenden Preßmasse zugehört. Die Modelle im Maßstab 1 : 1 oder größer, können aus Hartholz, Kunstharz, Monolith, Messing und eventuell gehärtetem Stahl gefertigt werden, wobei mit steigender Konturengenauigkeit, größerem Konturenreichtum und steigender Gesenkzahl der härtere Werkstoff anzuwenden ist. Unter gewissen Voraussetzungen lassen sich ungleichmäßige Raumformen auch ohne räumliche Vorlage, nur mit Schablonen, herstellen (s. FRANZ ROSSBERGER, VDJ-Z-, Bd. 102, Nr. 25, Sept. 60). Die Abb. 210 bis 213

Abb. 210. Herstellung einer Formhälfte für einen Telefonhörer mit Hilfe einer Spiegelbild-Fräseinrichtung (Werkbild: Fr. Deckel, München)

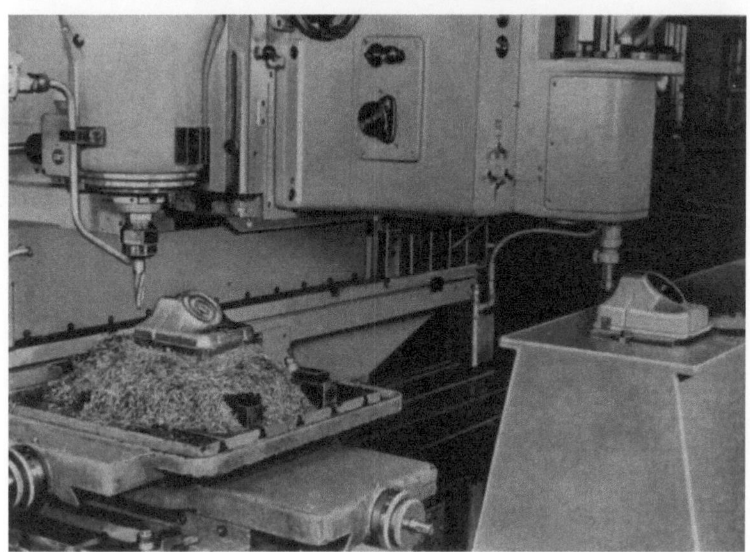

Abb. 211. Modell und Preßformstempel (Schrupp-Prozeß) auf einer automatischen Kopierfräsmaschine (Werkbild: Nassovia, Langen, Bez. Frankfurt/M.)

12 Bucksch-Briefs, Preßwerkzeuge, 2. Aufl.

Abb. 213
Preßformstempel vollautomatisch
geschlichtet (Werkbild: Nassovia,
Langen, Bez. Frankfurt/M.)

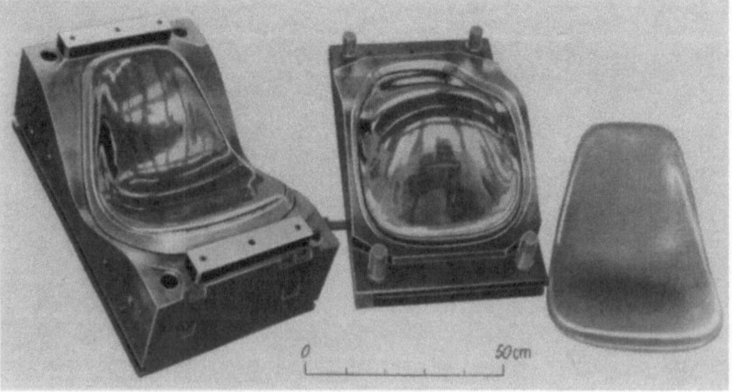

Abb. 214. Preßwerkzeug für anatomischen Sitz (Werkbild: Becker & van Hüllen, Krefeld)

zeigen Beispiele der Einsatzmöglichkeiten dieser hochentwickelten Maschinen, ohne jedoch die äußerst vielseitige Verwendbarkeit voll erkennen zu lassen. Daß die Maschinen auch für die Erzeugung nur in einer Ebene liegender Konturen brauchbar sind, soll im Hinblick auf Schriftgravuren erwähnt sein. Für diesen Zweck brauchen für die Fräserführung nur einfache Schablonen erstellt werden.

Wie stark sich Ersparnisse bei der Herstellung von Preßkonturen auswirken können, geht aus der Tatsache hervor, daß die Kosten für die Konturen eines durchschnittlichen Preßlings auf der Universal-Fräsmaschine herausgearbeitet und vom Werkzeugmacher fertiggestellt rund 75% des Gesamtbetrages ausmachen.

Ein typisches Beispiel für die einzige Möglichkeit, eine Form durch Kopierfräsen herzustellen, zeigt Abb. 214. Der in dem Werkzeug aus glasfaserverstärktem Polyesterharz zu pressende anatomische Sitz hat derartig wechselnde Konturen, die sich zeichnerisch gar nicht festlegen lassen. Hier kann allein ein Abtasten vom Modell helfen.

2. Die spanlose Erzeugung

Die Erzeugung der Preßkonturen auf spanlosem Wege kann auf vier Arten geschehen:

    I. Prägen oder Kaltsenken.
   II. Elektroerosive Einarbeitung.
  III. Gießen.
  IV. Galvanoplastisches Verfahren.

Die angeführte Reihenfolge soll keinen Maßstab darstellen, da alle 4 Verfahren ihre besonderen Eigenarten aufweisen, denen zufolge sie jeweils nur unter gewissen Voraussetzungen angewendet werden können. Zudem erfordern alle Methoden die entsprechenden Einrichtungen in den Formenbau-Werkstätten.

Zu I. *Prägen oder Kaltsenken* ist das seit dem Anfang des Formenbaues benutzte Verfahren und hat seinen Ursprung in der Metallindustrie, dabei vorwiegend in der Herstellung von ziemlich flachen Ornamenten an Bestecken und Beschlägen. Die Arbeitsweise ist die folgende:

Ein Prägestempel, auch Pfaff genannt, der das Positiv des herzustellenden Preßteils darstellt, wird unter hohem hydraulischen Druck bei Raumtemperatur langsam, aber stetig in einen vollen Stahlblock eingedrückt. Der so entstehende Abdruck stellt die fertige Preßkontur dar, welche nur noch geringe Nacharbeit von Hand notwendig macht. An die Prägestempel werden naturgemäß sehr hohe Ansprüche gestellt. Die auftretenden Drücke, die bis zu 28000 kg/cm² Flächenpressung betragen können, erfordern einen sehr druckfesten Stahl bei harter

12*

Oberfläche und hoher Kernzähigkeit. Bewährt hat sich unter anderen der Chromstahl mit 12% Cr und 1,6% C, der bei Ölhärtung (s. auch Kapitel II dieses Buches) eine Rockwellhärte von 58 bis 61 HR_c erreicht. Für das zu prägende Werkzeug werden weich geglühte Einsatzstähle mit niedrigem Kohlenstoffgehalt verwandt (meist unlegiert oder verhältnismäßig schwach legiert) mit einer Festigkeit von 35 bis 45 kg/mm².

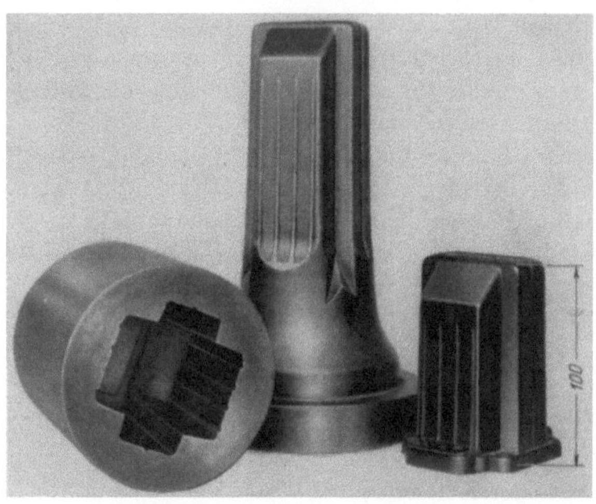

Abb. 215. Prägestempel nebst geprägtem Formenmantel und zugehörigem Preßteil
(Werkbild: Becker & van Hüllen, Krefeld)

Abb. 215 zeigt einen Pfaffen, den dazugehörigen gesenkten und abgedrehten Formenmantel sowie den Preßling, ein Transformatorengehäuse. Infolge der großen Tiefe der Kappe handelte es sich um eine sehr schwierige Senkung, die eine mehrmalige Zwischenglühung erforderlich machte. Die Form in dieser Ausführung zerspanend aus dem Vollen herauszuarbeiten, ist fast undurchführbar. Nur eine Teilung über die Mitte der Matrize dürfte dabei die Herstellung möglich machen.

Bei den nicht sehr tief zu prägenden Formenmänteln (z. B. für Knöpfe) wird auf Zwischenglühungen verzichtet. Man prägt die Kontur in einem Druck aus (Abb. 52).

Das Kaltsenkverfahren wird vor allem angewandt für Mehrfach-Formen kleinerer Teile (s. Abb. 12), wo mit einem Pfaffen eine ganze Reihe von Einsätzen hergestellt werden können, z. B. bei Drehknöpfen von Rundfunkapparaten, Instrumenten usw. Wenn an diesen Teilen nach Riffelungen oder Flächen auftreten, wird viel Maschinen- und Handarbeit gespart. Weiter ist das Prägen empfehlenswert bei Preßteilen, welche vertiefte Schrift oder feine Skalenteilungen erhalten, die später farbig ausgelegt werden. Diese feinen Konturen müssen in der

Form erhaben erscheinen. Die maschinelle Herstellung, oft kaum durchführbar, würde enorme Zeit verschlingen. Im Pfaffen dagegen sind die Skalenstriche nur einfach nach Schablone vertieft einzugravieren. Das

Abb. 216. Pfaff und geprägte Formenmäntel für ein Telephongehäuse
(Werkbild: Becker & van Hüllen, Krefeld)

Abb. 217. Senkstempel mit vor- und fertiggesenkter Matrize (Werkbild: Sack & Kiesselbach,
Düsseldorf)

gleiche gilt für Schriften, welche in Normalschrift erscheinen. In der Matrize treten sie nach dem Prägen erhaben in Spiegelschrift hervor. Das Preßteil ist dann das gewünschte Positiv mit vertieften Schriften bzw. Skalenstrichen. Werden am Preßteil erhabene Beschriftungen erwünscht, so ist die Herstellung des Pfaffen nicht so einfach, da nun an

ihm die Schrift erhaben hervortreten muß. Da beim Prägen dieselbe erhöhten Beanspruchungen ausgesetzt ist und bei empfindlichen Zeichen
die Gefahr des Ausbrechens besteht, sollte man in diesem Falle auch an
geprägten Matrizen die Schriften evtl. nachgravieren. Wirtschaftlich ist
das Verfahren oft schon bei einem Gesenk.

Abb. 217a. Ölhydraulische Einsenkpresse, Druckkraft 1250 t. Regulierbare Prägegeschwindigkeit
0,003 — 0,3 mm/sek (Werkbild: Sack & Kiesselbach, Düsseldorf)

Immerhin sollte man aber beachten, daß eine Menge Erfahrungen zu
sammeln sind ehe jede Prägung glückt. Es bedarf größter Sorgfalt bei
der Herstellung der Pfaffen. Die Oberflächen müssen nach einwandfreier
Härtung gut poliert sein. Die gleich gute Flächenbeschaffenheit muß der
Formeinsatz erhalten, um die Reibungswiderstände herabzusetzen.
Druckbeständige Schmiermittel sind anzuwenden. Der zu prägende Einsatz wird in den überwiegenden Fällen in einen Haltering mit Schrumpfspannung eingebaut, der die äußere Verformung und das Reißen der
Matrize verhindert. Die Matrize wird außerdem so ausgespart, wie es der
zu verdrängende Werkstoff erfordeit. Zum Prägen selbst sind langsam
fahrende Sonderpressen nötig, die mit Schutzschilden versehen sind um

beim Springen eines Pfaffen eine Gefährdung der Bedienung auszuschließen. Die Einsenkgeschwindigkeit, bestimmt vom Formänderungsvermögen der Werkzeugstähle, bewegt sich in der Größenordnung von 0,003 bis 0,3 mm/s. Wo nicht laufender Bedarf an Formeinsätzen in geprägter Ausführung vorliegt, sollte man seinen Bedarf bei geeigneten Firmen decken und auf die eigene Erstellung von Matrizen verzichten.

Siehe VDI-Arbeitsblatt 3170 - Kalteinsenken von Werkzeugen.

Zu II. *Elektroerosive Formenherstellung.* In der spanlosen Erzeugung von Konturen im Preßformenbau ist die Funkenerosion auf dem Wege die erste Stellung einzunehmen, soweit die Größe der Formen nicht zu gewissen Einschränkungen in der Anwendung zwingt. Das Arbeitsprinzip, kurz beschrieben, ist folgendes: Durch elektrische Impulsentladung in einem Dielektrikum zwischen zwei Polen, in diesem Falle Werkstück und Elektrode, werden einzelne Werkstoffteilchen abgetragen. Diese Abtragung erfolgt entsprechend der Gestalt der Elektrode und erstellt so die gewünschte Kontur eines Formmantels oder -stempels (Abb. 218). Dieser anscheinend einfache Vorgang

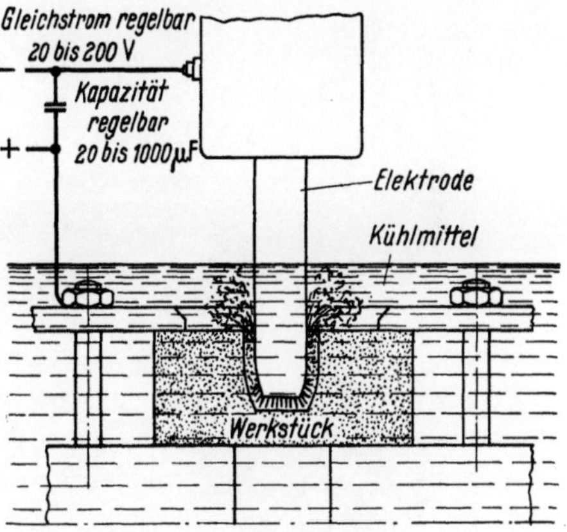

Abb. 218. Schematische Darstellung der Elektroerosion (Werkbild: Siemens-Schuckert-Werke AG)

führte im Laufe der letzten Jahre zur Entwicklung und Konstruktion von Spezialmaschinen, die in der Hauptsache elektrische Apparate sind. Die mechanischen Elemente dieser Maschinen dienen der Werkstückaufnahme und der Haltung der Elektrode bzw. ihrer Heranführung an das zu erzeugende Werkzeugteil. Es sind mehrere sehr gute Funkenerosionsmaschinen teils sehr unterschiedlicher Bauformen geschaffen worden, deren eingehende Beschreibung den Rahmen dieser Ausführungen überschreiten würde. Es dürfte sich empfehlen, die herstellenden Werke jeweils anzusprechen, zumal in der Entwicklung dieser Maschinen noch weitere Fortschritte zu erwarten sind. Es soll jedoch erwähnt werden, daß sich zwei Hauptbauformen dieser Maschinen bisher herausgebildet haben. Es sind dies die *Zweiteilbauart*, bei der elektrischer und maschineller Teil getrennt sind und die *geschlossene Bauweise*, welche beide Teile in einem Maschinenkörper vereint. *Die Zweiteilbauart* wird in den Abb. 219 u. 220 verdeutlicht.

Ein Funkenerosionskopf, in einer Bohrmaschine eingespannt, wird durch einen fahrbaren Steuerschrank gespeist. Es kann natürlich jede andere Maschine zur Kopfaufnahme benutzt werden, z. B. ein Bohrwerk oder eine Fräsmaschine. Empfehlenswert ist auch der Bau einer Vorrichtung mit entsprechender Spann- und Verstellmöglichkeit für das herzustellende Werkzeug, z. B. ein Kreuzschlitten. Die Grobanstellung

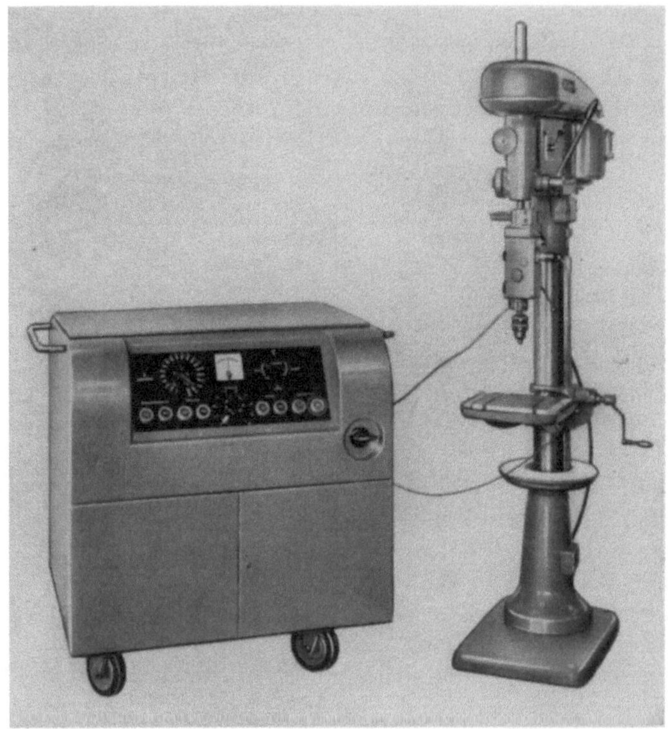

Abb. 219. Erosionsmaschine in Zweiteilbauart (Werkbild: Roth u. Müller, Eßlingen)

des Kopfes erfolgt von der Werkzeugmaschine bzw. durch die Vorrichtung, während die Erosionszustellung automatisch durch einen Servomotor mit Getriebe geschieht. Der automatische Zustellweg des gezeigten Erosionskopfes beträgt 150 mm, die Leistungsaufnahme 3 kW, und die max. Abtragsleistung beim Schruppen 800 mm³/min. Der Steuerschrank enthält: F.-Erosionsgenerator, Transistor-Steuergerät und die Pumpe für den Umlauf für das Dielektrikum. Die Schalttafel trägt die Bedienungselemente und Überwachungsinstrumente. Eine *Maschine geschlossener Bauart* zeigt Abb. 221.

Diese Konstruktion stellt eine Einheit dar, welche natürlich ihre Vorzüge hat. Namentlich bei starkem Einsatz des Verfahrens wird die geschlossene Maschine, von denen es viele brauchbare Fabrikate gibt, die größere Beachtung verdienen. Obwohl sich die Erosionsmaschinen selbst steuern, kann von einer Brennautomatik nur mit Einschränkung gesprochen werden. Gerade bei der Raumformbearbeitung muß der Elektrodenverschleiß beachtet werden und es sind Schrupp- und Schlicht-

Abb. 220. Funkenerosionskopf (Werkbild: Roth u. Müller, Eßlingen)

elektroden nacheinander einzusetzen. Durchbrucharbeiten, wie sie Schnittplatten aufweisen oder auch ähnliche Durchbrüche zur Aufnahme von rechteckigen und anders profilierten Einpreßmetallen in Formen, können dagegen den Elektrodenverschleiß durch die Elektrodenlänge ausgleichen. Bei der Raumformung müssen die Elektroden natürlich ein Positiv zum herzustellenden Negativ der Werkzeugform sein.

Die Herstellung der aus Kupfer bestehenden Elektroden erfolgt meist auf zerspanendem Wege. Daneben werden auch solche durch Metallsprühen in kleinere Formen hergestellt. Das bekannte Schopsche Verfahren liefert allerdings zu poröse Elektroden, die sich nur für grobe Vorarbeit eignen. Bei größerem Bedarf empfiehlt sich die Elektrodenherstellung durch Gesenke mit evtl. Nachprofilierung.

Die im Preßformenbau verwendeten Stähle legen dem Erosionsverfahren keine Einschränkungen auf. Es ist der besondere Vorzug, daß

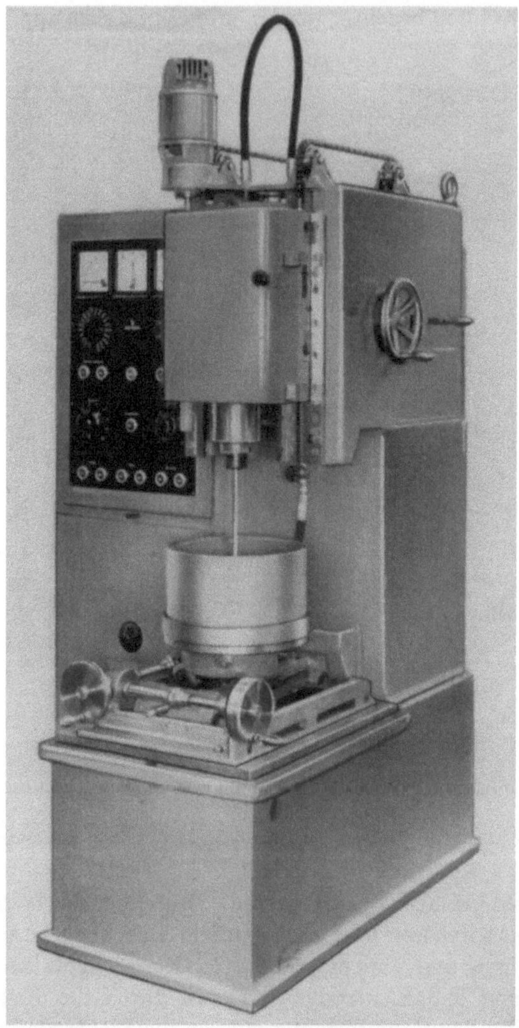

Abb. 221. Funkenerosionsmaschine (Werkbild: Siemens-Schuckert-Werke AG)

sich jedes bereits gehärtete Werkzeugteil bearbeiten läßt. Dadurch können eng tolerierte Werkzeugmaße unbeeinflußt durch Härteverzug erzeugt werden. Spätere Werkzeugänderungen sind durchführbar ohne thermische Zwischenbehandlung. Die nachgebrannten Flächen erfahren auch bei Einsatzstählen keine Minderung iher Härte, da beim Erodieren

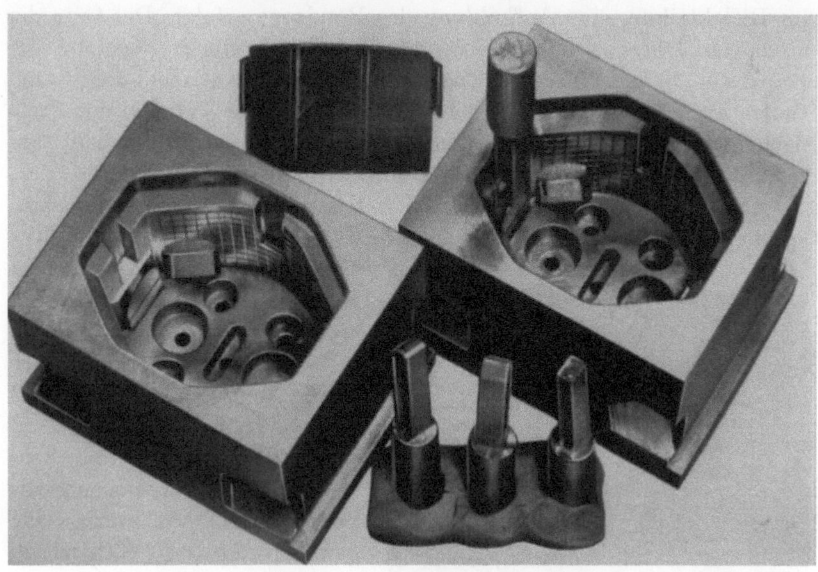

Abb. 222. Formenmäntel mit Elektroden für Seitenkammern
(Werkbild: Siemens-Schuckert-Werke AG)

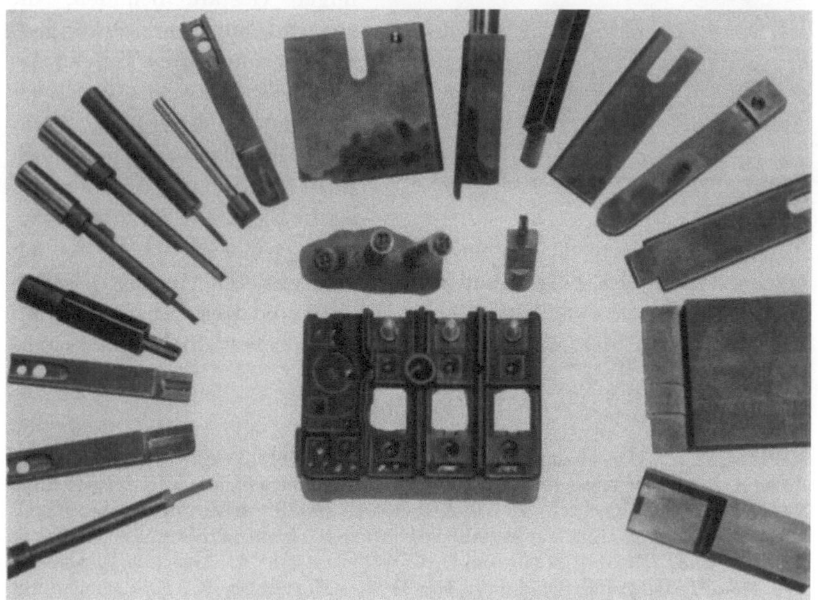

Abb. 223. Instrumentenplatte mit Elektroden für die zugehörige Preßform
(Werkbild: Siemens-Schuckert-Werke AG)

im Dielektrikum eine Aufkohlung der Randzone erfolgt. Die Güte der erodierten Oberflächen wird allen Anforderungen durch Regelung von Kapazität, Stromstärke und Spannung gerecht. Die erreichbaren Rauhtiefen, auch bei Hartmetall, betragen bis $0{,}5\,\mu$. Das Polieren der Preßflächen erfordert nach dem Erodieren nur geringe Nacharbeit. Anschließend einige Beispiele aus dem Formenbau:

Abb. 222: Dieser Formenmantel hat in seinen Seitenwänden Aussparungen, welche durch ihre rechteckige Gestalt nach dem evtl. Fräsen eine größere Zahl von Werkzeugmacherstunden nötig machen würden.

Abb. 223: Diese an Konturen reiche Montageplatte erfordert einen Preßformenmantel mit vielen Absätzen, Nuten, Senkungen usw. Das erosive Bearbeiten erforderte allerdings eine ganze Reihe von Elektroden.

Abb. 224: Dieser Preßformenstempel hat zwei Kammern, in denen sich Absätze bogenförmiger Gestalt befinden, die spanend nur sehr schwer herstellbar sind. Eine Teilung des Stempels ist wegen der herrschenden Preßdrücke nicht möglich. Aus der rechten, noch nicht fertig erodierten Kammer, ist die Elektrode herausgezogen.

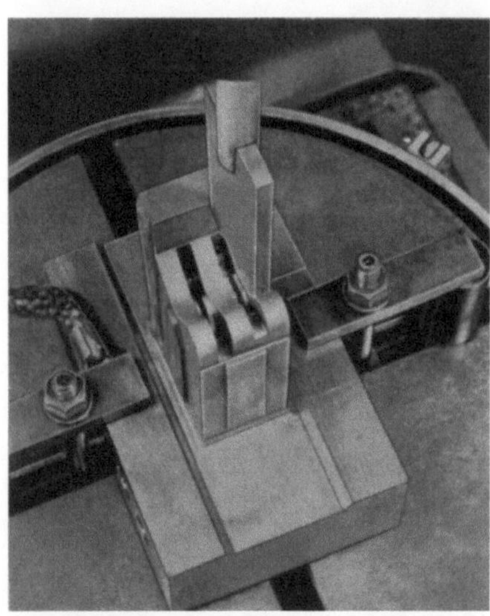

Abb. 224. Stempel einer Preßform mit Elektrode für Kammer (Werkbild: Siemens-Schuckert-Werke AG)

Alle diese Beispiele können nur andeuten, wie sehr sich Werkzeugmacherstunden im Formenbau durch das Erodieren einsparen lassen. Die großen Einsatzmöglichkeiten im Schnitt- und Gesenkbau sowie auf allen Gebieten der Hartmetallbearbeitung sollen nicht unerwähnt bleiben.

Literatur

SIMONIS, F. W.: Maschinen und Arbeitsbeispiele zur Metallbearbeitung der Elektro-Erosion. Z. Metall, April 1958. – BENDER, K.: Funkenerosion. VDI-Nachrichten, Nr. 17 (1958). – ULLMANN, W.: Elektroerosive Metallbearbeitung. Techn. Rundschau Nr. 21 u. 23 (1955). – Metallbearbeitung d. Elektroerosion. Techn. Rundschau 14 u. 37 (1955). – RÜDIGER, O. u. WINKELMANN, A.: Über die Elektroerosive Metallbearbeitung. Z. Metall, Mai 1958. – WITTWER, E.: Erfahrungen mit dem Erodieren in der Fertigung. Werkstatt-Technik H. 10, S. 613 bis 618 (1959). – TRAUBE, TH. G.: Locarno, Formen- und Gesenkbearbeitung durch Elektroerodieren. Werkstatttechnik H. 4 (1960). Springer Verlag.

Zu III. *Formenherstellung durch Gießen.* *Das Gießen* von Matrizen ist
von jeher ein erstrebenswertes Ziel gewesen, um von der teuren Zer-
spanarbeit wegzukommen und zu kürzeren Terminen zu gelangen. Der
rechte Erfolg ist bei diesen Bemühungen jedoch nicht eingetreten. Außer
an den Gießverfahren mag es daran liegen, daß einem Werkzeugbau
selten eine Gießerei zugeordnet ist und man unter Termindruck keine

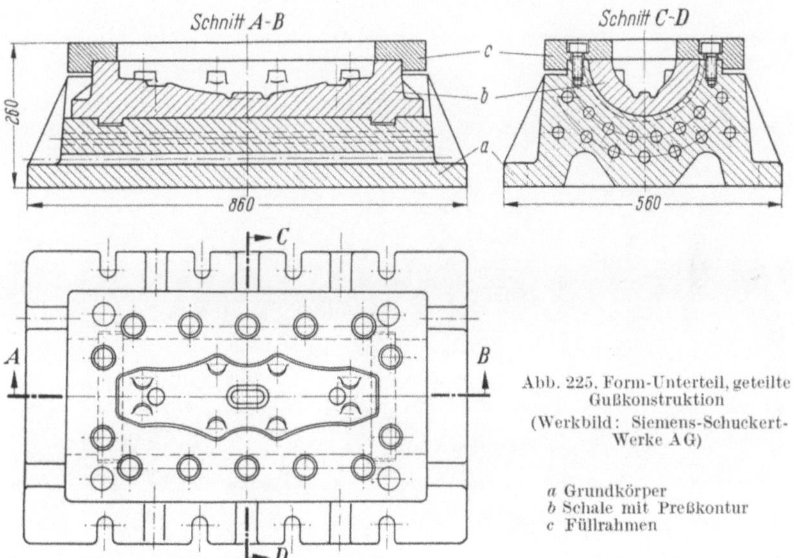

Abb. 225, Form-Unterteil, geteilte
Gußkonstruktion

(Werkbild: Siemens-Schuckert-
Werke AG)

a Grundkörper
b Schale mit Preßkontur
c Füllrahmen

Versuche machen kann. Die unendliche Gestaltungsmöglichkeit der
Kunststoffe, verkörpert durch die vielen Bauarten der Preßformen, zeigt
aber auch die Grenzen der Gießtechnik. Bei einfachen Konturen und
ohne Ansprüche auf glatte polierte Preßflächen sind auch Formen aus
Grauguß hergestellt worden und haben sich bei zweckentsprechenden
bzw. werkstoffgerechten Konstruktionen bewährt. Abb. 225 zeigt ein
größeres Formunterteil für ein halbschalenförmiges Preßteil. Das Unterteil, welches die Heizung enthält, nimmt eine Halbschale auf, welche die
Konturen des Preßlings formt. Da in der Schale größere Materialanhäu-
fungen fehlen, ist ein lunkerfreier Guß eher gewährleistet, als wenn das
ganze Unterteil aus einem Stück bestände. Ein aufgesetzter Füllrahmen
aus Stahl verklammert Grundkörper und Schale.

Meehanite-Guß ist auch in einigen Sonderfällen für Großformen zur
Anwendung gelangt. Ein Form-Unterteil ist in Abb. 225a dargestellt, wie
es auf einer Drehmaschine bearbeitet wird. Es ist an der verrippten Konstruktion erkennbar, daß auf möglichst gleichmäßige und geringe Wanddicken zu achten ist. Die Wanddicken sind auch bestimmend für die

Wahl der geeigneten Meehanite-Qualität. Im gezeigten Beispiel gelangte die Sorte *GC* zur Anwendung mit folgenden Werten:

Biegefestigkeit 48 kg/mm²,
Druckfestigkeit 105 kg/mm²,
Brinellhärte 195 kg/mm² (HB 30 min),
Elast. Mod. 12,0 × 10³ kg/mm².

Abb. 225 a. Form-Unterteil aus Meehanite-Guß auf einer Drehmaschine
(Werkbild: Buderus'sche Eisenwerke, Wetzlar)

Für Niederdruckformen (Polyesterharz) und für Spritzgußformen mit einfachen Konturen ist der Werkstoff ausreichend. Der Durchmesser des Preßteils beträgt ∼ 1,3 m. Mechanite-Guß ist autogen und elektrisch schweißbar, die Oberflächen sind härtbar und können auch verchromt werden.

Literatur

E. Piwowarsky, Zeitschrift „Gießerei" 1953, Heft 14 „Was ist Meehanite?"

Stahlguß gelangt, wenn geringere Ansprüche an Polierfähigkeit und Verschleißfestigkeit es gestatten, auch im Formenbau zur Anwendung. Die Gußstücke sollen dann vor allem das Herausarbeiten aus großen Stahlblöcken ersparen. Es sind dabei allerdings einige Bedingungen zu erfüllen, auf die gerade der Formenbau nicht verzichten kann. In erster

Linie muß ein reines Gefüge vorhanden sein, damit sich eine einwandfreie Politur erzeugen läßt, von Lunkern und Seigerungen ganz zu schweigen. Hier soll nicht übersehen werden, daß zur Steigerung der Reinheit und der Polierfähigkeit die im Formenbau verwendeten Einsatzstähle (Schmiedestähle) im zunehmenden Maße im Elektroofen erschmolzen werden, z. B. 21 MnCr 5. Die Einhaltung bestimmter Maße muß beim Stahlguß auch garantiert werden. Da der Formenbau immer mit kurzen Terminen behaftet ist, wird der Anwendung von Stahlguß der Unsicherheit des Abgusses wegen immer mit gewissen Mißtrauen begegnet werden. Wenn alles in einer Hand liegen würde, ließen sich die aufgezeigten und an sich bekannten Schwierigkeiten am ehesten meistern. Das in England entwickelte „*Shaw-Verfahren*" gestattet das Abgießen von Matrizen in jedem gewünschten

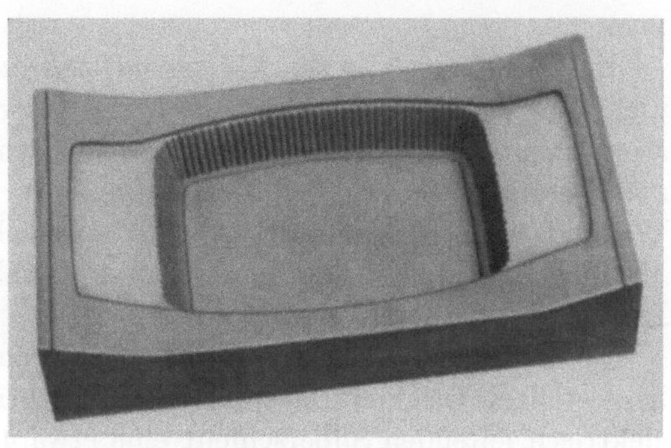

Abb. 226. Formen-Mantel nach dem Shaw-Verfahren gegossen
(Werkbild: Schwarzfärber & Co, Nürnberg)

Stahl und damit auch die für die Preßformen-Oberflächengüte wichtige Härtung. Der Schwerpunkt des Verfahrens beruht in der Erstellung der Gießform. Über ein Modell aus beliebigem Material wird ein Brei aus anorganischem, feuerfestem Material mit Athylsilikat und einem Geliermittel gegossen, der sich nach kurzer Zeit verfestigt. Nach dem Lösen vom Modell wird die Form gebrannt. Durch einen Hitzestoß erhält die Form feine Haarrisse. Wird später der flüssige Stahl eingefüllt, so schließen sich die Risse. Die Gießform verändert sich in ihren Maßen nicht und auch das Werkzeugmaß entspricht den gewünschten Anforderungen. Die Oberflächengüte ist noch besser als bei den üblichen, spanabhebenden Verfahren und führt zu kürzeren Polierzeiten. Immerhin wird auch bei diesem Verfahren eine gewisse Zeit der Erfahrungssammlung nötig sein, ganz abgesehen von den Kosten für einen Stahlschmelzofen, einen Brennofen und die sonstigen in einem Gießereibetrieb nötigen Hilfseinrichtungen.

Es kann nicht unerwähnt bleiben, daß das „Shaw-Verfahren" durch Patente geschützt ist. Die Lizenz nehmende Fa. Schwarzfärber & Co., Nürnberg, nennt als Werkstoff für den Abguß den Einsatzstahl 14 NiCr 14 (5752) mit 0,15 C; 0,38 Si; 0,40 Mn; 0,75 Cr; 3,5 Ni; Stückgewicht der Abgüsse bei wirtschaftlicher Fertigung 0,5 bis 20 kg. Einen Abguß aus diesem Material zeigt Abb. 226.

Im allgemeinen wird ein solches Verfahren nur einen Vorteil haben, wenn die Werkzeuge aus einfachen Ober- und Unterteilen bestehen und kein Zwang zu weiteren Teilungen oder Mechanismen vorliegt.

Literatur

Lubalin, L.: Modern Plastics **35** (Okt. 57); Der Plastverarbeiter H. 4, 151 (1959). – Vinzenz u. Reimer: Stahlgußformen für die Kunststoffverarbeitung. Kunststoffe H. 3 (1960). – Tschentke, G.: Gegossene Kunststoff-Spritzformen. Industrie-Anzeiger März 1960. Verlag W. Giradet, Essen.

Zu IV. *Herstellung von Formen auf galvanoplastischem Wege*[1]. Es hat nicht an Versuchen gefehlt, auch die Galvanoplastik in den Kunststofformenbau hineinzubeziehen. Bemerkenswert erscheint ein von der London & Scandinavian Metallurgival Co. Ltd., Tool Division, Wellington Road, London S. W. 19, entwickeltes und für den britischen Markt bereits weitgehend angewandtes Verfahren[2], das auch in anderen Industrieländern verwertet wird[3].

Es beruht im wesentlichen darauf, daß auf ein meist aus Kunststoff hergestelltes Original (Master) nach Aufbringen einer hauchdünnen elektrisch leitenden Silberschicht eine etwa $4^1/_2$ mm starke Nickelschale (48 Rc) galvanisch aufgetragen wird. In einem oder mehreren weiteren Arbeitsgängen wird als rückwärtige Stütze eine Hartkupferschale (24 Rc) ebenfalls galvanisch aufgelegt und nach Herauslösen des ursprünglichen Kunststoff-Masters die gesamte Schale mit einem Stahlpolster zu einer einbaufertigen Form vereinigt. Die ursprünglichen Schwierigkeiten einer genügend zähen, verzugsarmen und verschleißfesten Nickelschale sind, soweit wir unterrichtet sind, im Laufe der Entwicklung des Verfahrens (seit 1941) beseitigt worden.

Abgesehen von einer weitgehenden Verwendung für Zahnformen (Kunststoffzähne) sind vor allen Dingen kleine und mittlere Formen für Spritzautomaten, z. B. für die mannigfaltigsten Teile der Schmuck-, Spielwaren-, Elektro- und Büromaschinen/Schreibwarenindustrie auf diesem Wege mit Erfolg hergestellt worden, ferner Polyamidteile für Kleinmaschinen (Zahnräder) und Akrylspritzlinge für Kraftfahrzeuge (Zifferblätter, Rücklichter). Für kleine und verwickelte Spritzpreßformen und bei gewisser Vorsicht für Preßformen zur Verarbeitung von Duroplasten wird das Verfahren auch erfolgreich angewandt. Die maximale Formengröße (Kunststoff-Werkstück) ist für Duroplaste zur Zeit etwa $100 \times 100 \times 100$ mm, für Thermoplaste $500 \times 200 \times 100$ mm.

---

[1] Bearbeitet von Obering. Dr.-Ing. H. Briefs, Krefeld.
[2] Spiro: Kunststoffe, H. 3, S. 19/23 (1960).
[3] In der Bundesrepublik durch die Fa. Dr.-Ing. Fritz Sommer Nachf., Lüdenscheid, Am Wendelpfad 11.

Das geschilderte Verfahren will die bisherige Formenbau-Technik nicht verdrängen, sondern lediglich ergänzen und scheint besonders dann beachtlich zu sein, wenn das Original reich an feinen Gravuren, Inschriften, kurvenreichen Profilen, gewellten Trennflächen usw. ist. Es ist durchaus bewährt, den mit Gravuren versehenen Formenteil galvanoplastisch, die Gegenhälfte jedoch in üblicher Weise aus Stahl durch Fräsen und/oder in Genauguß herzustellen.

3. Die Arbeit des Werkzeugmachers

Mit der zerspanenden oder spanlosen Herstellung der Preßkonturen ist eine Preßform noch nicht fertiggestellt. Anschließend folgt die Handarbeit des Werkzeugmachers, wie Ausführung der notwendigen Abstimmungen, Paß- und Polierarbeiten sowie die Härtung der Form.

Abb. 227. Tuschier-Wendepresse (Werkbild: Otto Müller, Plochingen a. N.)

Alle diese Verrichtungen erfordern höchste Wertarbeit bestens geschulter und erfahrener Kräfte. Der Übergang von Rundungen in glatte Flächen, Kegel oder irgendwie geschwungene Flächen ist oft rein zeichnerisch nicht einwandfrei darstellbar. Solche Abgleichungen können allein durch ein Modell festgelegt werden. Der Werkzeugbauer wird sich deshalb in

13 Bucksch-Briefs, Preßwerkzeuge, 2. Aufl.

Schwindmaßausführung einen gehärteten Positivstempel machen, der dann in den Formenmantel eintuschiert und in der letzten Phase hydraulisch eingedrückt wird. Auch Teile von Formkonturen können durch solche Kerne wunschgerecht hergestellt werden. Eine immer wiederkehrende Arbeit ist das Zusammenpassen von Formenmantel und -stempel. Für das öftere Ineinanderstecken beider Werkzeughälften wurde eine praktische Maschine entwickelt wie sie Abb. 227 zeigt. Besondere Aufmerksamkeit ist der Beschaffenheit der Preßflächen in den Formen zu schenken. Der Preßling ist die unbestechliche Kopie der Preßform. Eine schlechte Formenoberfläche kann nie ein gutaussehendes Preßteil liefern.

Abb. 228. Polieren der Preßflächen eines Formenmantels
für ein Rundfunkgehäuse

Die meisten Preßteile haben glatte Oberflächen. Bei Einbauteilen für technische Zwecke werden dieselben in den Werkzeugen durch Strichpolitur erzeugt. Glatte Oberflächen an Schauteilen verlangen dagegen beste Hochglanzpolitur der vorher einwandfrei ohne geringste Unebenheiten und ähnlichen Fehlstellen erzeugten Flächen. Ihre Herstellung ist ein wesentlicher Posten in der Formenbauzeit und damit auch der Formenkosten. Polierarbeit ist immer noch weitgehend reine Handarbeit, die befriedigend durch die Maschine noch nicht ersetzt werden konnte (Abb. 228). Bei kleinen Stempeln und Formeinsätzen hat die Säuberung nach dem Härten durch Druckstrahlläppen allerdings schon zu wesentlichen Zeitersparnissen beigetragen. Die Erhaltung guter Formenoberflächen während der Fabrikation ist ein stetes Sorgenkind aller Pressereien. Besonders Massen mit harten keramischen Füllstoffen greifen die Preßflächen erheblich an. Deshalb sind viele Pressereibetriebe dazu übergegangen, in den gehärteten Formen die Preßflächen hart zu verchromen. Es ist darauf zu achten, daß die Preßflächen vor dem Verchromen eine einwandfreie Beschaffenheit besitzen. Es empfiehlt sich, die Formen vor dem Verchromen zu mustern, um bei etwaigen Änderungen keine Schwierigkeiten zu haben.

Meist wird die fünffache Ausbringung gegenüber einer unverchromten Form getätigt, ehe die Preßflächen einer Nacharbeit oder neuen Verchromung unterzogen werden brauchen (diese Zahlenangabe ist natürlich wandelbar, je nach den Ansprüchen, die an das Preßteil gestellt werden). Die Preßflächen aus einer verchromten Form sind außerdem weit besser als aus einer unverchromten Form, so daß im allgemeinen Nacharbeiten durch Schwabbeln usw. ganz wegfallen und die Teile oft nur entgratet auch gehobenen Ansprüchen genügen. Eine gute Formenoberfläche erleichtert auch stark die Fabrikation dadurch, daß die Preßteile nicht so fest an der Formenwand haften und die Masse durch geringeren Reibungswiderstand leichter fließt. — Außer glatten Oberflächen sind außerdem verzierte Flächen bekannt, z. B. gepunzte, gehämmerte, sowie Fischhaut und Fischgrätenmuster. Auch diese Flächen müssen in den Formen gut poliert sein. Die Anwendung derartiger Zierflächen ist aber immer mehr zurückgegangen, da sie an den Teilen als Staubfänger wirken.

4. Herstellzeiten von Formen

Da es sich ja fast immer um Einzelfertigungen handelt, ist es äußerst schwierig, Herstellzeiten für Formen festzulegen. Meist ist nur ein Vergleich mit ähnlichen, bereits ausgeführten Werkzeugen möglich. Sehr fördernd auf den Gang der Arbeiten ist eine gut durchgearbeitete, am besten detaillierte Konstruktionszeichnung. Da alle Formkonturen das Spiegelbild des Formlings darstellen, ist eine wesentliche, geistige Umkehrarbeit zu leisten, welche am besten aus der Werkstatt herausgezogen wird. Die Detailzeichnung bildet auch erst die Grundlage einer erfolgreichen Arbeitsvorbereitung und Vorrichterei. In den meisten Fällen müssen besondere Konturenfräser, Hilfslehren und Kerne, Schablonen oder Modelle erst angefertigt werden. Diese müssen bereitliegen, bevor die Arbeit an den Fräsmaschinen aufgenommen wird, um störende Unterbrechungen zu vermeiden.

5. Kosten für Preßformen

Die Formenkosten sind ein besonders heikles Thema und lassen sich durchaus nicht in Beziehung zu der Formengröße bringen. Die Preisskala geht von 200 DM für die Form eines Drehknopfes bis zu 50000 DM und mehr für das Werkzeug eines Fernsehergehäuses. Dabei kann selbst die Form für ein Preßteil mittlerer Größe eine erhebliche Summe kosten, wenn engste Toleranzen gefordert werden, die Preßkonturen schwer herzustellen sind und sehr viel Handarbeit notwendig ist. Vor der Anfertigung einer Form muß eben sehr genau überlegt werden, wie hoch ein Preßteil anteilig mit Werkzeugkosten belastet werden kann, um im Rahmen seiner Verkaufsmöglichkeit zu bleiben. Über die Verrechnung der Kosten von Preßwerkzeugen ist vom Gesamtverband der Kunststoffverarbeitenden Industrie e. V. (GKV) in seinen Liefer- und Zahlungsbedingungen festgelegt, daß der Besteller von Preßteilen die Werkzeugkosten zu tragen hat. Jedoch werden ihm jeweils 5% vom

13*

Rechnungsbetrag rückvergütet bis die Formenkosten getilgt sind. Die Presserei übernimmt dafür auch die laufende Instandhaltung des Werkzeuges. Trotz der vollen Bezahlung bleibt jede Form Eigentum der Presserei. In der Konstruktion und dem Bau einer Form sind eine Menge von Erfahrungen einbezogen, welche nicht ohne weiteres wertmäßig erfaßbar sind.

(S. auch H. ISSEL: Formenrecht. Kunststoffe 1960, H. 9, Carl Hanser Verlag, München).

6. Formenänderungen

Oft verlangt man nach der Lieferung der Ausfallmuster Änderungen der Form. Sie sind Grund vieler Mißstimmungen zwischen Formenbauer und Abnehmer. Da beim Bau der Werkzeuge die hochwertigsten Stähle Verwendung finden, ist eine Änderung ohne Ausglühen kaum möglich. Die Werkzeuge werden dann meist verdorben und arbeiten unter wesentlich schlechteren Voraussetzungen. Man sollte daher den Bau von Formen erst beginnen, wenn die Gestalt des verlangten Preßteiles vollkommen klar ist. Es macht sich immer bezahlt, wenn man von schwierigen Teilen vorher ein Modell anfertigt. Nur so ist feststellbar ob die gewünschte Wirkung für das Auge erreicht wird. Kleine Formänderungen, besonders bei technischen Preßteilen, lassen sich mit Hilfe der Elektroerosion durchführen ohne durch einen thermischen Prozeß das Werkzeug zu gefährden (s. Kapitel über Elektroerosion).

7. Leistungsgrenze und Ausbringung

Die Leistungsgrenze einer Form ist stark schwankend. Bestimmend sind vor allem geforderte Toleranzgüte und Gestalt des Preßlings sowie der zur Verarbeitung gelangende Werkstoff. Bei feinsten geforderten Toleranzen und stark verschleißenden Werkstoffen muß naturgemäß eher die Form verbraucht sein als bei Teilen, welche aus weniger aggressivem Material hergestellt werden. Man kann deshalb Formen finden, deren Leistungsgrenze schon bei wenigen Tausend Stück liegen, und solche, welche 500000 Teile, wenn auch mit einigen Überholungen, geliefert haben.

Die *Ausbringung oder mögliche Liefermenge einer Form* in einer bestimmten Zeiteinheit kann als feste Richtzahl nicht angegeben werden. Hier kann allein die Angabe des Preßwerkes maßgebend sein. Von Einfluß sind auf die Mengenleistung: Größe und Gestalt des Preßteils (mit oder ohne Einpreßmetalle), die zur Verarbeitung gelangende Preßmasse, das Fertigungsverfahren (welches von Betrieb zu Betrieb unterschiedlich sein kann) und die Ausbildung der Form (einfach oder mehrfach), Handbedienung oder weitgehend maschinell.

S. Rückblick

Die vorstehenden Ausführungen geben eine gewisse Übersicht über den Preßformenbau, die natürlich bei dem großen Umfang dieses Sondergebietes auf eine Vollständigkeit keinen Anspruch erheben kann. Die Unterschiede in den Preßmassen und die verschiedenen Verarbeitungsmöglichkeiten werden gewiß auch hier und dort Anlaß sein, daß die gestellten Aufgaben auf andere Art gelöst werden und zu anderen Werkzeugkonstruktionen geführt haben. Die gezeigten Darstellungen weisen darauf hin, daß die härtbaren Kunststoffe in der Gestaltung einen großen Spielraum zulassen und die Abnehmer und Verbraucher von Kunststoffteilen sich durchaus nicht auf einfache Teile beschränken müssen. Es ist aber doch zu empfehlen, daß bei der Neuentwicklung von Teilen die Preß-Industrie zu Rate gezogen wird, da sehr oft durch kleine Änderungen am Preßstück oder Einschaltung einfacher spanender Arbeitsgänge die Fertigung wesentlich erleichtert werden kann, weniger störanfällige Werkzeuge anwendbar sind und Fehlschläge durch nicht dem Werkstoff gerechte Konstruktion vermieden werden. In diesem Sinne soll auch auf die VDI-Richtlinien „Gestaltung von Kunstharzpreßteilen"[1] und die in Frage kommende Fachliteratur hingewiesen werden.

---

[1] VDI-Verlag, Düsseldorf, zu beziehen durch Beuth-Vertrieb, Berlin und Köln.

II. Werkzeugstähle für den Formenbau

von Obering. Dr. H. BRIEFS, Krefeld

Mit 2 Abbildungen

Die Verarbeitung von Kunststoffen in Preßformen aller Art ist in ihrer technischen und wirtschaftlichen Durchführbarkeit entscheidend von den verwendeten Werkzeugstählen abhängig, von der Auswahl des Stahltyps, von seiner Qualität, von der Sorgfalt der Wärmebehandlung beim Verbraucher und von der erzielten Oberflächengüte der Formen. Die Verantwortung für das technische und wirtschaftliche Gelingen liegt also in gleicher Weise beim Stahlerzeuger wie beim Stahlverbraucher. Die stahltechnologische Seite ist in manchen Veröffentlichungen behandelt worden, von denen eine kleine Auswahl gegeben sei[1].

Die Werkzeugstähle für den Formenbau erfordern eine Betrachtung nach mehreren Gesichtspunkten; zu behandeln sind:

A. Die technologischen Anforderungen an die Stähle.

B. Die Stahlgruppen, ihre Eigenschaften und ihre Wärmebehandlung.

C. Stahlfrage und Formenentwurf.

D. Lieferfrage und Rationalisierung.

A. Die technologischen Anforderungen an die Formenstähle

Einen Überblick gibt Tabelle 1.

Grundsätzlich ist nochmals zu betonen, daß die Einhaltbarkeit vieler dieser Forderungen nicht vom Stahl allein abhängt, sondern durch die Art der Verarbeitung beim Verbraucher, insbesondere durch die Sorgfalt der Wärmebehandlung, weitgehend beeinflußt wird.

---

[1] RAPATZ, F.: Kunststoffe, H. 11, S. 281/83 (1938). — BRIEFS, H.: Kunststoffe, H. 7, S. 185/90 (1939). — SCHMIDT, M.: Werkzeugstähle, Verlag Stahleisen, Düsseldorf, S. 189/94 (1943) (Neuauflage in Bearbeitung). — RAPATZ, F.: Die Edelstähle, 4. Aufl., Springer-Verlag, S. 505/509 (1951), (Neuauflage in Bearbeitung). — HAUFE, W.: Werkzeugstähle und ihre Wärmebehandlung, C. F. Wintersche Verlagsbuchhandlung, Füssen, S. 161/67.

Tabelle 1. *Technologische Anforderungen an die Werkzeugstähle des Formenbaues*

Nr.	
	Anforderungen bei der Herstellung der Form
1	Bearbeitbarkeit (ggf. Kalteinsenkbarkeit)
2	Sicherheit gegen Härteausschuß
3	Geringe Maßänderung beim Härten
4	Polierbarkeit
	Anforderungen bei der Verwendung der Form
5	Verschleißwiderstand
6	Zähigkeit
7	Maßbeständigkeit
8	Wärmeleitfähigkeit

1. Bearbeitbarkeit

Die Bearbeitung der Formenstähle erfolgt üblicherweise auf Werkzeugmaschinen mit Handnacharbeit; schwierige Konturen werden auf Spezialfräsmaschinen bearbeitet. Die Formenstähle müssen deshalb gut geglüht sein. Der bei der Glühung erzielbare Weichheitsgrad hängt von der chemischen Zusammensetzung, insbesondere von der Legierungshöhe ab. Man sollte jedoch nicht anstreben, die für Zerspanungszwecke bestimmten Stähle durchweg mit dem größtmöglichen Weichheitsgrad zu erhalten, denn es hat sich gezeigt, daß die Formenoberfläche dann oft eine gewisse Rauhigkeit behält und daß Schwierigkeiten beim Vorpolieren vor dem Härten auftreten können. Die durch das Glühen erreichbare höchste Brinellhärte bzw. Festigkeit ist aus Tabelle 3 ersichtlich.

Anders liegen die Verhältnisse bei denjenigen Stählen, in welche auf kaltem Wege mittels Einsenkstempel Gravuren eingedrückt werden sollen[1]. Zumeist handelt es sich um kleinere Formen, für deren Herstellung vorwiegend sonderlegierte oder auch unlegierte Einsatzstähle herangezogen werden. Es ist erwiesen, daß bei gleichbleibenden Arbeitsverhältnissen die in einem Arbeitsgang, also ohne Zwischenglühen, zu erzielende Einsenktiefe um so größer ist, je niedriger die Glühfestigkeit des Werkzeugstahles ist[2]. Da hierfür aber eine Sonderglühung beim Stahlwerk erforderlich ist, empfiehlt es sich, bei der Bestellung besonders auf die vorgesehene Kaltsenkung hinzuweisen. Aus Tabelle 3 sind die für diese Arbeitsweise bevorzugt bestimmten Stahltypen und die erreichbaren sehr niedrigen Glühfestigkeitswerte ersichtlich.

---

[1] FOLKE, G.: Kunststoffe, H. 9, S. 388/95 (1954). – SCHIMZ, K.: Werkstatt und Betrieb, H. 6, S. 295/303 (1954). – HAUFE, W.: Plastverarbeiter, H. 9, S. 323/34 (1955), ferner S. 171 ff. dieses Buches.

[2] BUNGARDT, K. und MÜLDERS, O.: Archiv für das Eisenhüttenwesen, H. 7, S. 383/95 (1957). – BRIEFS, H.: Technische Rundschau, Bern, H. 35 (1959).

Die Kaltsenkbarkeit größerer Formenquerschnitte ist eine Frage der maximalen Stempelbelastbarkeit und der Druckkraft, welche die zur Verfügung stehende hydraulische Spezialpresse ausüben kann. Eine einfache Rechnung, welche die Druckkraft der Presse in Beziehung zur Stempelbelastbarkeit (s. S. 201) setzt, läßt erkennen, daß größere Querschnitte im allgemeinen nicht oder nur mit Zwischenglühung gesenkt werden können. In solchen Fällen kann man sich einer Arbeitsweise bedienen, welche eine zerspanende Vorarbeit und ein Nachsenken mit Senkstempel vorsieht.

2. Sicherheit gegen Härteausschuß

Die Gefahr eines Härteausschusses ist gering, da für alle einigermaßen schwierigen Formen nicht Wasserhärte-, sondern Öl- oder Lufthärtestähle verwandt werden und die für die Härtung gefährlichen scharfen Kanten schon aus preßtechnischen Gesichtspunkten tunlichst vermieden werden. Eine ausreichende Bearbeitungszugabe am angelieferten Stahl ist vorzusehen.

3. Geringe Maßänderung beim Härten

Die Frage einer guten Maßbeständigkeit der Form beim Härten ist von großer Bedeutung, da von ihr die Nacharbeit an den Preßlingen abhängt. Sie ist in bestimmtem Umfang zweifellos eine Stahlfrage, denn die verschiedenen Stahltypen unterscheiden sich grundsätzlich durch die Art der für sie vorzusehenden Wärmebehandlung (z. B. Einsatzhärtung, direkte Härtung, Härtung durch Ablöschen in Wasser, Öl, Warmbad, Luft oder Abkühlen im Einsatzkasten, hohe oder tiefere Lage der Härtetemperatur) und damit auch in dem zu erwartenden Grade einer Maßänderung. Man wird bei besonderen Anforderungen an die Maßbeständigkeit beim Härten die Stahlwahl deshalb auch von diesem Gesichtspunkt aus treffen müssen.

Einen wesentlichen Einfluß hat aber der Formenhersteller selbst, nach dreierlei Richtung hin:

a) Gleichmäßige Härtequerschnitte an der Form wirken sich auf das Maßverhalten günstig aus.

b) Die Sorgfalt der Wärmebehandlung ist entscheidend wichtig und hat zu berücksichtigen

eine gute Entspannungsglühung nach der Schruppbearbeitung,

die erprobten Maßnahmen beim Härten selbst (Lagerung, Durchwärmung, Temperaturkontrolle, gleichmäßige Abkühlung, durchgreifendes Anlassen) s. S. 202ff.

c) Höher legierte Stähle können in Schmiederichtung etwas mehr Maßänderung aufweisen als senkrecht dazu. Eine Formentnahme quer zur Schmiederichtung, sofern abmessungsmäßig möglich, kann deshalb in schwierigen Fällen vorteilhaft sein. Die günstigsten Verhältnisse bringt jedoch die allseitig geschmiedete Einzelausführung.

4. Polierbarkeit

Eine gute Oberflächenpolitur ist entscheidend für die Wirtschaftlichkeit der Serienfertigung. Sie setzt den Kraftbedarf für den Preßvorgang herab, begünstigt ein gutes Loslösen der Preßlinge, gibt eine saubere Preßlingsoberfläche, verringert die Nacharbeit und ist vorteilhaft für die Lebensdauer der Form. Die Polierbarkeit hängt ab:

a) Vom Reinheitsgrad des Stahles.

Nur Stähle, die besonders für den Verwendungszweck *Kunststoffformen* aus ausgesuchten Rohstoffen in sorgfältig geführten Schmelzverfahren erzeugt sind, können den hohen Anforderungen an Dichte und Reinheit genügen. Im allgemeinen wird man im Elektroofen erschmolzene Stähle heranziehen müssen. Wenn manche marktgängigen Stähle ihrer Zusammensetzung nach Baustahlcharakter haben, zum Teil sogar bestehenden Baustahlnormen entsprechen, so muß man sich doch vor Augen halten, daß man es im Kunststofformenbau nach Verwendung und Beanspruchung mit Werkzeugstählen zu tun hat, die auch als solche bestellt werden sollten. Eine höhere Sicherheit gegen Ausschuß bei den mit Lohnkosten doch erheblich belasteten Formen ist zu erwarten.

Bei besonderen Anforderungen an den Reinheitsgrad und die Polierfähigkeit der Form, wie sie heutzutage z. B. beim Verpressen glasklarer Preßmassen mitunter gestellt werden, reicht auch die sorgfältige Erschmelzung im Lichtbogenofen nicht mehr aus. Hier ist auf die Möglichkeit zu verweisen, die betreffenden Stahlqualitäten — es wird sich zumeist um kleinere Abmessungen handeln — in Hochvakuum zu erschmelzen, und zwar entweder im Vakuum-Induktionsofen oder im Vakuum-Lichtbogenofen mit selbstverzehrender Elektrode. Die Wahl des Ofenaggregates sollte grundsätzlich dem Lieferwerk überlassen bleiben, da hierbei eine Reihe metallurgischer Fragen zu berücksichtigen ist. Die Erschmelzung im Hochvakuum gewährleistet einen sonst nicht zu erreichenden Reinheitsgrad; eine völlige Abwesenheit kleinster Schlackeneinschlüsse ist aber auch hier nicht zu erzielen.

b) Vom Gefügezustand, insbesondere von der Verteilung etwa vorhandener Karbide.

Enthält z. B. die aufgekohlte Randzone eines Einsatzstahles statt des anzustrebenden strukturlosen Gefügeaufbaues (Abb. 229) durch Überkohlung eine Ausscheidung freien Zementits in Netzform (Abb. 230), so wird die Polierbarkeit und auch die Zähigkeit der gehärteten Oberfläche beeinträchtigt. Die Verwendung milder Einsatzpulver und die genaue Einhaltung der vorgeschriebenen Temperaturen gemäß Tabelle 4 lassen eine Überkohlung vermeiden.

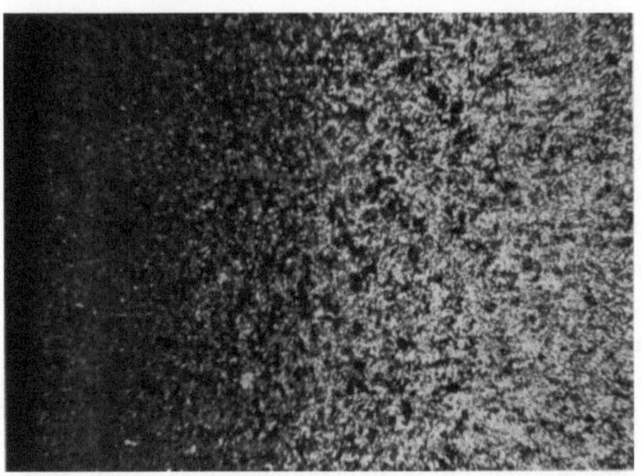

Abb. 229. Rand- und Übergangszone nach richtiger Einsatzbehandlung. Strukturlose Gefügeausbildung. 100:1

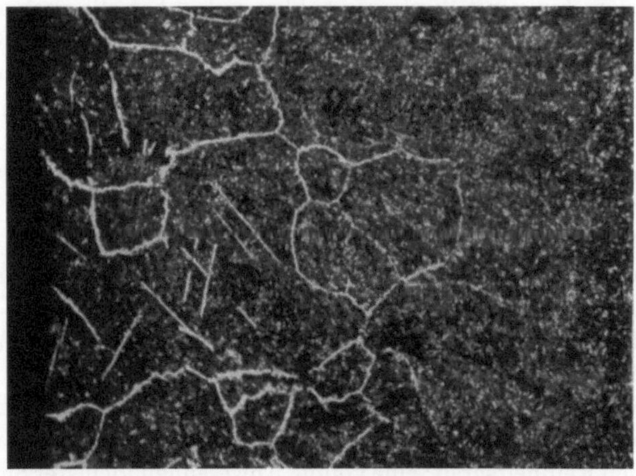

Abb. 230. Rand- und Einsatzzone nach stark überkohlender Einsatzbehandlung. Freies Karbidnetz. 100:1

c) Von der Oberflächenhärte.

Die erzielbare Oberflächenhärte ist eine Eigenschaft der betreffenden Stahlgruppe und der sich daraus ergebenden Wärmebehandlung. Innerhalb der gegebenen Möglichkeiten ist durch sorgfältige Härtung eine gleichmäßige Härteannahme ohne Weichfleckigkeit anzustreben.

d) Von der Polierbehandlung selbst.

Unrichtig durchgeführt, kann sie eine unsaubere Formoberfläche zur Folge haben, hinter der irrtümlicherweise auch ein ungenügender Reinheitsgrad des Stahles vermutet wird.

Ein Vorschleifen in abgestuften Körnungen möglichst unter Richtungswechsel und ein Fertigpolieren nicht länger als nötig (Vermeidung des *Überpolierens*) haben sich bewährt.

5. Verschleißwiderstand

Er ist wesentlich zur Gewährleistung einer guten Politurhaltbarkeit und Lebensdauer des Werkzeuges und gewinnt vor allem bei der Verwendung von Preßmassen mit verschleißfördernden Füllstoffen eine besondere Bedeutung. Grundsätzlich ist er abhängig von Stahlgruppe und Härtung.

6. Zähigkeit

Sie ist wichtig für alle schwierigen Formen mit Rippen und Vorsprüngen und soll eine Sicherheit gegen Deformation oder Bruch der Formen bei betrieblichen Unregelmäßigkeiten geben. Die erreichbare Zähigkeit hängt vom Stahltyp und von der Härtebehandlung ab.

7. Maßbeständigkeit

Die Formen sollen auch im Dauerbetrieb maßbeständig bleiben. Dies ist ausschließlich eine Frage der Wärmebehandlung, und zwar in erster Linie des ausreichenden Anlassens nach der Härtung. Grundsätzlich sollten die Formen mindestens 50 °C höher angelassen werden, als der späteren Dauerbetriebstemperatur entspricht. Hierdurch wird das Gefüge für die Arbeitsvorgänge, die sich unterhalb der Anlaßtemperatur abspielen, stabilisiert.

8. Wärmeleitfähigkeit

Sie ist von Bedeutung

a) bei der Verarbeitung härtbarer Kunstharzpreßmassen, um den Wärmeentzug bei der Einfüllung frischer Preßmassen möglichst rasch auszugleichen;

b) bei Formen mit Kühlkanälen zur Verarbeitung thermoplastischer Massen, um deren Erstarrung zu beschleunigen.

Auf die Wärmeleitfähigkeit hat der Stahlverbraucher keinen Einfluß, sie ist eine Eigenschaft der verwandten Stahlgruppe und nimmt mit steigendem Anteil an Legierungselementen ab.

B. Die Stahlgruppen, ihre Eigenschaften und ihre Wärmebehandlung

Tabelle 2 gibt zunächst einen Überblick über die für die Herstellung von Kunststoffpreßformen heute gebräuchlichen Stahlgruppen.

Tabelle 2. *Stahlgruppen für den Formenbau*

Nr.	Stahlgruppe
1	Einsatzstähle
2	Nitrierstähle

3	Durchhärtende Stähle
	   a) hoher Zähigkeit
	   b) hoher Härteannahme

4	Korrosionsbeständige Stähle zur Verarbeitung chemisch angreifender Preßmassen
5	Stähle zur Verwendung im Anlieferungszustand
6	Stähle für sonstige Formenteile
7	Stähle für Einsenkstempel

Die anliegende Tabelle 3, S. 207, vermittelt eine Übersicht über die wichtigsten Stahltypen der Gruppen 1 bis 5 und 7, Tabelle 4, S. 208/209, über ihre Wärmebehandlung sowie die erzielbare Festigkeit bzw. Härte. Nachstehend seien einige Ausführungen zu den Stählen selbst und ihren Gebrauchseigenschaften gegeben.

1. Einsatzstähle (Stähle 1 bis 5 in Tab. 3 und 4)

Wenn der Verfasser bei einem Vortrag im Jahre 1939[1] den Ausblick dahingehend zusammengefaßt hat, daß in allen denjenigen Fällen, wo hohe Wirtschaftlichkeit verlangt wird, das Schwergewicht beim hochwertigen Einsatzstahl liegen wird, so kann heute gesagt werden, daß die Entwicklung diese Ansicht vollauf bestätigt hat. Hinter den Einsatzstählen treten alle anderen Stahlgruppen an Bedeutung weit zurück. Der Vorteil der Einsatzstähle liegt in der Verbindung einer harten, verschleißfesten Oberfläche mit einem weicheren und deshalb entsprechend zäheren Kern. Zu unterscheiden sind Einsatzstähle für das Kalteinsenken und solche für zerspanende Bearbeitung.

a) Einsatzstähle für das Kalteinsenken.

Als Stahl 1 ist nicht die normale wasserhärtende Qualität angegeben, sondern mit Rücksicht auf die Kaltsenkbarkeit eine Abart mit niedrigerem C-Gehalt. Von weitaus größerer Bedeutung sind heute aber die Stähle 2 und 3, da sie auf Grund ihrer höheren Legierung in Öl gehärtet werden können. Ihre Zusammensetzung ist nach der Richtung abgestimmt, daß die Festigkeit des reinen Ferrits nicht wesentlich erhöht wird.

Wie ersichtlich, sind zwei Abwandlungen des Typs gebräuchlich. Stahl 2 ist mit der gleichen niedrigen Glühfestigkeit lieferbar wie der

---

[1] s. Fußnote S. 190.

unlegierte Einsatzstahl und deshalb in gleichem Maße kalteinsenkbar; er erhält bei der Härtung eine Kernfestigkeit von etwa 75 kg/mm². Stahl 3 ist höher legiert, hat daher eine etwas höhere Glühfestigkeit und im gehärteten Zustand eine höhere Kernfestigkeit von etwa 100 kg/mm²; er ist dafür etwas weniger tief senkbar als Stahl 2.

Der Verbraucher wird sich also zwischen diesen beiden Typen entscheiden, je nachdem, ob er das Schwergewicht auf allerbeste Senkbarkeit oder auf höhere Kernfestigkeit legt; beides läßt sich nicht miteinander vereinigen.

b) Einsatzstähle für zerspanende Bearbeitung.

Dieses Gebiet ist mit zahlreichen Möglichkeiten abzudecken. Aus den unter A 4 angeführten Überlegungen seien die immer wieder anzutreffenden, für höhere Anforderungen an Reinheitsgrad und Polierbarkeit jedoch nicht bestimmten Normenbaustähle der Chrom-Nickel- und Chrom-Mangan-Grundlage übergangen. Es seien nur zwei Stahltypen gebracht, die, besonders für Kunststoffpreßformen erschmolzen, allen vorkommenden Anforderungen gerecht werden. Stahl 4 ist die Standardqualität auch für größere Formen z. B. der Radiogehäuseherstellung. Die Bedeutung dieses Stahles 4 für die Kunststoffformenherstellung ist auch dadurch gekennzeichnet, daß die DIN 16748, in der aus Rationalisierungsgründen die möglichst zu verwendenden Stabstahlabmessungen festgelegt sind, auch nur dieser Stahl 4 (21 MnCr 5) für die Lagerhaltung vorgesehen ist. Da dieser Typ auf besonderen Hinweis in der Bestellung auch verhältnismäßig weich (max. 60 kg/mm²) geglüht wird, kann man ihn zusätzlich als beschränkt einsenkbar ansehen. Ihm kommt also eine universelle Bedeutung zu.

Beachtung verdient Stahl 5, der im Gegensatz zu den normalen Chrom-Nickel-Einsatzstählen eine je nach gewünschter Oberflächenhärte und zulässiger Maßänderung dreifach verschiedene Behandlung zuläßt. Mit normaler Ölhärtung wird in der Einsatzzone etwa 62 Rc erzielt, bei Härtung an Luft oder im Gebläsewind etwa 56 Rc. Bei sehr hohen Anforderungen an die Maßgenauigkeit kann man Stahl 5 jedoch mit einfacher Abkühlung im Einsatzkasten verwenden, wobei die Einsatzschicht natürlich nicht die Oberflächenhärte der beiden ersten Härtemethoden erreicht, aber eine für viele Fälle ausreichende Rc-Härte von etwa 54, vorausgesetzt, daß die Form eine mittlere Größe nicht überschreitet.

Man könnte die Frage stellen, ob angesichts der meist nicht hohen Betriebsdrücke beim Preßvorgang hochwertige Stähle mit Kernfestigkeiten über 100 kg/mm² überhaupt notwendig sind. Diese Frage ist für die Preßwerkzeuge aber zu bejahen, denn der Pressereibetrieb will wegen der hohen Formkosten auf jeden Fall eine zusätzliche Sicherheit gegen Deformation oder gar Bruch der Form bei Betriebszufälligkeiten haben.

Alle Einsatzstähle sind hartverchromungsfähig.

Verwendungsbeispiele der Einsatzstähle sind:

für die kalteinsenkbaren Stähle kleine und mittlere Formen, insbesondere an Spritzautomaten;

für die zu zerspanenden Stähle alle üblichen und auch schwierigen Formen bzw. Formenteile, von denen ein hoher Ausstoß an Preßlingen bester Oberflächenbeschaffenheit erwartet wird, wo also hohe Oberflächenhärte und Verschleißfestigkeit in Verbindung mit ausreichend hoher Zähigkeit des Kernes verlangt werden.

2. Nitrierstähle Stähle (6 und 7)

Die Eignung der Nitrierstähle für Kunststoffpreßformen ist durch die Verbindung einer äußerst harten Oberflächenschicht erhöhter Korrosionsbeständigkeit mit einem zähen Querschnitt grundsätzlich gegeben. Die bei dem aluminiumhaltigen Stahl 6 erzielbare Vickershärte von etwa 900 wird von Einsatzstahl nicht erreicht und ergibt beste Polierbarkeit und höchsten Verschleißwiderstand. Zudem erfolgt die Nitrierbehandlung bei 500 °C, also weit unter der zur Vergütung üblichen Anlaßtemperatur, so daß die beste Maßbeständigkeit erwartet werden kann.

Als nachteilig wird empfunden, daß bei Nitrierstählen mit einer gewissen Kantenempfindlichkeit (Gefährdung der *Kneifkante*) zu rechnen ist. Ein weiterer Nachteil wird darin gesehen, daß es nur schwer möglich ist, die fertigen Formen für eine evtl. Nacharbeit einwandfrei auszuglühen. In den Fällen, wo Formen nach den Wünschen der Abnehmer nochmals umgearbeitet werden müssen oder wo eine solche Umarbeit wenigstens in Aussicht steht, sind Nitrierstähle demnach nicht zweckmäßig. Bei bewährten, nicht mehr zu ändernden Modellen können sie zur Erzielung großer Preß-Serien in Betracht gezogen werden, insbesondere dort, wo an die Maßbeständigkeit sehr hohe Anforderungen gestellt werden, z. B. bei Kammformen. Ferner sind sie für Kammern und Kolben an Spritzautomaten geeignet.

3. Durchhärtende Stähle

Gegenüber der Gruppe der Einsatzstähle treten die durchhärtenden Stähle in ihrer Bedeutung zurück. Sie umfassen diejenigen legierten Stahltypen, die ohne besondere Oberflächenbehandlung in direkter Luft- oder Ölabkühlung, durchhärtend bis zum Kern, zur Verwendung gelangen. Je nach der verlangten Härte, die im umgekehrten Verhältnis zur Zähigkeit und Bruchsicherheit des Querschnitts steht, sind zu unterscheiden:

a) Durchhärtender Stahl hoher Zähigkeit (Stahl 8).

Es genügt hier, nur noch einen Stahltyp zu nennen, nämlich den seit Jahrzehnten aus der Besteckindustrie bekannten Cr-Ni-Stahl mit etwa

4% Ni und kleinen Zusätzen von Molybdän oder Wolfram. Bei der Härtung wird keine Glashärte erzielt, sondern eine durch den ganzen Querschnitt gehende Festigkeit von etwa 180 bis 190 kg/mm², entsprechend etwa 52 bis 55 Rc im angelassenen Zustand. Der Vorteil liegt neben hinreichend guter Bearbeitbarkeit in der einfachen Härtebehandlung. Die erzielte Härte wird in vielen Fällen vollkommen ausreichen. Da sie aber durch den ganzen Querschnitt geht, ist die Zähigkeit und somit die Bruchsicherheit insbesondere bei Tiefgravuren naturgemäß geringer als bei den Einsatzstählen mit ihrer niedrigeren Kernfestigkeit.

Der Stahl ist hartverchromungsfähig.

Das Verwendungsgebiet läßt sich wie folgt zusammenfassen: Formen und Formenteile kleiner und mittlerer Abmessung, bei denen oberflächlich keine Glashärte verlangt wird, bei denen jedoch in einfacher und sicherer Härteweise und geringem Verzug ein hinreichend hoher Verschleißwiderstand erzielt werden soll. Da die Härte aber durch den ganzen Querschnitt geht, wird die Zähigkeit der Einsatzstähle nicht ganz erreicht.

b) Durchhärtende Stähle hoher Härteannahme (Stähle 9 bis 11).

Diese Stahlgruppe umfaßt diejenigen Stähle, die auf dem Gebiet des allgemeinen Werkzeugbaus unter der Bezeichnung *Schnittstähle* weitesten Eingang gefunden haben. Für den Kunststofformenbau ist ihre Bedeutung jedoch geringer. Ihre Eigenschaften sind:

Volle Härte durch den ganzen Querschnitt bei einfachster Härtebehandlung und geringer Maßänderung, jedoch geringere Zähigkeit und Bruchsicherheit.

Verwendungsgebiet: kleine, insbesondere flache, nicht auf Biegung oder Zähigkeit beanspruchte Formen und Formeneinsätze bei hohen Anforderungen an die Maßbeständigkeit beim Härten.

4. Korrosionsbeständige Stähle zur Verarbeitung chemisch angreifender Preßmassen (Stähle 12 bis 14)

Zur Verarbeitung chemisch angreifender Preßmassen werden weitgehend die Stähle der Gruppen 1 und 3a in hartverchromter Ausführung verwandt. Daneben werden auch korrosionsbeständige Stähle benutzt,

a) wenn keine Hartverchromungsanlage zur Verfügung steht,

b) wenn die Gravurausbildung eine gleichmäßig starke hartverchromte Schicht nur schwer erzielen läßt oder wenn aus irgendwelchen Gründen Abblätterungen der hartverchromten Schicht zu befürchten sind.

Aus metallurgischen Gründen sollten bei korrosionsbeständigen Stählen mittelgroße Blockformate keinesfalls überschritten werden. Zur Erzielung eines ausreichenden Korrosionswiderstandes sind die Stähle meist auf einem Chromgehalt von 13% aufgebaut (Stahl 12 und 13).

Dabei ist Stahl 12 für Gravurarbeit bestimmt, während Stahl 13 durch die etwas geringere Glühhärte auch für kleinere kalteinsenkbare Formen gebraucht werden kann. In Sonderfällen, bei denen erschwerte Korrosionsverhältnisse vorliegen, hat man auch den höher legierten Stahl 14 bei einer Einbaufestigkeit von etwa 120 bis 140 kg/mm² herangezogen.

Die genannten Stähle erfordern eine Härtung aus verhältnismäßig hoher Temperatur in Öl und anschließendes sorgfältiges Anlassen. Eine glasharte Oberfläche ist nicht erzielbar; sie würde einen so hohen Kohlenstoffgehalt erfordern, daß die Korrosionsbeständigkeit damit schon wieder aufgehoben wäre. Durch die Verwendung einer gut ausgebrannten Schutzpackung beim Härten ist deshalb gerade bei dieser Stahlgruppe auf die Vermeidung einer Aufkohlung an der Gravurfläche besonders zu achten.

Die Stahlwahl für Preßformen zur Verarbeitung thermoplastischer Massen hat auf das ständige Temperaturpendeln in den Formen (Beheizung und Kühlung) Rücksicht zu nehmen. Will man nicht mit legierten Einsatzstählen und Hartverchromung arbeiten, so kommt insbesondere Stahl 13 mit abgesenktem C-Gehalt in Frage, bei dem zugunsten eines höheren Ermüdungswiderstandes auf die Erzielung einer höheren Oberflächenhärte verzichtet wird. Eine weitere Möglichkeit ist bei Verwendung des Stahles 12 dahin gegeben, daß man die Kühlung nicht in die eigentlichen Formteile, sondern in den unlegierten Mantel legt (Schachtelbauweise).

5. Stähle zur Verwendung im Anlieferungszustand
(Stähle 15 und 16)

Sie kommen für Blöcke mittlerer und größerer Abmessung dann in Frage, wenn eine Härtebehandlung nach dem Gravieren Schwierigkeiten macht oder überhaupt nicht durchgeführt werden kann. Durch den Wegfall der Wärmebehandlung ist die Maßhaltigkeit natürlich vollkommen gegeben. Der Nachteil dieser Stähle liegt darin, daß infolge der verhältnismäßig niedrigen Festigkeit höhere Anforderungen an Polierbarkeit und Verschleißwiderstand der Formen nicht gestellt werden können. Bei gesteigerten Ansprüchen an die Oberflächengüte der Preßlinge wird man, sofern eine zusätzliche Hartverchromung nicht ausreicht, wohl mehr zu den härtbaren Stählen übergehen, wobei die technischen und wirtschaftlichen Nachteile der Verwendung großer Blöcke aus hochlegierten Stählen durch konstruktive Sparmaßnahmen, insbesondere die Schachtelbauweise, weitgehend überbrückt werden sollten (S. 44, 205).

Auf die Möglichkeit der Verwendung von Sonderstahlformguß für Formen sei auch an dieser Stelle wenigstens verwiesen (S. 181).

6. Stähle für sonstige Formenteile

Die bisher behandelten Stahltypen sind für die eigentliche Form selbst bestimmt, also für diejenigen Teile, die an der Verarbeitung der Kunststoffmassen unmittelbar beteiligt sind. Für die sonstigen Formenteile werden meist weniger hochwertige Qualitäten verwendet. In nachstehender Aufstellung sind einige Beispiele angeführt.

Verwendungszweck	Stahlqualität	Einbauzustand
Druckleisten, Verschleiß- leisten, Führungssäulen Führungsbüchsen	C 100 W 2	gehärtet
Rahmen, Abdeck-, Auf- spann-, Abdrück-, Heiz-, Ausstoßplatte usw.	St 50. 11 bis 70. 11	ungehärtet
Einsatz-, Form-, Ausstoß- und Gewindestifte	Einsatzstahl 70 Si 7 oder 50 CrV 4 gezogener Draht in Klaviersaitengüte Silberstahl 120 WV 4, } 115 CrV 3, C 110 W 2 }	Im Einsatz gehärtet federhart Anlieferung gehärtet oder ungehärtet

7. Stähle für Einsenkstempel (Stähle 17 bis 19)

Weitgehend eingeführt ist der 12%ige Cr-Stahl 17. Mit einer Einbauhärte von etwa 61 bis 62 Rc vereinigt er einen ausgezeichneten Druckwiderstand mit hinreichender Zähigkeit. Er kann beim Kalteinsenken bis zu 300 kg/mm² belastet werden. Mitunter wird aus Vorrat auch der Stahl 11 für die gleiche Beanspruchung gewählt, obgleich der höhere C-Gehalt dieses Typs der Zähigkeit weniger förderlich ist.

Ist bei feinen Gravuren die Forderung nach besten Zähigkeitseigenschaften vorherrschend, so hat man mit Erfolg den Cr-Ni-Stahl 19 eingesetzt, welcher die in der Metallprägeindustrie gängige Stahlqualität darstellt. Mitunter bedient man sich auch des Stahles 8. Beide Qualitäten nehmen als Cr-Ni-Stähle keine volle Härte an, sondern werden mit einer im Hinblick auf die Zähigkeitsbeanspruchung verringerten Rc-Härte von etwa 54 bis 57 Rc eingebaut und können bis zu etwa 200 kg/mm² belastet werden. Zur Erzielung eines höheren Verschleißwiderstandes empfiehlt sich hier die Härtung aus einer aufkohlenden Packung — z. B. aus Lederkohle. Jedoch darf die Aufkohlung nicht zu weit getrieben werden, da sonst durch vermehrte Austenitbildung in der Randschicht das Gegenteil von dem erreicht wird, was beabsichtigt ist.

Stahl 18 ist ein Erzeugnis neuerer Entwicklung. Er härtet in den üblichen Querschnitten vollkommen durch, erreicht dabei eine Rc-Härte von 63 bis 64 Rc und hat, angelassen auf etwa 61 Rc, praktisch die gleiche Druckbelastbarkeit wie der 12%ige Cr-Stahl, kommt aber in seiner Zähigkeit den Cr-Ni-Stählen nahe. Er stellt also die Brücke zwischen den beiden Extremen: 12%iger Cr-Stahl und Cr-Ni-Stahl dar und kann als Universalstahl für Einsenkstempel aller Art angesehen werden. Sein besonderer Vorzug ist noch darin zu sehen, daß er unter den genannten Stempelstählen die niedrigste Glühhärte hat und somit gut gravierfähig und in gewissen Grenzen sogar selbst noch einsenkfähig ist.

Ergänzende Hinweise zur Wärmebehandlung (Tabelle 4)

Wie in Abschnitt A mehrfach betont, hängt die Erfüllung der an die Form gestellten Anforderungen nicht allein vom Stahltyp und seinem metallurgischen Gütegrad ab, sondern auch weitgehend von der Art und Sorgfalt der Wärmebehandlung beim Verbraucher. Dieser Gesichtspunkt kann nicht häufig genug unterstrichen werden. Vor allem ist darauf hinzuweisen, daß Wärmebehandlungsvorgänge Zeit erfordern. *Nichts ist kurzsichtiger, als gerade an diesen Arbeitsoperationen zu sparen, deren Zeitaufwand in gar keinem Verhältnis zu den Lohnstunden für das Werkzeug selbst steht, deren richtige Durchführung für seine Lebensdauer aber von entscheidender Bedeutung ist.* Die Betriebsleitung sollte dem einschlägigen Werkzeugbau deshalb stets die Möglichkeit lassen, in seine Planung auch eine wirklich ausreichende Zeitspanne für die Wärmebehandlung einzusetzen; denn es hat wenig Sinn, Leistung und Lebensdauer eines Werkzeuges dadurch zu gefährden, daß die Wärmebehandlung in einer überstürzten und deshalb unzureichenden Weise durchgeführt wird.

Tabelle 4 gibt einen Überblick über die für die verschiedenen Wärmebehandlungsvorgänge anzuwendenden Temperaturen sowie die erzielbaren Werte der Einbauhärte.

Im einzelnen haben bereits die früheren Abschnitte die Frage der Wärmebehandlung mehrfach berührt. Es seien deshalb hier nur einige Gesichtspunkte näher behandelt.

1. Zwischenglühung

Bei der spangebenden Formgebung ist mit einer nicht unbeträchtlichen Aufnahme innerer Spannungen zu rechnen. Wird eine bearbeitete Form unmittelbar zur Härtung gebracht, so kann durch Auslösung dieser Spannungen eine unerwünschte Maßänderung eintreten. Infolgedessen empfiehlt es sich, alle Formen, die gehärtet werden sollen, bereits nach der groben Zerspanung, d.h. vor dem Schlichtprozeß, einer Entspannungsglühung mit langsamer Abkühlung im Ofen zu unterwerfen. In schwierigen Fällen, bei denen ganz besonders Wert auf die Maßhaltigkeit beim Härten zu legen ist, wird statt der einfachen Zwischenglühung mit Erfolg eine Zwischenvergütung durchgeführt. Sie besteht aus einer Härtung des vorgearbeiteten Formenteils mit anschließendem Weichglühen. Die benötigten Temperaturangaben sind ebenfalls Tabelle 4 zu entnehmen.

Formen, die kaltgesenkt worden sind, sollten zumindest nach Abschluß dieses Arbeitsganges durch Glühen entspannt werden. Je nach Art und Tiefe der Gravur und der zur Verfügung stehenden Senkpresse kann jedoch die eintretende Kaltverfestigung ein stufenweises Senken mit jeweiligem Zwischenglühen erforderlich machen.

2. Erhitzung zum Härten

Die Erhitzung der gut aufliegenden Stücke hat in Öfen zu erfolgen, die groß genug sind, um ein gleichmäßiges Erwärmen und Durchziehen zu gewährleisten. Sie sollten die erforderliche Härtetemperatur mit Sicherheit erreichen lassen. Eine genaue Temperaturmessung, die über die eingelegten Stücke Aufschluß gibt, sowie die Vermeidung von Oberflächenentkohlung sind unbedingt erforderlich.

Für die Einsatzbehandlung vor allem der Stähle 2 bis 5 empfehlen sich mild wirkende Einsatzpulver. Die erreichte Einsatztiefe ist zweckmäßig durch eine beigefügte Probe aus dem gleichen Material zu überprüfen. Dabei ist für die Stähle 2 und 3 zu beachten, daß sie zur Überkohlung und Restaustenitbildung in der Randzone neigen, was zu niedrige Rc-Härten zur Folge haben kann. Die in Tabelle 4 angegebenen Härtetemperaturen sind darauf abgestellt; sie entstammen unveröffentlichten Versuchen des Forschungsinstituts der DEW Krefeld.

Der Hinweis auf eine Absenkung der Härtetemperatur gilt besonders für den Fall, daß diese beiden Stähle 2 und 3 im Salzbad aufgekohlt und unmittelbar, d. h. ohne Zwischenablegen und Neuerhitzung, gehärtet werden sollen. Sicherer ist es, nach der Aufkohlung im Salzbad eine Zwischenabkühlung im Ablegeofen oder unter Sterchamol mit anschließender Neuerhitzung zum Härten vorzusehen.

3. Härtung

Das Ablöschen hat in einem Härtegefäß genügender Größe zu erfolgen. Dies gilt vor allem für die großen Formen, z. B. der Radiogehäuseherstellung. Eine ungenügende oder ungleichmäßige Abschreckwirkung kann ungenügende Härteannahme und unerwünschten Verzug zur Folge haben. Man sollte die Formen in der Härteflüssigkeit nicht vollkommen erkalten lassen, sondern noch gut handwarm entnehmen und sofort anschließend der Anlaßbehandlung zuführen.

Soweit bei den genannten Stählen Öl- (oder Luft-) Härtung vorgeschrieben ist, kann auch ein Ablöschen im Warmbad von etwa 160 bis 230 °C erfolgen, eine Arbeitsweise, die sich für die Maßhaltigkeit als vorteilhaft erwiesen hat. Für die Stähle mit 12% Cr und mehr (Stähle 11 bis 14 und 17) können auch höhere Warmbadtemperaturen (bis zu etwa 400 °C)

14*

angewandt werden. In jedem Falle sollen die Formenteile im Warmbad aber nicht länger verweilen als nötig ist, um den völligen Temperaturausgleich zu erzielen. Alsdann ist an ruhiger Luft abzulegen bis zur Erkaltung auf Handwärme, während der die eigentliche Härtung sich vollzieht. Auch warmbadgehärtete Teile müssen unmittelbar anschließend in üblicher Weise angelassen werden.

4. Anlassen

Alle Kunststofformenstähle müssen nach der Härtung durchgreifend angelassen werden. Dabei soll die Anlaßtemperatur mindestens 50 °C oberhalb der späteren Betriebstemperatur liegen, damit eine genügende Maßbeständigkeit bei der Benutzung gewährleistet ist (s. auch A 7).

5. Wärmebehandlung von Formen aus Nitrierstählen

Die Voraussetzung für eine gute Nitrierung ohne die Gefahr, daß die Nitrierschicht später zum Abblättern neigt, ist ein möglichst ferritfreies Vergütungsgefüge, wobei die Festigkeitswerte üblicherweise zwischen 80 und 110 kg/mm² liegen. Ein Bezug von Nitrierstählen im bereits vergüteten Zustand empfiehlt sich daher mehr für schwächere Abmessungen, bei denen zugleich eine gute Durchvergütung gewährleistet ist. Nach dem Vorschruppen ist eine Entspannungsglühung zweckmäßig.

Werden stärkere Abmessungen aus Gründen einer besseren Bearbeitbarkeit geglüht bezogen, so ist nach der zerspanenden Vorbearbeitung zu vergüten (Angaben in Tabelle 4).

Für die Nitrierbehandlung muß die Oberfläche der fertig bearbeiteten Form sauber, fettfrei und ohne Randentkohlung sein. Die Nitrierbehandlung erfolgt im Ammoniakstrom bei etwa 500 °C. Mit folgenden Nitriertiefen kann gerechnet werden:

Nitrierdauer in Stunden	Nitriertiefe in mm
12	0,15
24	0,30
48	0,45
96	0,70

Hartverchromung

Die Hartverchromung gehärteter Formen hat sich als zusätzliche Behandlung eingeführt, da sie besonders bei der Verarbeitung von Preßmassen mit verschleißfördernden Füllstoffen unbestreitbare Vorteile gebracht hat. Sie benötigt allerdings spezielle Erfahrungen, um auch bei verwickelten Formen eine gleichmäßige Aufbringung der Hartchromschicht sicherzustellen.

Die Hartverchromung ist am besten durchführbar und wird am meisten angewandt bei Formen aus Einsatzstahl, gegebenenfalls auch aus dem durchhärtenden Stahl hoher Zähigkeit (Stahlgruppe 1 und 3a aus Abschnitt B). Sie setzt voraus, daß die Form in bestgehärtetem Zustand und mit einwandfreier Politur vorliegt. Alle in den früheren Abschnitten hierzu gegebenen Hinweise sind zu beachten.

C. Stahlfrage und Formenentwurf

Die Tatsache, daß in großen Abmessungen die im Anlieferungszustand verwendeten Stähle 15 und 16 nach Tabelle 3 in bezug auf die Lebensdauer der Formen und die Güte der Preßlingsoberfläche den heutigen Anforderungen oft nicht mehr genügen können, läßt damit rechnen, daß schwere Blöcke mehr als bisher in härtbaren Qualitäten verlangt werden. Diese Stähle, gleichgültig ob für Einsatz- oder direkte Öl- oder Lufthärtung, sind aber stets höher legiert. Abgesehen davon, daß die Härtung so großer Blöcke, wie man sie bisher im Anlieferungszustand verwandt hat, vom Verbraucher bestimmte technische Voraussetzungen verlangt, die nicht immer gegeben sind, dürfen auch bei der Stahlerzeugung gewisse Nachteile nicht übersehen werden.

1. Erschmelzung entsprechend großer Gußblöcke, bei denen die Beherrschung des für nunmehr erhöhte Polituransprüche notwendigen Reinheitsgrades und die wirklich einwandfreie Durchschmiedung eine schwierige metallurgische und metallkundliche Aufgabe darstellt.

2. Ungünstige Beeinflussung der Lieferzeitfrage, da das Stahlwerk normalerweise nicht vom Halbzeugvorrat arbeiten kann, sondern fallweise neu schmelzen muß.

Aus diesen Überlegungen ist nachdrücklich auf die *Schachtelbauweise* zu verweisen, die einen Einsatz aus hochwertigem Material in einem entsprechend bemessenen Block aus meist unlegiertem Stahl vorsieht. Schon in ungeteilter Ausführung bringt die Schachtelbauweise Vorteile dadurch, daß von einem kleineren Gußblock mit besserem Reinheitsgrad und besserer Durchschmiedungsmöglichkeit ausgegangen werden kann. Von Seiten der Stahlerzeugung gesehen liegen die Verhältnisse noch günstiger bei geteilter Ausführung, weil dann die Einzelabmessungen noch kleiner ausfallen und werkstofflich daher am besten zu beherrschen sind. Der Nachteil einer vermehrten Anzahl von Preßnähten dürfte durch qualitative Vorteile, schnellere Lieferung kleiner Abmessungen sowie durch die Möglichkeit, mehrere Arbeitskräfte an einer Form gleichzeitig anzusetzen, weitgehend ausgeglichen werden. Natürlich wird eine Teilung nicht bei allen Preßlingen möglich sein. Wenn man aber schon bemüht ist, neue Modelle *preßgerecht* zu entwerfen, so ist diese Aufgabe dahin zu erweitern, auch *stahlgerecht* zu bauen, d.h. bei größeren Stücken durch entsprechende Gestaltung die Möglichkeit vorzusehen, die Formen in Schachtelbauweise sinngemäß zu unterteilen. Es ist eine dankenswerte und im ganzen gesehen auch wirtschaftliche Aufgabe, rückwärtsgehend bis zum Entwurfgestalter hier immer wieder aufklärend zu wirken.

D. Lieferfrage und Rationalisierung

Die Eigenheit der kunststoffverarbeitenden Industrie ist u. a. darin gegeben, daß erst mit dem Zustandekommen des Auftrages der Entwurf der Formen beginnen kann. Erst nach Abschluß dieser Vorarbeit ist die Bestellung des Stahlmaterials möglich. Hieraus erklärt sich, warum den Stahlwerken sehr kurze Liefertermine gestellt werden, die je nach ihrer Beschäftigungslage nicht immer gehalten werden können, zumal die Erzeugung im Stahlwerk und die notwendige Rücksichtnahme auf vorsichtige Erwärmung und langsame Abkühlung der meist höher legierten Stähle an bestimmte Mindestzeiten einfach gebunden sind. Es liegt deshalb im Interesse der kunststoffverarbeitenden Industrie, weitgehend über eigene Zwischenläger zu arbeiten bzw. die Anlieferungsmöglichkeit seitens der Stahlwerke zu erleichtern. Diese Überlegungen umfassen zwei Maßnahmen:

1. Rationalisierung der Abmessungen.
2. Rationalisierung der Stahltypen.

Zu 1:

In den letzten Jahren sind von den einschlägigen Fachausschüssen der kunststoffverarbeitenden Industrie Überlegungen angestellt worden, um die Zahl der in Frage kommenden Stabstahlabmessungen zu verringern. Die Ergebnisse haben in DIN 16748 ihren Niederschlag gefunden[1]. Diese Festlegungen sind zu begrüßen, weil die Lagerhaltung beim Stahlwerk oder beim Verbraucher wesentlich vereinfacht wird.

In vielen Fällen wird das Zurückgreifen auf eine vorhandene Normenabmessung gegenüber einer Neuschmiedung aber auch dann vorteilhaft sein, wenn damit ein etwas größerer Aufwand an Zerspanungsarbeit verbunden sein sollte.

Zu 2:

Auf der gleichen Linie liegt die Rationalisierung der Stahltypen. Wenn auch das in Tabelle 3 gegebene Stahlmarkenprogramm ziemlich umfassend ist, sollte man sich aus den genannten Überlegungen heraus für die Lagerhaltung möglichst auf nur *einen* Stahltyp beschränken. Da der Einsatzstahl Nr. 4 „21 MnCr 5" (Tabelle 3) — wie bereits früher erwähnt — die weitaus größte Bedeutung innerhalb der Kunststoffe verarbeitenden Industrie hat, ist in die genannte DIN auch nur dieser eine Typ als Vorschlag für die Lagerhaltung aufgenommen.

---

[1] S. auch S. 132.

Tabelle 3. *Auswahl von Werkzeugstählen zur Herstellung von Kunststofformen*

Stahlgruppe	Nr.	Bezeichnung nach DIN 17006	Chemische Zusammensetzung in % (Richtwerte)								Höchstwerte der	
			C	Si	Mn	Cr	Mo	Ni	V	W	Glühhärte (BRINELL)	Glühfestigkeit kg/mm² etwa
Einsatzstähle zum Kalteinsenken	1	C 8 WS	0,08	0,25	0,35	—	—	—	—	—	107	38
	2	X 6 CrMo 5	0,06	0,20	0,20	4,5	0,5	—	—	—	107	38
	3	X 8 CrMoV 5	0,08	0,20	0,30	5,0	0,7	—	0,15	—	140	48
Einsatzstähle für Zerspanung	4	21 MnCr 5	0,21	0,30	1,20	1,0	—	—	—	—	175	60
	5	19 NiCrMo 15	0,19	0,20	0,40	1,3	0,2[1]	4,0	—	—	250	85
Nitrierstähle	6	34 AlCrMo 4	0,34	0,25	0,80	1,2	0,2	—	—	1,0 Al	235	80
	7	31 CrMoV 9	0,31	0,25	0,60	2,5	0,2	—	0,15	—	250	85
Durchhärtende Stähle a) hoher Zähigkeit	8	X 45 NiCrMo 4	0,45	0,20	0,50	1,3	0,2[2]	4,0	—	—	250	85
b) hoher Härteannahme	9	105 W Cr 6	1,05	0,20	1,00	1,0	—	—	—	1,2W[3]	225	78
	10	90 MnV 8	0,90	0,20	2,00	—	—	—	0,1	—	220	75
	11	X 210 Cr 12	2,10	0,30	0,30	12,0	—	—	—	—	250	85
Korrosionsbeständige Stähle	12	X 40 Cr 13	0,40	0,40	0,30	13,0	—	—	—	—	225	78
	13	X 20 Cr 13	0,20	0,40	0,30	13,0	—	—	—	—	205	70
	14	X 35 CrMo 17	0,40	0,40	0,30	16,5	1,2	0,5	—	—	250	85
Stähle zur Verwendung im Anlieferungszustand	15	55 NiCrMoV 6	0,55	0,30	0,60	0,7	0,3	1,7	0,1	—	fertig warmbehandelt auf etwa 90—120 kg/mm²	
	16	C 67 W 3	0,67	0,30	0,70	—	—	—	—	—	auf etwa 75—90 kg/mm²	
Stähle für Einsenkstempel	17	X 165 CrMoV 12	1,65	0,30	0,30	12,0	0,6	—	0,1	0,5	250	85
	18	75 CrMoNiW 6 7	0,75	0,20	0,20	1,5	0,7	0,5	—	0,3	210	72
	19	55 NiCr 10	0,55	0,20	0,50	0,6	—	2,75	—	—	220	75

[1] oder 0,4% W [2] oder 0,5%W [3] Gegebenenfalls auch ohne W-Zusatz als „105 MnCr 4"

Tabelle 4. *Wärmebehandlung der Werkzeugstähle in Tabelle 3*

Wärmebehandlung	Einsatzstähle					Nitrierstähle	
	1	2	3	4	5	6	7
Weichglühen °C Entspannungsglühen °C	680—710 etwa 650	Sonderglühung etwa 650	etwa 650	680—710 etwa 650	690—720² etwa 600	680—710 550—580 (an der vorvergüteten Form)	680—710 550—580
Einsetzen °C Härten °C Härtemittel	850—880 770—800 Wasser	860—900 860—900¹ Öl	860—900 860—900¹ Öl	870—900 810—830 Öl	850—880 780-800 | 800-820 Öl | Luft od. Gebläse	— 870—900 kombiniert Wasser/Öl	— 850—880 Öl
Ungefähre Härteannahme bei 30 mm⌀	(Kern) etwa 50 kg/mm²	(Kern) etwa 75 kg/mm²	(Kern) etwa 100 kg/mm²	(Kern) etwa 115 kg/mm²	(Kern) Öl: etwa 130 Luft: etwa 120 Kasten: etwa 110 kg/mm²	170 kg/mm²	170 kg/mm²
Ungefähre Härteannahme an der Oberfläche nach Einsatzbehandlung (Rc)	64	63	63	62	62 | 56 54 (Kasten)	—	—
Ungefähre Härte nach dem Anlassen (30 mm⌀) (½ h Anlaßzeit) 100 °C / 200 °C / 300 °C / 400 °C / 500 °C / 550 °C	64 61 54	63 60 57	63 60 57	62 60 56	62 56 60 54 57 52	Anlassen bei 580—650° auf 80—95 kg/mm² Nitrierhärte etwa 900 Vickers	Anlassen bei 580—650° auf 90—110 kg/mm² Nitrierhärte etwa 750 Vickers

[1] Bei unmittelbarer Härtung aus dem aufkohlenden Salzbad 840–870 °C.
[2] Nachglühen bei 600–650 °C ist empfehlenswert.

Tabelle 4 (Fortsetzung)

Wärmebehandlung	Durchhärtende Stähle				Korrosionsbeständige Stähle			Stähle für Eisensenkstempel		
	8	9	10	11	12	13	14	17	18	19
Weichglühen °C Entspannungsglühen °C	690—720[1] etwa 600	710—750 etwa 650	680—710 etwa 650	820—860 etwa 650	750—780 etwa 650	760—790 etwa 650	750—780 etwa 650	820—860 etwa 650	710—750[1] etwa 650	690—720[1] etwa 600
Einsetzen °C	—	—	—	—	—	—	—	—	—	—
Härten °C Härtemittel	840—870 Öl (od. Luft)	800—850 Öl	790—820 Öl	940—970 Öl	980—1020 Öl	1000-1050 Öl	980—1020 Öl	980—1020 Öl	870—900 Öl	840—870[2] Öl
Ungefähre Härte- annahme bei 30 mm ⌀	56 Rc	64 Rc	63 Rc	63 Rc	54 Rc	46 Rc	49 Rc	63 Rc	63 Rc	58 Rc
Ungefähre Härtean- nahme an der Ober- fläche nach Einsatz- behandlung (Rc)	—	—	—	—	—	—	—	—	—	—
Ungefähre Härte nach dem Anlassen (30 mm ⌀) 100 °C	56	64 (64)[3]	63	63	54	46	kg/mm²	63	63	58
(¹/₂ h An- laßzeit) 200 °C	54	61 (61)	61	62	53	45		61	60	56
300 °C	51	57 (56)	56	59	52	44	150	58	55	52
400 °C	48	53 (50)	50	56	51	43	145	58	53	48
500 °C							140	59		
550 °C							125			

[1] Nachglühen bei 600–650 °C ist empfehlenswert.
[2] Aus aufkohlendem Mittel härten.
[3] ()-Werte gelten für den W-freien Typ „105 MnCr 4".

Sachverzeichnis

14*

FSC
www.fsc.org
MIX
Papier aus verantwortungsvollen Quellen
Paper from responsible sources
FSC® C105338